现代水声技术与应用丛书

杨德森　主编

水声目标跟踪理论与方法

齐　滨　王　路　付　进　邱龙皓　著

科学出版社
龍門書局
北　京

内 容 简 介

水声目标跟踪是在水声目标探测基础之上，通过建立目标运动和观测模型，利用滤波技术和数据关联技术，实现虚警目标剔除、漏检数据补齐、目标批次划分以及目标状态滤波与平滑，是水下目标信息处理的关键技术。本书简要介绍了目标跟踪的滤波理论及跟踪评价准则，详细论述了基于 Rao-Blackwellized 粒子滤波器的水声多目标跟踪、基于概率假设密度的多目标跟踪和基于粒子滤波的检测前跟踪等算法，最后给出了基于单基阵纯方位目标运动分析以及多信息联合目标运动分析算法。

本书既可以作为高等院校信号处理、水声工程相关专业师生的参考书，也可供从事水下目标探测、水声多目标跟踪等领域科研人员阅读参考。

图书在版编目（CIP）数据

水声目标跟踪理论与方法 / 齐滨等著. —北京：龙门书局，2023.12

（现代水声技术与应用丛书/杨德森主编）

国家出版基金项目

ISBN 978-7-5088-6374-0

Ⅰ. ①水… Ⅱ. ①齐… Ⅲ. ①水下目标－目标跟踪－研究 Ⅳ. ①TN912.34

中国国家版本馆 CIP 数据核字（2023）第 246091 号

责任编辑：杨慎欣　张培静　张　震 / 责任校对：任苗苗

责任印制：徐晓晨 / 封面设计：无极书装

科学出版社
龍門書局 出版

北京东黄城根北街 16 号

邮政编码：100717

http://www.sciencep.com

三河市春园印刷有限公司印刷

科学出版社发行　各地新华书店经销

*

2023 年 12 月第　一　版　开本：720 × 1000　1/16

2023 年 12 月第一次印刷　印张：15　插页：4

字数：311 000

定价：148.00 元

（如有印装质量问题，我社负责调换）

“现代水声技术与应用丛书”
编 委 会

主　　编： 杨德森

执行主编： 殷敬伟

编　　委：（按姓氏笔画排序）

马启明　王　宁　王　燕　卞红雨　方世良
生雪莉　付　进　乔　钢　刘凇佐　刘盛春
刘清宇　齐　滨　孙大军　李　琪　李亚安
李秀坤　时胜国　吴立新　吴金荣　何元安
何成兵　张友文　张海刚　陈洪娟　周　天
周利生　郝程鹏　洪连进　秦志亮　贾志富
黄益旺　黄海宁　商德江　梁国龙　韩　笑
惠　娟　程玉胜　童　峰　曾向阳　缪旭弘

丛 书 序

海洋面积约占地球表面积的三分之二，但人类已探索的海洋面积仅占海洋总面积的百分之五左右。由于缺乏水下获取信息的手段，海洋深处对我们来说几乎是黑暗、深邃和未知的。

新时代实施海洋强国战略、提高海洋资源开发能力、保护海洋生态环境、发展海洋科学技术、维护国家海洋权益，都离不开水声科学技术。同时，我国海岸线漫长，沿海大型城市和军事要地众多，这都对水声科学技术及其应用的快速发展提出了更高要求。

海洋强国，必兴水声。声波是迄今水下远程无线传递信息唯一有效的载体。水声技术利用声波实现水下探测、通信、定位等功能，相当于水下装备的眼睛、耳朵、嘴巴，是海洋资源勘探开发、海军舰船探测定位、水下兵器跟踪导引的必备技术，是关心海洋、认知海洋、经略海洋无可替代的手段，在各国海洋经济、军事发展中占有战略地位。

从 1953 年中国人民解放军军事工程学院（即“哈军工”）创建全国首个声呐专业开始，经过数十年的发展，我国已建成了由一大批高校、科研院所和企业构成的水声教学、科研和生产体系。然而，我国的水声基础研究、技术研发、水声装备等与海洋科技发达的国家相比还存在较大差距，需要国家持续投入更多的资源，需要更多的有志青年投入水声事业当中，实现水声技术从跟跑到并跑再到领跑，不断为海洋强国发展注入新动力。

水声之兴，关键在人。水声科学技术是融合了多学科的声机电信息一体化的高科技领域。目前，我国水声专业人才只有万余人，现有人员规模和培养规模远不能满足行业需求，水声专业人才严重短缺。

人才培养，著书为纲。书是人类进步的阶梯。推进水声领域高层次人才培养从而支撑学科的高质量发展是本丛书编撰的目的之一。本丛书由哈尔滨工程大学水声工程学院发起，与国内相关水声技术优势单位合作，汇聚教学科研方面的精英力量，共同撰写。丛书内容全面、叙述精准、深入浅出、图文并茂，基本涵盖了现代水声科学技术与应用的知识框架、技术体系、最新科研成果及未来发展方向，包括矢量声学、水声信号处理、目标识别、侦察、探测、通信、水下对抗、传感器及声系统、计量与测试技术、海洋水声环境、海洋噪声和混响、海洋生物声学、极地声学等。本丛书的出版可谓应运而生、恰逢其时，相信会对推动我国水声事业的发展发挥重要作用，为海洋强国战略的实施做出新的贡献。

在此，向 60 多年来为我国水声事业奋斗、耕耘的教育科研工作者表示深深的敬意！向参与本丛书编撰、出版的组织者和作者表示由衷的感谢！

中国工程院院士　杨德森

2018 年 11 月

自　序

目标跟踪是指利用传感器提供的量测数据估计传感器视场中的目标个数和目标航迹。无论在军事领域还是在民用领域，该技术均有广泛的应用，可以用于空中或海中的超视距多目标跟踪与攻击、空中航线交通管制、海洋环境监测和港口监视等。随着现代隐身与反隐身、对抗与反对抗等技术的不断发展，声呐接收目标信噪比不断降低，跟踪系统设计遇到极大挑战。

由于电磁波在水下衰减极快，声波是目前可利用的最佳传播介质。声呐作为一种水下声学设备，是对水下目标进行探测、跟踪、定位、识别，以及水声通信和水下信息对抗的主要工具。水声目标探测作为声呐信号处理的前端，受噪声干扰，探测结果存在一定的误差、虚警和漏检。另外，目标探测基于单帧或邻近几帧量测数据，其探测结果在时间上关联性较低。多目标跟踪是指利用传感器探测的结果，确定每个目标的航迹、运动要素、目标个数，给出各目标批次信息，实现多个目标的连续跟踪和航迹维持。由于水声信道是一种复杂的时变空变信道，在噪声、多途、多普勒频移、混响的影响下，目标检测结果存在高虚警率和高漏检率现象，相对于雷达跟踪，水下多目标跟踪技术条件更为恶劣。

声呐作为主要水下信息获取设备，其信号处理中的目标跟踪技术是连接目标探测和信息决策的关键环节，其输出结果的稳定性与准确性对水下设备，尤其是水下无人设备影响重大。声呐设备作用距离的提高使得单台设备可同时检测到的目标个数也大为增加。由于水下无人平台执行任务时人不在环路，无人平台依据战场态势自主进行决策尤为重要。

随着现代军事技术的发展，水下多目标跟踪环境显著变化，特别是水下目标隐蔽性提高，以及作战平台向无人化、智能化、集群化发展，水下多目标跟踪面临着更高的要求：更精确和高效的计算、更多的跟踪目标个数、多传感器多目标跟踪等。因此，对水声目标跟踪技术展开深入研究，特别是对经典理论的发展创新、对新理论的深入研究、将理论应用于实际环境，具有重大的意义。

本书共 8 章，讲述目标跟踪算法的发展历程、目标跟踪的滤波理论、多目标数据关联及跟踪评价准则、基于拉奥-布莱克威尔化（Rao-Blackwellized）粒子滤波器的水声多目标跟踪、基于概率假设密度的多目标跟踪算法、基于粒子滤波的检测前跟踪算法、单基阵纯方位目标运动分析，以及多信息联合目标运动分析。本书以主要篇幅论述水声目标跟踪处理过程中的处理步骤、经典的目标跟踪算法、相关改进算法、跟踪评价准则，并给出各种算法的仿真及实测数据处理结果。另外，著者在本书撰写过程中参阅了有关书籍和文献，在此向这些作者致以诚挚的谢意！

由于著者水平有限，以及研究内容跨度大、编程软硬件条件差异大、涉及研究人员多等实际问题，本书在理论和技术方面还有很多不足，衷心希望广大读者批评指正，以使著者不断完善本书。

著　者

2022 年 10 月于哈尔滨

目　录

第 1 章　目标跟踪概论

1.1　目标跟踪问题概述

海洋是全球生命支持系统的一个重要组成部分，也是人类社会可持续发展的宝贵财富。随着人类对陆地资源的开发所造成的人口、资源、环境之间矛盾的出现，各国纷纷把目光投向海洋，加快了对海洋的研究、开发和利用。无论在民用领域还是军事领域，水下目标运动分析都备受关注并且发挥着至关重要的作用。在民用领域，水下目标运动分析可用于水下捕鱼、探测冰山、海洋科考、搜索沉船和飞机残骸等。在军事领域，可用于舰载空海攻击系统、海岸监视系统、反水雷系统和反鱼雷系统等。在现代作战环境中，如何准确地发现并精确定位敌方目标，在瞬息万变的作战环境中尤为重要，因此开展水下目标运动分析理论的研究具有十分重要的应用价值和实际意义。

有效的检测和跟踪可以发现未知目标，估计未知目标的航迹是维护海洋权益的重要手段。但海洋环境不同于空气，电磁波在水中传输距离有限，无法作为水下的信号媒介，目前已知的唯一能在水下远距离传播的只有声波，因此，利用声波对水下目标进行有效的检测、跟踪，对于维护海洋权益十分重要。

在水下作战系统中，对目标进行探测、定位以及实施攻击是作战系统的三个重要环节。在水下目标运动分析中，只有准确的探测结果才能保证目标运动分析的精度，因此探测技术在水下作战系统中有着重要的意义。根据声呐系统的工作方式，探测技术可以分为主动探测和被动探测[1]。主动探测是指探测系统发射某种形式的声信号，利用信号在水下传播途中障碍物或目标反射的回波来进行探测。由于目标信息包含在回波中，所以可以根据接收到的回波信号来判断目标是否存在，并测量或估计目标的距离、方位、速度等参数[1]。由于主动探测系统发射声信号，因此容易暴露自身位置，这对于潜艇等依靠隐蔽性实施攻击的装备而言是致命的。被动探测是利用接收换能器基阵接收目标自身发出的噪声或信号来探测目标，与主动探测系统相比，被动探测系统是在本舰噪声背景下接收远场目标发出的噪声，以目标噪声作为信号，经远距离传播后信号变得十分微弱，因此被动探测系统往往工作在低信噪比情况下[2]。另外，受到复杂的水声信道及海洋环境影响，以目标辐射噪声作为声源的被动探测系统往往面临着高虚警情况，探测结果中存在较多野值，因此需要采用比主动探测更多的信号处理措施[2,3]。

由于水下多以声波作为信号媒介，因此水下目标的检测、跟踪多以声呐设备作为其工作基础。根据工作模式，声呐可分为主动声呐和被动声呐[4]。其中主动声呐通过自身发射的某种探测信号的回波时延和方向解算出目标的位置，自身的位置很容易暴露，甚至可能在探测到目标之前就被敌方发现，这对隐蔽型设备而言是致命的。相比于主动声呐，被动声呐不需要发射探测信号，而是以目标的发动机、螺旋桨等辐射噪声作为信号源，不易被发现，在军事领域中十分有利。被动声呐可结合自身机动信息估计目标方位并对目标进行定位。现代声呐的方位估计一般采用静态的波达方向估计，但在实际应用中，不仅量测数据中常常会有多个野值，而且在多目标场景中，为了实现方位与具体目标的一一对应，还需对前后时刻的目标方位进行批次划分。对于以上问题，虽然说人工进行分析和判断更智能，但也会大大降低系统的实时性，因此需要建立有效的被动声呐系统跟踪模型。

此外，由于海洋环境复杂及水声信道特殊，以目标辐射噪声作为信号源的被动声呐跟踪系统往往面临着高虚警问题[5]，而且得到的往往是低信噪比的目标信号。这也使得目标的检测和跟踪变得十分困难，因此，需要声呐具有更强的检测和跟踪能力。

传统的检测后跟踪（detect-before-track，DBT）算法一般需对基带数据进行门限处理，大多仅保留超过门限的方位信息，然后通过批次划分以及滤波等处理，实现对目标的跟踪。由于采用门限处理，且一般仅保留方位信息，这使得算法在低信噪比和低信干比的情况下性能大幅下降。

为了提高声呐的检测和跟踪能力，除增加水听器数目、提高水听器灵敏度等措施外，还需从信号处理的角度来提高声呐的检测和跟踪能力。检测前跟踪（track-before-detect，TBD）不进行门限处理，直接利用原始数据进行检测和跟踪，可充分获取数据携带的信息，从而达到提高检测和跟踪能力的目的。

纵观历史，经济的发展、人类社会的进步都需要大量自然资源作为支撑，包括煤、石油、天然气、贵金属、稀土等资源。随着对海洋认知的加深和科学技术的发展，人类愈发认识到海洋资源的重要性。特别是陆地资源不断消耗、开发利用日趋极限，而海洋拥有地球上最丰富的资源，世界各国开始把注意力转移到资源丰富的海洋。

由于电磁波在水下衰减得很快，声波是目前可利用的最佳传播介质。声呐作为一种水下声学设备，是对水下目标进行探测、跟踪和定位，以及水声通信、水下目标识别、水下信息对抗的主要工具，无论是民用上的海洋资源开发，还是军事上的海洋权益争夺都离不开它[6]。声呐设备背后所依赖的是水声技术，我国水声技术的研究起步较晚，虽然经过几十年的不懈努力，取得了长足的进步，但是目前某些方面与发达国家还有一定差距。

无论是主动声呐还是被动声呐，其主要目的是获取目标的位置状态信息。目标探测作为声呐信号处理的最前端，能直接获得目标的方位、距离信息，由于受到噪声的干扰，目标检测结果存在一定的误差、虚警和漏检。在每一个信号处理帧，目标检测结果是无序的，只能估计出可能存在目标的方位（和距离）；除此之外，目标检测技术是一种单帧处理技术，在时间上没有较大关联，前后处理帧的探测结果对应关系无法确知。

水下多目标跟踪正是在上述目标探测问题背景下，给出连续、精确的目标航迹的技术。它通过建立适当的运动和观测模型，利用滤波技术和数据关联技术，实现对虚警目标的剔除、对漏检数据的补齐、对目标批次的划分、对目标状态的滤波与平滑，是水下目标位置估计的关键技术。由于水声信道是一种复杂的时变空变信道，在噪声、多途、多普勒频移、混响的影响[7]下，目标检测结果有着高虚警率和高漏检率，相对于雷达跟踪，水下多目标跟踪技术条件更为恶劣。

当前海洋力量建设呈现多角度、全方位和立体化的趋势，不仅包括作战编队的建设，还包括以长基线、超短基线为代表的水下定位系统，以及实现自身导航和目标探测、跟踪及定位的水声软硬件建设。水下定位系统一般以浮标、潜标组成，通过多点量测获取目标方位、距离等信息以解算目标位置，是军事演习、武器测试以及海洋防御的重要手段。另外，随着自动化控制等技术的发展，水下无人平台成为新兴研究领域，其具有可在高危环境作业、人员伤亡小和造价相对较低等优势，逐渐成为一种具有威慑力的海洋装备。以美国、俄罗斯为代表的国家率先在该领域开展研究。

信号检测与估计主要在有噪声的系统中对接收的信号用统计推断理论判断信号存在与否并估计信号的参数。无论水下定位系统或是水下无人平台，对目标的“探测”均是首要任务之一。按照己方声呐是否发射声波信号，探测可以分为主动探测与被动探测。主动探测可以获取较多的目标信息，一般有回波方位与回波时延，可直接计算得到目标位置，不足之处在于主动发射声波容易造成自身的暴露，这对潜艇、水下无人平台等依靠隐蔽性增加威慑力的装备而言是致命的。被动探测不需要己方发射声波，依靠目标发动机、电机、螺旋桨等产生噪声作为声源进行探测，有利于保持自身隐蔽性，一般可以获取目标的方位信息。但是被动探测时一般无法直接估计目标位置，另外，受到复杂的水声信道及海洋环境影响，以目标辐射噪声作为声源的被动探测往往面临着高虚警情况，量测方位中存在较多野值，且探测只关注于目标方位的获取，在多目标时，前后时刻的量测值批次关系无法确知，需要人为地对探测结果进行分析和判断，大大降低无人系统和无人平台的实时性。多基阵量测时，即使人为参与也难以对多基阵量测的目标批次进行融合，从而无法将多基阵所量测的方位转化为目标位置。

通常检测到信号之后会利用阵列信号处理手段获取目标的来波方向，对目标进行方位估计，但信号检测过程和方位估计过程只能给出当前处理周期的目标方位，无法获取邻近周期的目标关联情况。多目标跟踪是指传感器同时定位多个目标，确定每个目标的轨迹、运动要素、目标个数等信息，实现多个目标的航迹起始、航迹维持和航迹终止。通常，跟踪系统处理的量测信息不是原始量测数据，而是检测系统和信号处理系统处理后的输出结果。

根据目标跟踪系统所用传感器数目的不同，目标跟踪可以分为单传感器跟踪（single-sensor tracking，SST）和多传感器跟踪（multiple-sensor tracking，MST）。在单传感器跟踪中，根据所跟踪目标个数的不同，又可以分为单传感器单目标跟踪（one-to-one，OTO）和单传感器多目标跟踪（one-to-multiple，OTM）。多传感器跟踪可以分为多传感器单目标跟踪（multiple-to-one，MTO）和多传感器多目标跟踪（multiple-to-multiple，MTM）。相对来讲，OTO 不需要复杂的数据关联和数据融合，其技术相对简单，而 OTM、MTO 及 MTM 涉及多目标之间的数据关联或多传感器之间的数据融合，技术比较复杂，实现难度大。

随着现代跟踪环境显著变化，跟踪系统设计遇到极大挑战，如海洋环境噪声引起的随机干扰，使得目标检测系统输出过多的杂波干扰，微弱信号经过检测系统之后时有时无，观测区域内目标个数随机变化，多目标观测时存在轨迹交叉现象，以及检测系统漏检，这些都是跟踪系统需要解决的问题[8]。

1.2 目标跟踪算法的发展历程

多目标跟踪技术无论在军事领域还是在民用领域均有广泛的应用，可以用于空中或海中的超视距多目标跟踪与攻击、空中航线交通管制、导弹防御系统、海洋环境监测、港口监视和机器视觉等。美国所使用的宙斯盾防御系统、战区导弹防御系统以及国家导弹防御系统都是多目标跟踪定位技术综合应用的典型例子。多目标跟踪问题的基本概念是由 Wax[9]于 1955 年提出的，他提出了初始目标航迹形成、航迹维持、航迹消除的概念。1964 年，Sittler[10]在包括数据关联等内容的多目标跟踪理论方面取得开创性进展，其发表的文章《监视理论中的最优数据关联问题》成为多目标跟踪的经典文献。但当时卡尔曼滤波尚未普遍应用，采用的是一种航迹分裂法，即当目标的预测位置附近存在一个及以上量测值时，量测不能直接用于航迹更新，而是利用每一个量测对跟踪航迹进行分裂，计算每一航迹的似然函数，并与预先选定的阈值进行比较和取舍。这一开创性技术的发展很大程度上促进了目标跟踪技术的进步。在航迹起始和终结阶段，航迹分裂法得到了很好的应用，在目标和量测数稀疏状况下也适用于航迹更新，但是在目标密集的情况下对存储器和处理器的要求比较高，限制了航迹分裂法的应用范围。

20 世纪 70 年代初卡尔曼滤波方法被用于多目标跟踪，其后多目标跟踪技术在各个方面的应用蓬勃展开。1971 年，Singer 等[11]提出了仅利用统计意义下与被跟踪目标预测状态最近回波作为目标回波的最近邻数据关联算法，其优点是计算量小、实现简单，但是在密集杂波环境下，由于离目标预测位置最近的量测数据未必一定来自该目标，易发生误跟、丢失目标的现象。1974 年，Singer 等[12]提出了一类全邻滤波器，它不仅考虑了全部有效回波空间累积信息，而且考虑了跟踪历史即多扫描相关时间累积信息，该方法效果较好，但计算更加复杂且计算量大。

1972 年，Bar-Shalom 等[13]提出概率数据关联（probabilistic data association，PDA）算法，它是一种基于贝叶斯公式的数据关联算法，此算法适用于单目标跟踪和稀疏多目标跟踪，其基本思想是关联区域内的每个有效回波都可能源于目标，只是其相应的关联概率有所不同，在基于所有候选回波对目标状态更新时，先分别计算出每个候选回波对目标状态更新的滤波值，并以相应的关联概率为权值，然后求出各候选回波对应滤波值的加权和，并将此加权和作为最终的目标状态估计值。

1983 年，Bar-Shalom 等[14]在仅适于单目标跟踪的概率数据关联算法基础上提出联合概率数据关联（joint probabilistic data association，JPDA）算法，该算法可以同时对多个目标进行跟踪处理，其基本思想是引入确认矩阵描述量测值以及不同目标关联的情况，按照一定的原则对确认矩阵进行拆分得到关联矩阵，进而确定可行关联事件并计算其概率，利用概率加权对目标状态进行更新。在杂波多目标环境下，该算法的跟踪效果很好，但是当目标个数和候选回波数很大时，可行联合事件的个数呈指数增长，计算负荷出现组合爆炸现象，仍存在计算量大的问题。如何减少计算量以实现高效快速搜索关联事件，成为近年来的研究重点。一些学者结合问题的特殊性对 JPDA 算法进行了改进，减小计算量和存储量，如精确最近邻概率数据关联（exact nearest neighbor PDA，ENNPDA）算法、耦合概率数据关联（coupled probabilistic data association，CPDA）算法[15]、广义概率数据关联算法[16]等，还有基于神经元网络的 PDA 算法[17,18]、基于小波变换的数据关联算法[19]、基于遗传算法的数据关联算法、模糊数据关联算法[20-22]等，这些次优形式的 JPDA 算法适应于各种不同的环境。

Reid[23]于 1979 年提出了多假设跟踪法，通过建立目标的多个候选假设，计算每个假设的后验概率，并通过假设评估、管理等技术来确认量测与目标的关联，实现对目标的跟踪。多假设跟踪法跟踪效果较好，但是其过多地依赖于目标的先验知识并且算法中可行性假设的个数随着目标个数和杂波量测个数的增加而增加，计算量呈指数增长甚至造成计算量的爆炸，使得该算法在应用中受到限制。

Mahler[24]提出了运用有限集统计学理论实现多传感器多目标的贝叶斯估计，有限集统计学理论将各时刻多目标状态和观测值分别用随机有限集（random finite set，RFS）表征，利用各时刻的观测 RFS，采用贝叶斯框架对各时刻的后验多目标状态 RFS 进行估计，从而实现对目标个数及对应各个目标状态的联合估计。相比传统的多目标跟踪算法，基于 RFS 理论的多目标跟踪算法不再单独对单个目标状态和单个观测值进行处理，而是把各时刻所有的目标状态作为一个整体，把所有的观测值作为一个整体，从而避开了高复杂度的数据关联问题。然而要实现完全的贝叶斯估计，需要解算基于 RFS 的积分函数。RFS 变量有两重属性，即目标个数和目标状态，单目标状态的向量积分是多个变量的多重积分，完全求解几乎不可能。类似于针对单目标的滤波器的设计思想，Mahler[25]提出了迭代估计各时刻多目标状态 RFS 的一阶矩信息，即概率假设密度（probability hypothesis density，PHD）滤波器。PHD 滤波器用多目标状态 RFS 强度函数的积分表征各时刻的目标个数，用强度函数前面几个尖峰点表征对应的各时刻目标状态。PHD 滤波器将对 RFS 的积分简化到对单个状态向量的积分，从而使得基于 RFS 方法的多目标估计算法可以应用到实际工程中。随后，为了解决 PHD 滤波器对目标个数估计不准确的问题，Mahler[26]提出了对目标个数的估计不能仅利用多目标状态 RFS 的一阶矩信息，而应该运用目标个数的所有统计特性，于是设计出混合迭代各时刻多目标状态 RFS 的势概率假设密度（cardinalized probability hypothesis density，CPHD）滤波器[27-29]。考虑到各个目标状态的相互独立性，Vo 等[29]提出了用多目标多伯努利分布表征各时刻的多目标状态 RFS，迭代估计各时刻多目标状态 RFS 的多目标多伯努利参数，即多目标多伯努利（multi-target multi-Bernoulli，MeMBer）滤波器。尽管三种 RFS 类滤波器都将对 RFS 的积分转化到对单个状态向量的积分，然而考虑到单个状态向量的积分是多维的，完全求解依然不可能。针对此问题，有学者分别给出了 PHD 滤波器、CPHD 滤波器、MeMBer 滤波器的两种工程实现方式——高斯混合（Gaussian mixture，GM）近似[30,31]和序贯蒙特卡罗（sequential Monte Carlo，SMC）积分近似[32,33]，后者通常被称为粒子滤波近似。由于任何一个统计分布都可以由有限个高斯分布的线性组合表征其概率密度函数（probability density function，PDF），GM 估计用一个高斯混合体表征各时刻多目标状态 RFS 的强度函数或伯努利分量的 PDF，然后利用卡尔曼滤波器的迭代公式计算各个高斯混合体分量的预测、滤波等公式，从而实现三种滤波器的贝叶斯估计。SMC 估计则利用粒子滤波器（particle filter，PF）的思想，用一组粒子和对应的粒子权表征各时刻多目标状态 RFS 的强度函数或伯努利分量的 PDF，用粒子的时间递进和权的更新来实现贝叶斯估计。基于 RFS 的多目标跟踪算法在使用过程中也存在一些问题：标准的粒子滤波 RFS 类方法采用典型的序贯重要性重采样（sequential importance resampling，SIR）方法，由于其采用目标的状态转移函数作为幸存目标的重要采样函数，没有利用当前时刻的观测数据，这样采样的粒子很有可能远离真实目标的状态，通过后验估计后，远离真实状态的粒子权值基本接近零，导致大量粒子的浪费，限制其跟踪精度。另外，由于 RFS 类方法只估计各时刻的多目标个数以及各目标的状态，没有考虑各时刻各目标的关联性，这样 RFS 类方法得到的只是各时刻多目标的状态估计值，至于目标的关联情况却无从得知。

多目标跟踪[34]（multiple target tracking，MTT）理论经过几十年的发展，经历了基于数据关联和滤波技术的多目标跟踪、基于 RFS[35]的多目标跟踪两个阶段。前者由于其理论直观、实现简单，在实际多目标跟踪环境中得到了广泛的应用，后者利用 RFS 为多目标跟踪建立了集成多目标运动、新生与死亡，以及传感器噪声、虚警与漏检的完备贝叶斯跟踪框架，目前已经是多目标跟踪理论的主要研究方向。虽然多目标跟踪理论广泛应用于雷达跟踪、视频跟踪等领域，但是水下多目标跟踪起步较晚，国内关于水下多目标跟踪的专著比较少[36]。下面将分别介绍这两类多目标跟踪方法的研究现状。

1. 基于数据关联和滤波技术的多目标跟踪

基于数据关联和滤波技术的多目标跟踪也被称为传统的多目标跟踪，它将多目标跟踪分为几个子过程：数据关联、状态滤波、航迹起始、航迹维持、航迹终止等。其中数据关联和状态滤波最为核心。

状态滤波一般以递推贝叶斯滤波为理论框架，包含一个依赖状态转移方程的预测步骤、一个基于观测数据与观测方程的更新步骤，递推计算状态的后验概率密度。状态则从后验概率密度中提取，随着递推的进行，逐步收敛至最小均方误差。在线性高斯系统下，贝叶斯递推公式具有解析形式，即卡尔曼滤波器[37]（Kalman filter，KF）。自 20 世纪 60 年代被卡尔曼（Kalman）提出以来，其由于滤波精度高、递推公式简单易实现，在目标跟踪、自动控制领域得到了广泛应用。为了处理非线性高斯模型下的状态滤波，两种基于近似策略的次优滤波器被提出：扩展卡尔曼滤波器[38]（extended Kalman filter，EKF）和无迹卡尔曼滤波器[39,40]（unscented Kalman filter，UKF）。EKF 通过对状态转移方程和观测方程中的非线性函数进行泰勒展开，忽略高阶项得到近似的线性函数，进而得到与 KF 类似的递推公式，实现了非线性高斯系统下的次优滤波。EKF 存在一些局限：要求状态转移函数和观测函数是连续可微的。由于需要每个时刻重新计算状态转移方程或观测方程中的雅可比矩阵，因此 EKF 比 KF 计算量更高。UKF 基于近似非线性函数的概率密度比近似非线性函数更容易的思想，通过确定性采样和无迹变换，能够以至少二阶泰勒精度逼近任何非线性函数。相比于 EKF，其滤波精度更高，并且省去了雅可比矩阵的计算，实现起来更容易。然而在实际应用中，高斯假设难以满足，并且当系统的非线性严重时，EKF 和 UKF 容易滤波发散。粒子滤波[41-43]为解决非线性非高斯系统下的状态滤波提供了解决方案，PF 基于序贯蒙特卡罗[42]方法，通过一组在状态空间中传播的粒子对后验概率密度进行近似，能够以任意精度逼近任何非线性非高斯函数。重要密度函数的设计和重采样方法的选择是影响 PF 性能的主要因素，基于这两个出发点，各种改进的 PF 相继出现[44-47]。PF 的精度取决于粒子的数量，即以牺牲计算量来获得精度的提高。Rao-Blackwellized 粒子滤波器[40,48]（Rao-Blackwellized particle filter，RBPF）是提高 PF 的计算效率的方法之一，它基于边缘化策略，将状态空间分为两部分，线性部分使用 KF，非线性部分使用 PF，两者相辅相成，降低计算量的同时也提高了滤波精度。目前，滤波技术已经趋于稳定。

数据关联的概念最早由 Sittler[10]于 1964 年提出，之后 Singer 等[11]于 1971 年提出了最近邻（nearest neighbor，NN）数据关联，该方法将观测数据与目标状态的马氏距离作为关联准则，选取距离最小的观测数据来更新目标状态。由于此方法计算量小且易于实现，得到一定的应用。20 世纪 70 年代中期到 80 年代末，传统数据关联技术得到了较大的发展，其中联合概率数据关联算法和多假设跟踪（multiple hypothesis tracking，MHT）算法奠定了传统多目标跟踪的基础。JPDA 算法将概率数据关联[49,50]算法从单目标跟踪扩展到多目标跟踪，它计算了所有跟踪门内观测与所有目标的数据关联组合后验概率密度，利用跟踪门内的每一个观测数据更新目标状态，然后对这些状态按照数据关联组合后验概率加权获得最终的目标状态估计。由于 JPDA 算法没有集成目标的新生和死亡过程，它只适用于固定目标个数情况下的多目标跟踪。除此之外，在目标个数和观测数据过多的情况下，计算量大大增加，容易出现组合爆炸的现象。MHT 算法将每一种关联组合称为一个关联假设，每个时刻计算所有可能的关联假设，并在时间上传递下去，通过多帧数据进行延迟判决。在理想条件下，MHT 算法是处理数据关联的最优算法。特别是它集成了目标的新生和死亡，在多目标跟踪中得到了广泛的应用。但是由于 MHT 算法需要不断对假设评估、剪枝与合并，在目标个数和杂波密度增大时，计算复杂度呈指数增长。为了得到性能优良、计算高效的多目标跟踪算法，许多学者在 JPDA 算法和 MHT 算法基础上提出了改进算法。其中芬兰学者 Särkkä 等[51]于 2004 年基于 SMC 思想提出了一种 RBPF 框架下的多目标跟踪算法：Rao-Blackwellized 蒙特卡罗数据关联（Rao-Blackwellized Monte Carlo data association，RBMCDA）算法。该算法通过序贯蒙特卡罗采样，避免了传统 MHT

算法数据关联组合爆炸的弊端，并且能够以较小粒子个数获得较大跟踪精度。2007 年为 RBMCDA 算法添加了目标新生和死亡模型，适用于目标个数未知的情形[52]。2015 年，Kokkala 等[53]将 Rao-Blackwellized 蒙特卡罗数据关联算法与粒子马尔可夫链蒙特卡罗算法相结合，能够在进行数据关联的同时估计系统参数。

综上所述，传统的多目标跟踪算法采用启发式的规则完成数据关联，并没有严格的贝叶斯理论框架。其由于直观性和易于实现性，得到了广泛的应用，但是在目标个数和杂波密集的复杂环境下仍然难以具有较好的效果。

2. 基于 RFS 的多目标跟踪

研究者在 20 世纪 90 年代到 21 世纪初对 RFS 做了大量基础理论研究，并应用于多源信息融合。其中有限集统计学[54]（finite set statistics，FISST）为 RFS 在多目标跟踪领域的应用提供了理论基础，也是重要的数学分析工具。Mahler[35]用 RFS 系统地描述了多传感器多目标跟踪问题，包含对目标运动、新生和死亡，传感器噪声、漏检和虚警的建模，给出了基于 RFS 的多目标贝叶斯滤波器，成了现代跟踪理论的基石。由于多目标贝叶斯滤波器中的多维集积分几乎无法计算，Mahler 给出了一阶统计矩近似方法，即概率假设密度（PHD）滤波器，引起了国际学者的广泛关注，自此拉开了 RFS 多目标跟踪的序幕。PHD 滤波器通过传播单目标状态空间的后验 PHD 实现对目标状态和数量的估计，巧妙地避免了传统 MTT 中复杂的数据关联问题。由于 PHD 中仍然涉及多重积分，Vo 等[32]给出了两种工程实现方式——SMC 近似（基于序贯蒙特卡罗实现的 PHD，即 SMC-PHD）和高斯混合（GM）近似（基于高斯混合实现的 PHD，即 GM-PHD），为 PHD 的实际应用做出了杰出贡献。为了解决低信噪比环境下 PHD 目标个数估计不准确的弊端，Mahler[26]提出了同时传递 RFS 的强度函数和势分布函数的高阶矩滤波器：带势 PHD（CPHD）。文献[30]给出了其闭式解实现方式 GM-CPHD。同年，Mahler[35]系统地阐述了多目标贝叶斯滤波器及其三种近似方法——粒子近似、矩近似和多伯努利近似，其中多目标多伯努利滤波器近似地传递多目标后验概率密度，是一种在低杂波率场景下可计算的多目标贝叶斯滤波器。文献[55]通过理论分析表明，MeMBer 滤波器在目标个数估计上存在偏差，提出了一种势平衡 MeMBer（cardinality balanced multi-target multi-Bernoulli，CB-MeMBer）滤波器，并给出了基于 SMC 和 GM 的两种实现方式。

有学者针对 MTT 的具体应用环境，对 PHD/CPHD/MeMBer 等 RFS 类滤波器做了许多改进。为了评价多目标滤波器的性能，文献[56]给出了一种最优子模式指派评价准则，并为大多数学者所接受。为了消除对新生目标先验信息的依赖，文献[57]将新生目标覆盖整个观测空间，提出了一种自适应目标新生的解决方案，并应用于 PHD 和 CPHD。严格来讲，RFS 类滤波器只能估计每个时刻的多目标状态，但是前后时刻目标状态的继承关系却无法得知。RFS 类滤波器是一种多目标状态滤波器，而不是多目标跟踪器，并不适用于需要目标身份标识的跟踪场景。一些学者尝试将 RFS 类滤波器与传统 MHT 数据关联算法结合，给出了带有航迹标识的混合滤波器[58]。针对 PHD/CPHD 滤波器，Vo 等在 SMC 实现过程中给出了粒子标签的解决方案[32,59]，在 GM 实现过程中，为每一个高斯分量添加标签，新的标签只由新生或衍生目标产生，得到带有身份标识的滤波结果[60]。但是这些启发式的方法并不能保证标签的正确性，存在标签错误的现象，并且 PHD/CPHD 仅传递了多目标贝叶斯滤波器的第一阶和第二阶统计矩，滤波精度有限。因此，Vo 等将 RFS 扩展到标签 RFS[61,62]，提出了一种 δ-广义标签多伯努利（δ-generalized labeled multi-Bernoulli，δ-GLMB）滤波器（以下称为 GLMB 滤波器），并且在理论上证明了它在多目标查普曼-科尔莫戈罗夫方程下是共轭先验的，给出了贝叶斯多目标滤波的一种解析解，是真正意义上的可同时输出目标状态和标签的贝叶斯多目标跟踪器。Reuter 等[63]简化了 GLMB 滤波器，提出了一种标签多伯努利（labeled multi-Bernoulli，LMB）滤波器，它继承了 MeMBer 滤波器的优点，具有简单的粒子实现和状态估计，同时也继承了 GLMB 滤波器的优良特性，没有高信噪比和高检测概率的限制，并且带标签地输出跟踪轨迹。Vo 等[64]在 2017 年将 GLMB 滤波器预测和更新集成到一个步骤中，提出了一种吉布斯采样截断的 GLMB 滤波算法，适用于非线性系统和非均匀新生概率、传感器视场、杂波强度的环境。在 2019 年，他们提出多扫描版本的 GLMB，并给出了一种多目标平滑器[65]。虽然各种多伯努利版本的滤波器给出了多目标后验概率密度的解析解，但是其计算量仍然很高，在实时跟踪场景的应用还需要深入研究。

广义的多目标跟踪是一项综合性研究，涉及两大主要研究内容：数据关联和状态滤波。其中，数据关联包括轨迹起始、轨迹维持以及轨迹终止；状态滤波包括滤波器种类和运动模型。另外，单基阵量测时还涉及纯方位定位问题。

1）目标运动模型

跟踪过程可以分为“预测”和“更新”两部分，在未获取最新量测值时，对下一时刻轨迹进行预测，获取最新量测值后对预测轨迹进行更新从而得到估计轨迹。在预测时，需以先验建立的目标运动模型为基础，这些模型的主要任务是合适地描述目标运动的不确定性，即一个未知加速度的干扰，或者称为机动偏差。研究初期，该机动偏差被假定为白噪声过程，在此基础上，广大学者提出了多种原理简单且易于工程实现的目标运动模型，如匀速模型、匀加速模型等[66]。20 世纪 70 年代，Singer[67]在假设目标未知、加速度分量为时间相关随机过程的基础上提出了性能较为优越的 Singer 模型，这是一种适用于机动目标的运动模型，但需要大量的先验信息，如目标机动频率、加速度瞬时方差等。另外，Singer 模型未对目标运动有关的在线信息加以利用，针对此不足，周宏仁[68]提出了“当前”统计模型，Houles 等[69]和 Blom 等[70]提出了交互多模型算法，认为目标实际的运动在多种模型之间相互转换。近年来，有学者在交互模型中引入神经网络技术、自适应技术、“当前”统计模型等技术，降低了模型对先验信息的依赖。

2）滤波方法

20 世纪 70 年代，以数据关联和滤波技术为主的目标跟踪技术取得了突破性进展。这些滤波技术包括线性自回归滤波、两点外推滤波、维纳滤波、加权最小二乘滤波、α-β 滤波、α-β-γ 滤波、卡尔曼滤波等，其中卡尔曼滤波器是线性状态高斯噪声情况下的最优滤波器[71-73]。20 世纪 70～80 年代，基于非线性滤波器的目标跟踪技术得到飞速发展，最具代表性的是扩展卡尔曼滤波器，使用一阶或二阶泰勒展开将非线性过程近似描述为线性，在非线性程度不高时估计精度较高。进入 21 世纪以来，无迹卡尔曼滤波器等适用于较强非线性情况的状态滤波器陆续被提出。无迹卡尔曼滤波器使用无迹变换，提高非线性滤波精度[74]；高斯-厄米（Gauss-Hermite）卡尔曼滤波器使用高斯-厄米变换，计算高斯积分，得到非线性滤波结果；容积卡尔曼滤波器使用立体变换避免了维度灾难。由于序贯重要性采样理论和重采样理论的引入[41]，以蒙特卡罗算法为基础的粒子滤波器重回国内外学者的视野，众多学者提出了大量的改进型粒子滤波器[43,75,76]。

3）数据关联

数据关联主要任务是实现轨迹起始、轨迹维持和轨迹终止，按照数据关联时参与关联的量测值个数，可以将其分为最近邻算法和全邻近算法。20 世纪 70 年代最邻近算法先被提出[77]，它是一对一的数据关联方法。多假设目标跟踪是最邻近数据关联的一种代表算法，除了在轨迹维持方面性能出色，多假设目标跟踪易于实现轨迹起始和轨迹终止，可对目标个数进行估计，是多目标跟踪常用的经典数据关联算法[78-82]。基于 Rao-Blackwellized 粒子滤波器的数据关联可以看作一种改进的多假设目标跟踪，关联依据为贝叶斯理论中的后验分布。使用 Rao-Blackwellized 粒子滤波器将数据关联和状态滤波进行结合降低了计算负荷[83,84]。全邻近算法被提出后迅速发展，它是一条轨迹关联多个量测值的数据关联，其关注重点是轨迹维持。代表算法有概率密度数据关联、联合概率密度数据关联[36,85]、神经联合概率数据关联[86]等。

轨迹起始和终止方法可以分为基于规则或逻辑的启发式方法和基于对生灭随机过程建模的概率分布模型的方法。在启发式轨迹起始方法中，代表性方法为两点起始法和三点起始法，两点起始法计算前后时刻两量测点变化速率，若满足先验已知速率范围则认为轨迹起始，三点起始法引入第三点对轨迹起始加以确认[87,88]。在概率分布模型的轨迹起始和终止方法中，一般将目标存活状态建模为马尔可夫过程，有学者使用泊松过程对轨迹起始和终止进行描述，用不完全伽马函数描述目标轨迹终止的概率分布模型[52]。基于概率分布模型的轨迹起始和终止需要与序贯蒙特卡罗算法结合，通过采样的方式得到估计结果。

近年来，基于随机有限集理论的跟踪避开了数据关联过程，通过加标签的方式进行多目标跟踪，这种方法的代表为伯努利滤波器和多伯努利滤波器。

4）被动纯方位定位

定位问题在单基阵和多基阵中所用方法有所不同。多基阵量测时，由于需要进行多基阵之间量测值的信息融合，在跟踪模型中使用如扩展卡尔曼滤波器等非线性滤波器，以目标位置作为状态量直接估计目标位置，跟踪与定位同时完成[89-91]。单基阵量测时跟踪仅能获取方位轨迹，需要进行纯方位的定位解算，这种解算受到量测平台和目标运动关系影响，其存在解的必要条件是量测平台进行至少一次机动[92,93]。利用单基阵测量求解目标位置及速度的被动纯方位定位问题实质是纯方位目标运动分析（bearings-only target motion analysis，BOTMA）[94,95]，目前已经提出了多种算法，并已经取得了一定的研究成果。这些算法的不同之处在于建立数学模型的不同以及选择估计算法的不同。传统的算法有最大似然估计（maximum likelihood estimate，MLE）算法、最小二乘（least squares，LS）算法等[96]。最大似然估计算法需要较为准确的先验信息，在初值选取不当时容易导致结果发散。最小二乘算法是一种经典的算法，在对估计量与量测误差缺乏了解的情况下仍然适用，但由于其本身基于线性模型，将 BOTMA 问题进行伪线性处理会导致估计结果有偏，从而影响定位精度。在实际应用中，一般使用最小二乘算法对目标运动参数进行粗略估计，然后利用其他方法对目标运动参数进行优化处理。

粒子滤波算法的早期研究可追溯到 1993 年，英国的 Gordon 等[41]在非线性、非高斯条件下对贝叶斯估计进行的研究，粒子滤波算法被称为序贯重要性采样（sequential importance sampling，SIS）算法，到目前为止，虽然存在许多不同的粒子滤波算法，但多为 SIS 算法的变形。2001 年，Salmond 等[97]在 SIS 算法的基础上加入重采样步骤，提出了序贯重要性重采样算法，改善了粒子退化问题，这是最早的基于粒子滤波的检测前跟踪（particle filter-tracking before detection，PF-TBD）算法，同年，另一种专门针对未知幅度场景下的 PF-TBD 算法被 Rollason 等[98]提出。其后，又出现了许多不同的 PF-TBD 算法，但多为 SIS 算法的变形。以上提到的都是单目标 PF-TBD 算法，相比单目标 PF-TBD 算法，多目标 PF-TBD

算法发展的时间相对较短，进程也相对缓慢。

在 2003 年，最早的多目标 PF-TBD 算法由 Boers 等[99]提出，该算法将一维的单目标粒子扩展为多维的多目标粒子，具有较好的跟踪效果，但也使得其状态空间指数扩展，因此要求粒子个数与目标个数呈指数关系，所以无法推广应用到目标个数较大的场景中。为了解决此问题，出现了独立分区采样的思想：通过将高维多目标问题降维，将其等效成多个一维的单目标问题，使得所需粒子个数仅与目标个数成正比，提高了算法效率。但独立分区假设是建立在目标航迹独立且互不干扰的前提下，而当目标相互邻近、航迹交叉时，算法的性能会明显下降。对于这种问题，Morelande 等[100]放弃了这种思想，在 2007 年提出了普适的联合最优采样的方法，并以此为基础提出了联合最优采样粒子滤波算法，解决了邻近目标相互干扰的问题，但同样存在着所需粒子个数和目标个数呈指数关系的问题。

在水声目标跟踪领域，El-Hawary 等[101]在 1992 年提出了基于卡尔曼滤波器的水声目标跟踪算法，Varghese 等[102]在 2016 年将雷达领域完整的目标跟踪算法引入被动声呐领域，通过将卡尔曼滤波器与航迹关联算法结合，实现了对水下多个目标的跟踪。但上述算法都是基于卡尔曼滤波器的检测后跟踪算法，只能处理线性高斯条件下的跟踪问题，且对微弱目标处理能力十分有限。Karlsson 等[103]在 2003 年使用粒子滤波算法对水下目标进行了跟踪，但他们并没有选取合适的似然函数模型，而是直接选取了信号噪声的概率分布模型，没能实现水下目标检测前跟踪算法。

在国内，检测前跟踪算法的研究相对较少，国内的一些大学对 PF-TBD 算法进行了研究，但大多还停留于单目标 PF-TBD 领域，对多目标 PF-TBD 算法的研究十分有限，与国外先进水平还有一定差距。哈尔滨工程大学在水声目标跟踪领域中进行了大量的研究。丁凯[104]基于卡尔曼滤波方法研究了水下动目标跟踪问题，张铁栋等[105]将粒子滤波算法引入声呐跟踪领域。但这些工作都是通过目标图像特性来实现跟踪，需要的先验信息较多，难以应用到被动声呐场景中。2018 年，徐璐霄[106]提出了基于被动声呐的 PF-TBD 算法，在被动声呐的模型下实现了检测前跟踪。

从上述内容可看出，相比于雷达领域，在声呐领域中的目标跟踪研究十分有限，而且相关研究主要集中在检测后跟踪，基于被动声呐系统的 PF-TBD 算法研究相对较少。目标运动分析（target motion analysis，TMA）是指由单个移动传感器或多个空间分布的传感器收集被噪声干扰的数据，进而估计目标运动参数（如位置、速度和加速度等）的过程。

在单基阵纯方位目标运动分析中，由于方位角测量值与目标位置之间满足非线性关系[107-110]，因此单基阵纯方位目标运动分析问题研究的热点主要集中在批处理算法和递推贝叶斯估计算法。

批处理算法主要包括伪线性估计（pseudolinear estimator，PLE）算法、辅助变量（instrumental variable，IV）算法和最大似然估计（MLE）算法[111]。伪线性估计算法是将非线性量测方程进行伪线性化处理，重新构建方位角量测值与目标状态向量之间的方程。Lingren 等[112]在 1978 年首先提出伪线性估计方法，但是由于量测方程在伪线性过程中方位角量测噪声会出现在量测矩阵中，因此量测矩阵与方位角量测噪声相关，这种相关性会导致解算结果出现偏差。针对伪线性估计算法解算结果有偏的问题，Ho 等[94]提出了一种渐近无偏伪线性估计算法，该算法首先将量测矩阵和量测向量重新组合得到增广量测矩阵，然后利用增广量测矩阵构造关联矩阵，并且利用方位角量测结果构造约束矩阵，最后通过求解关联矩阵和约束矩阵的最小特征值对应的特征向量来解算目标的状态向量。Dogancay[113]分析了伪线性估计算法的偏差，并提出了基于瞬时偏差估计的偏差补偿算法。

为了克服伪线性估计算法解算结果有偏的问题，Chan 等[95]在 1992 年提出了利用辅助变量法求解纯方位目标运动分析问题。由于辅助变量法需要通过迭代的方式求解目标状态向量，因此目标初始状态的设定会影响算法的收敛速度和解算精度。Dogancay[114]在 2005 年提出了加权辅助变量（weighted instrmental variable，WIV）算法。与辅助变量法相比，该算法避免了迭代导致收敛困难的问题并且提高了解算精度。利用最大似然估计算法进行目标运动分析可以得到无偏的目标状态向量。最大似然估计算法首先求解量测方程的似然函数并对似然函数取对数得到对数方程，然后利用对数方程对目标状态向量求导数得到似然函数，最后利用牛顿迭代法求解目标状态向量[115]。由于最大似然估计算法需要通过迭代计算目标的状态向量，因此对目标初始状态和迭代步长的选取相对敏感[116,117]。

递推贝叶斯估计算法主要包括扩展卡尔曼滤波算法、无迹卡尔曼滤波算法、粒子滤波算法和伪线性卡尔曼滤波器（pseudolinear Kalman filter，PLKF）算法[118]。Aidala[119]在 1979 年提出了利用扩展卡尔曼滤波算法解决纯方位目标运动分析问题。扩展卡尔曼滤波算法利用非线性量测方程的一阶泰勒近似，在预测目标状态向量时对非线性量测方程进行估计，得到线性量测方程。由于扩展卡尔曼滤波算法对目标初始状态的选取相对敏感，因此在初值选取不当的情况下，扩展卡尔曼滤波算法存在发散的问题[120]。通过建立修正极坐标系，可以得到修正极坐标系的扩展卡尔曼滤波器（modified polar coordinate extended Kalman filter，MPEKF）算法[121]，该算法可以解决纯方位目标运动分析问题，并提高扩展卡尔曼滤波算法的稳定性。

无迹卡尔曼滤波算法利用西格玛（Sigma）采样点对目标的估计值进行采样，

将采样得到的 Sigma 点代入非线性量测方程中得到非线性量测方程点集，利用点集求解目标状态向量。当目标的概率密度函数近似高斯分布时，与扩展卡尔曼滤波算法相比，无迹卡尔曼滤波算法解算出的目标状态向量的精度更高，并且无迹卡尔曼滤波算法的计算量相对较小，实时性较强。当目标的概率密度函数非高斯分布时，扩展卡尔曼滤波算法和无迹卡尔曼滤波算法的解算误差都相对较大[122,123]。

粒子滤波算法是基于蒙特卡罗积分的最优非线性滤波器，针对纯方位目标运动分析非线性的特点，粒子滤波器被广泛使用[124-126]。在应用粒子滤波算法解决纯方位目标运动分析问题时，算法的解算精度会随着粒子个数的增加而提高，但是随着粒子个数的增加，算法的计算量也增大，实时性有所下降[127-129]。

伪线性卡尔曼滤波算法利用伪线性处理后的量测方程与目标状态方程，可以重构线性状态空间，并利用卡尔曼滤波算法解算目标状态向量[130]。与粒子滤波算法、扩展卡尔曼滤波算法和无迹卡尔曼滤波算法相比，伪线性卡尔曼滤波算法的计算复杂度更低并且伪线性卡尔曼滤波算法对目标初始状态的设定具有一定的鲁棒性。由于伪线性处理后的目标状态空间与线性状态空间相比，量测矩阵与量测噪声向量相关，因此伪线性卡尔曼滤波算法解算出的目标状态向量存在有偏的问题，在观测者与目标之间存在不利的几何关系时，这种有偏性会严重影响解算精度[131]。

批处理算法与递推贝叶斯估计算法各有优缺点，随着纯方位目标运动分析技术的不断发展，如何发挥批处理算法和递推贝叶斯估计算法的优势已经成为研究的热点和难点问题。

在单基阵纯方位目标运动分析的量测过程中，为了满足目标可观测的条件，观测者在观测过程中至少要进行一次机动[92,132]，因此单基阵纯方位目标运动分析的解算精度除了受到量测噪声的影响外还与观测者的机动轨迹有关，这就给单基阵纯方位目标运动分析技术带来了一定的限制。为了克服单基阵纯方位目标运动分析的限制，多信息联合目标运动分析技术已经受到了广泛的关注[133]，国内外学者关注和研究的重点主要集中在利用基阵测量得到的角度、时延和频率等信息联合解算目标状态向量[134,135]。

多普勒频率-方位目标运动分析算法是在观测者与目标之间存在相对运动时，对目标辐射出的含噪连续波做频谱分析以提取多普勒频率并结合观测者与目标之间的方位角信息解算出目标的状态向量[136]。20 世纪 80 年代，Passerieux 等[137]提出了利用辅助变量法解决多普勒频率-方位目标运动分析问题。Rosenqvist[138]在 1995 年提出了利用伪线性算法解决该问题，在方位角测量噪声和频率估计噪声的标准差相对较小并且观测者非机动的情况下，该算法可以取代最大似然估计算法。

2008 年，Lee 等[139]针对探测过程中多普勒频率和方位角信息缺失的问题提出了一种交互多模型过滤器方法，该方法提高了多普勒频率-方位目标运动分析算法的鲁棒性。2018 年，Nguyen 等[140]提出了利用改进的加权辅助变量估计（improved weighted instrumental variable estimator，I-WIVE）算法来解决多普勒频率-方位目标运动分析问题，该算法补偿了加权辅助变量估计算法的偏差，提高了伪线性估计算法的性能。

随着目标运动分析技术的发展，双基阵目标运动分析算法逐渐受到人们的重视。1999 年，杜选民等[141]提出了多基阵联合纯方位目标运动分析算法，与单基阵纯方位目标运动分析算法相比，该算法提高了解算的稳定性。2005 年，修建娟等[142]提出了利用测角交叉定位法进行多基阵目标运动分析，该方法利用不同基阵量测得到的目标方位角信息建立观测方程组，通过求解观测方程组实现对目标运动参数的估计。2011 年，顾晓东等[143]对双基阵目标运动分析的定位精度进行了研究，讨论了观测者与目标之间不同的几何关系对目标运动分析精度的影响。2012 年，胡科强等[144]提出了利用时空关联迭代后的方位角信息结合卡尔曼滤波器实现双基阵目标运动分析，该方法利用三点法选取卡尔曼滤波器的初值并且加快了算法收敛的速度。

近年来，随着水声对抗技术的不断发展，水下空间环境越来越复杂，对水下目标运动分析技术的要求也越来越高。在目标运动分析中，解算时间和解算精度是两个重要指标。因此，通过对水下目标运动分析的研究找到稳定的优化算法来提高解算精度和缩短解算时间是国内外学者研究的重点。

参 考 文 献

[1] 田坦. 声呐技术[M]. 2 版. 哈尔滨: 哈尔滨工程大学出版社, 2010.

[2] 杨益新, 韩一娜, 赵瑞琴. 海洋声学目标探测技术研究现状和发展趋势[J]. 水下无人系统学报, 2018, 26(5): 369-386.

[3] 杨德森, 朱中锐, 田迎泽. 矢量声呐技术理论基础及应用发展趋势[J]. 水下无人系统学报, 2018, 26(3): 185-192.

[4] Liang J, Wong K M, Zhang J K. Detection of narrow-band sonar signal on a Riemannian manifold[C]. IEEE 28th Canadian Conference on Electrical and Computer Engineering, Halifax, 2015: 959-964.

[5] 樊姜华. 被动多目标跟踪及定位技术研究[D]. 哈尔滨: 哈尔滨工程大学, 2019.

[6] 田坦. 声呐技术[M]. 哈尔滨: 哈尔滨工程大学出版社, 2009.

[7] 刘伯胜, 雷家煜. 水声学原理[M]. 哈尔滨: 哈尔滨工程大学出版社, 2009.

[8] Challa S, Morelande M R, Musicki D. Fundamentals of Object Tracking[M]. Cambridge: Cambridge University Press, 2011.

[9] Wax N. Signal-to-noise improve and the statistics of track population[J]. Journal of Applied Physics, 1955, 26(5): 586-595.

[10] Sittler R W. An optimal data association problem in surveillance theory[J]. IEEE Transactions on Military Electronics, 1964, 8(2): 125-139.

[11] Singer R A, Stein J J. An optimal tracking filter for processing sensor data of imprecisely determined origin in surveillance systems[C]. IEEE Conference on Decision and Control, 1971: 171-175.

[12] Singer R A, Sea R G, House K B. Derivation and evaluation of improved tacking filters for use in dense multi-target environments[J]. IEEE Transactions on Information Theory, 1974, 20(7): 423-432.

[13] Bar-Shalom Y, Jaffer A G. Adaptive nonlinear filtering for tracing with measurements of uncertain origin[C]. IEEE Conference on Decision and Control, 1972: 171-175.

[14] Bar-Shalom Y, Thomas E F. Sonar tracking of multiple targets using joint probabilistic data association[J]. IEEE Journal of Oceanic Engineering, 1983,8(3): 173-184.

[15] Blom H A P, Bloem E A. Probabilistic data association avoiding track coalescene[J]. IEEE Transactions on Automatic Control, 2000, 45(2): 247-259.

[16] 潘泉, 叶西宁, 张洪才. 广义概率数据关联算法[J]. 电子学报, 2005, 3(33): 367-472.

[17] 王尚斌, 赵俊渭, 李金明. 改进 Hopfield 神经网络 JPDA 算法研究[J]. 计算机仿真, 2009, 8(26): 338-340.

[18] 耿峰, 祝小平. 神经网络辅助多目标跟踪数据融合[J]. 火力与指挥控制, 2008, 9(33): 51-54.

[19] 侯雪梅. 多传感器多目标航迹关联算法研究[D]. 西安: 西北工业大学, 2006.

[20] Stubberud S C, Kramer K A. Data association for multiple sensor types using fuzzy logic[J]. IEEE Transactions on Instrumentation and Measurement, 2006, 55(6): 2292-2303.

[21] Aziz A M. A new all-neighbor fuzzy association technique for multitarget tracking in a cluttered environment[C]. IEEE International Conference on Fuzzy System, 2009: 1767-1772.

[22] 王杰贵, 罗景青. 基于多目标多特征信息融合数据关联的无源跟踪方法[J]. 电子学报, 2004, 6(32): 1013-1016.

[23] Reid D B. An algorithm for tracking multiple targets[J]. IEEE Transactions on Automatic Control, 1979, 24(6): 843-854.

[24] Mahler R P. A theoretical foundation for the Stein-Winter "probability hypothesis density (PHD) " multitarget tracking approach[C]. Proceedings of MSS National Symposium Sensor Data Fusion, 2000: 1-21.

[25] Mahler R P. Multitarget Bayes filtering via first-order multitarget moments[J]. IEEE Transactions on Aerospace and Electronic Systems, 2003: 39(4): 1152-1178.

[26] Mahler R P. PHD filters of higher order in target number[J]. IEEE Transactions on Aerospace and Electronic Systems, 2007, 43(4): 1523-1543.

[27] Franken D, Schmidt M, Ulmke M. Spooky action at a distance in the cardinalized probability hypothesis density filter[J]. IEEE Transactions on Aerospace and Electronic Systems, 2009, 45(4): 1657-1664.

[28] Lundgren M, Svensson L, Hammarstrand L. A CPHD filter for tracking with spawning models[J]. IEEE Journal of Selected Topics in Signal Processing, 2013, 7(3): 496-507.

[29] Vo B T, Vo B N, Cantoni A. The cardinality balanced multi-target multi-Bernoulli filter and its implementations[J]. IEEE Transactions on Signal Processing, 2009, 57(2): 409-423.

[30] Vo B N, Ma W K. The Gaussian mixture probability hypothesis density filter[J]. IEEE Transactions on Signal Processing, 2010, 54(11): 4091-4104.

[31] Clark D, Vo B N. Convergence analysis of the Gaussian mixture PHD filter[J]. IEEE Transactions on Signal Processing, 2007, 55(4): 1204-1212.

[32] Vo B N, Singh S, Doucet A. Sequential Monte Carlo methods for multitarget filtering with random finite sets[J]. IEEE Transactions on Aerospace and Electronic Systems, 2005, 41(4): 1224-1245.

[33] Vo B T, Vo B N, Cantoni A. Analytic implementations of the cardinalized probability hypothesis density filter[J]. IEEE Transactions on Signal Processing, 2007, 55(7): 3553-3567.

[34] Blackman S S. Multiple hypothesis tracking for multiple target tracking[J]. IEEE Aerospace and Electronic Systems Magazine, 2004, 19(1): 5-18.

[35] Mahler R P S. Statistical Multisource-Multitarget Information Fusion[M]. Norwood: Artech House, 2007.

[36] 党建武. 水下制导多目标跟踪关键技术研究[D]. 西安: 西北工业大学, 2004.

[37] Kalman R E. A new approach to linear filtering and prediction problems[J]. Transactions of the ASME: Journal of Basic Engineering, 1960, 82(1): 35-45.

[38] Kay S M. 统计信号处理基础——估计与检测理论[M]. 罗鹏飞, 张文明, 刘忠, 等, 译. 北京: 电子工业出版社, 2014.

[39] Julier S, Uhlmann J, Durrant-Whyte H F. A new method for the nonlinear transformation of means and covariances in filters and estimators[J]. IEEE Transactions on Automatic Control, 2000, 45(3): 477-482.

[40] 赵琳. 非线性系统滤波理论[M]. 北京: 国防工业出版社, 2012.

[41] Gordon N J, Salmond D J, Smith A F M. Novel approach to nonlinear/non-gaussian bayesian state estimation[J]. IEE Proceedings F - Radar and Signal Processing, 1993, 140(2): 107-113.

[42] Doucet A, Godsill S, Andrieu C. On sequential Monte Carlo sampling methods for Bayesian filtering[J]. Statistics and Computing, 2000, 10(3): 197-208.

[43] 朱志宇. 粒子滤波算法及其应用[M]. 北京: 科学出版社, 2010.

[44] Merwe R V D, Doucet A, Freitas N D. The unscented particle filter[C]. Proceedings of the 13th International Conference on Neural Information Processing Systems, Denver, CO, USA, 2000: 563-569.

[45] Kotecha J H, Djuric P M. Gaussian sum particle filtering for dynamic state space models[C]. IEEE International Conference on Acoustics, Speech, and Signal Processing, Salt Lake City, UT, USA, 2001: 1520-6149.

[46] Gilks W R, Berzuini C. Following a moving target-Monte Carlo inference for dynamic Bayesian models[J]. Journal of the Royal Statistical Society Series B, 2001, 63(1): 127-146.

[47] Kotecha J H, Djuric P M. Gaussian particle filtering[J]. IEEE Transactions on Signal Processing, 2003, 51(10): 2592-2601.

[48] Doucet A, Freitas N D, Gordon N. Sequential Mote Carlo Methods in Practice[M]. New York: Springer, 2001.

[49] Bar-Shalom Y, Tse E. Tracking in a cluttered environment with probabilistic data association[J]. Automatica, 1975, 11(5): 451-460.

[50] Bar-Shalom Y, Daum F, Huang J. The probabilistic data association filter[J]. IEEE Control Systems, 2009, 29(6): 82-100.

[51] Särkkä S, Lampinen J. Rao-Blackwellized Monte Carlo data association for multiple[C]. Proceedings of the Seventh International Conference on Information Fusion, 2004.

[52] Särkkä S, Vehtari A, Lampinen J. Rao-Blackwellized particle filter for multiple target tracking[J]. Information Fusion, 2007, 8(1): 2-15.

[53] Kokkala J, Särkkä S. Combining particle MCMC with Rao-Blackwellized Monte Carlo data association for parameter estimation in multiple target tracking[J]. Digital Signal Processing, 2015, 47: 84-95.

[54] Goodman I, Mahler R P S, Nguyen H. Mathematics of Data Fusion[M]. Norwell, MA: Kluwer Academic Publisher, 1997.

[55] Ouyang C, Ji H, Li C. Improved multi-target multi-Bernoulli filter[J]. IET Radar Sonar and Navigation, 2012, 6(6): 458-464.

[56] Schuhmacher D, Vo B T, Vo V N. A consistent metric for performance evaluation of multi-object filters[J]. IEEE Transactions on Signal Processing, 2008, 56(8): 3447-3457.

[57] Ristic B, Clark D, Vo B N. Adaptive target birth intensity in PHD and CPHD filters[J]. IEEE Transactions on Aerospace and Electronic Systems, 2012, 48(2): 1656-1668.

[58] Lin L, Bar-Shalom Y, Kirubarajan T. Track labeling and PHD filter for multitarget tracking[J]. IEEE Transactions on Aerospace and Electronic Systems, 2006, 42(3): 778-795.

[59] Panta K, Vo B N, Singh S. Novel data association schemes for the probability hypothesis density filter[J]. IEEE Transactions on Aerospace and Electronic Systems, 2007, 43(2): 556-570.

[60] Panta K, Clark D E, Vo B N. Data association and track management for the Gaussian mixture probability hypothesis density filter[J]. IEEE Transactions on Aerospace and Electronic Systems, 2009, 45(3): 1003-1016.

[61] Vo B T, Vo B N. Labeled random finite sets and multi-object conjugate priors[J]. IEEE Transactions on Signal Processing, 2013, 61(13): 3460-3475.

[62] Vo B N, Vo B T, Phung D. Labeled random finite sets and the Bayes multi-target tracking filter[J]. IEEE Transactions on Signal Processing, 2014, 62(24): 6554-6567.

[63] Reuter S, Vo B T, Vo B N. The labeled multi-Bernoulli filter[J]. IEEE Transactions on Signal Processing, 2014, 62(12): 3246-3260.

[64] Vo B N, Vo B T, Hoang H G. An efficient implementation of the generalized labeled multi-Bernoulli filter[J]. IEEE Transactions on Signal Processing, 2017, 65(8): 1975-1987.

[65] Vo B T, Vo B N. A multi-scan labeled random finite set model for multi-object state estimation[J]. IEEE Transactions on Signal Processing, 2019, 67(19): 4948-4963.

[66] 刘妹琴, 兰剑. 目标跟踪前沿理论与应用[M]. 北京: 科学出版社, 2015.

[67] Singer R A. Estimating optimal tracking filter performance for manned maneuvering targets[J]. IEEE Transations on Aerospace and Electronic Systems,1970,5(4):473-483.

[68] 周宏仁. 机动目标“当前”统计模型与自适应跟踪算法[J]. 航空学报, 1983(1): 73-86.

[69] Houles A, Bar-Shalom Y. Multisensor tracking of a maneuvering target in clutter[C]. Proceedings of the IEEE 1987 National Aerospace and Electronics Conference, Dayton, OH, USA, 1987: 398-406.

[70] Blom H A P, Bar-Shalom Y. Interacting multiple model algorithm for systems with markovian switching coefficients[J]. IEEE Transactions on Automatic Control, 1988, 33(8): 780-783.

[71] 刘胜, 张红梅. 最优估计理论[M]. 北京: 科学出版社, 2011.

[72] 李良群, 谢维信, 李鹏飞. 模糊目标跟踪理论与方法[M]. 北京: 科学出版社, 2015.

[73] 李树军, 赵育良, 王淑娟. 基于变系数α-β-γ滤波的目标跟踪仿真研究[J]. 电子设计工程, 2014, 22(11): 152-154.

[74] Wu Y X, Hu D E, Wu M P. Unscented Kalman filtering for additive noise case: augmented versus nonaugmented[J]. IEEE Signal Processing Letters, 2005, 12(5): 357-360.
[75] 胡士强, 敬忠良. 粒子滤波原理及其应用[M]. 北京: 科学出版社, 2010.
[76] 李天成, 范红旗, 孙树栋. 粒子滤波理论、方法及其在多目标跟踪中的应用[J]. 自动化学报, 2015, 41(12): 1981-2002.
[77] 扆泽江, 曲毅, 刘明飞. 基于最近邻算法的FMCW雷达多目标跟踪研究[J]. 激光杂志, 2018, 39(11): 102-106.
[78] Kosuge Y, Tsujimichi S, Mano S. Suboptimal techniques for track-oriented multiple hypothesis tracking algorithm and JPDA algorithm for multitarget tracking to be equivalent[J]. Electronics and Communications in Japan, Part I: Communications, 1998, 81(11): 24-35.
[79] Dunham D T, Hutchins R G. Hybrid tracking algorithm using MHT and PMHT[C]. Signal and Data Processing of Small Targets, Orlando, FL, USA, 2002: 166-175.
[80] Muicki D, Evans R J. Target existence based MHT[C]. Proceedings of the 44th IEEE Conference on Decision and Control, Seville, Spain, 2005: 1228-1233.
[81] Chen X, Tharmarasa R, Pelletier M. Integrated bayesian clutter estimation with JIPDA/MHT trackers[J]. IEEE Transactions on Aerospace and Electronic Systems, 2013, 49(1): 395-414.
[82] Gerard O, Carthel C, Coraluppi S. Estimating the number of beaked whales using an MHT tracker[C]. New Trends for Environmental Monitoring Using Passive Systems, Hyeres, French Riviera, France, 2008.
[83] Haug A J. 贝叶斯估计与跟踪实用指南[M]. 王欣, 于晓, 译. 北京: 国防工业出版社, 2014.
[84] Hosseini S, Jamali M M, Särkkä S. Variational Bayesian adaptation of noise covariances in multiple target tracking problems[J]. Measurement, 2018, 122: 14-19.
[85] Fortmann T E, Bar-Shalom Y, Scheffe M. Multi-target tracking using joint probabilistic data association[C]. Proceedings of the IEEE Conference on Decision and Control, Albuquerque, NM, 1980: 807-812.
[86] Sengupta D, Iltis R A. Computationally efficient tracking of multiple tragets by probabilistic data association using neural networks[C]. International Conference on Acoustics, Speech, and Signal Processing, New York, NY, USA, 1988: 2152-2155.
[87] 周建中, 王树宗, 占明锋. 基于一步延时的航迹起始改进算法[J]. 海军工程大学学报, 2010, 22(1): 107-112.
[88] 贾岩松, 许志伟. 多目标跟踪中一种改进的航迹起始算法[J]. 现代计算机(专业版), 2017(9): 94-98.
[89] 胡小全, 韩春雷, 蔚婧. 被动目标观测误差对多平台复合跟踪性能的影响及分析[J]. 电子设计工程, 2018, 26(20): 23-26,32.
[90] 赵振轶, 李亚安, 陈晓. 基于双观测站的水下机动目标被动跟踪[J]. 水下无人系统学报, 2018, 26(1): 40-45.
[91] 韩春雷, 陈赤联, 宋明. 卡尔曼滤波在被动目标跟踪系统中的应用[J]. 电子科技, 2012, 25(4): 47-50,53.
[92] Nardone S C, Aidala V J. Observability criteria for bearings-only target motion analysis[J]. IEEE Transactions on Aerospace and Electronic Systems, 1981, AES-17(2): 162-166.
[93] 杨婧, 李银伢, 戚国庆. 纯方位目标运动分析可观测性研究[J]. 火力与指挥控制, 2015, 40(12): 1-8,17.
[94] Ho K C, Chan Y T. An asymptotically unbiased estimator for bearings-only and doppler-bearing target motion analysis[J]. IEEE Transactions on Signal Processing, 2006, 54(3): 809-822.
[95] Chan Y T, Rudnicki S W. Bearings-only and doppler-bearing tracking using instrumental variables[J]. IEEE Transactions on Aerospace and Electronic Systems, 1992, 28(4): 1076-1083.

[96] 陈喆，戴卫国，王易川. 固定单基地被动声呐目标航向估计方法研究[J]. 仪器仪表学报，2017，38(2): 320-327.

[97] Salmond D J, Birch H. A particle filter for track-before-detect[C]. Proceedings of the 2001 American Control Conference, 2001: 3755-3760.

[98] Rollason M, Salmond D. A particle filter for track-before-detect of a target with unknown amplitude[C]. IEE Target Tracking: Algorithms and Applications, 2001: 1-4.

[99] Boers Y, Driessen J N, Verschure F. A multi target track before detect application[C]. Conference on Computer Vision and Pattern Recognition Workshop, 2003: 104.

[100] Morelande M R, Kreucher C M, Kastella K. A bayesian approach to multiple target detection and tracking[J]. IEEE Transactions on Signal Processing, 2007, 55(5): 1589-1604.

[101] El-Hawary F, Aminzadeh F, Mbamalu G A N. The generalized Kalman filter approach to adaptive underwater target tracking[J]. IEEE Journal of Oceanic Engineering, 1992, 17(1): 129-137.

[102] Varghese S, Sinchu P, Subhadra Bhai D. Tracking crossing targets in passive sonars using NNJPDA[J]. Procedia Computer Science, 2016, 93: 690-696.

[103] Karlsson R, Gustafsson F. Particle filter for underwater terrain navigation[C]. IEEE Workshop on Statistical Signal Processing, 2003: 526-529.

[104] 丁凯. 基于前视声呐的水下目标跟踪技术研究[D]. 哈尔滨: 哈尔滨工程大学, 2006.

[105] 张铁栋，万磊，王博，等. 基于改进粒子滤波算法的水下目标跟踪[J]. 上海交通大学学报，2012，46(6): 943-948.

[106] 徐璐霄. 基于被动阵列的水声弱目标检测前跟踪算法研究[D]. 成都: 电子科技大学, 2018.

[107] 赵建昕，笪良龙，徐国军. 线性等式约束下的纯方位目标运动分析[J]. 应用声学, 2014, 33(2): 120-129.

[108] Nguyen N H. Multistatic pseudolinear target motion analysis using hybrid measurements[J]. Signal Processing, 2017, 130: 22-36.

[109] Alexandri T, Diamant R. A reverse bearings only target motion analysis (BO-TMA) for improving AUV navigation accuracy[C]. Workshop on Positioning, Navigation and Communications, Bremen, Germany, 2017: 1-5.

[110] Cadre J E L, Jauffret C. Discrete-time observability and estimability analysis for bearings-only target motion analysis[J]. IEEE Transactions on Aerospace & Electronic Systems, 2018, 33(1): 178-201.

[111] 李晓花. 基于信息融合的水下多目标跟踪技术研究[D]. 西安: 西北工业大学, 2016.

[112] Lingren A G, Gong K F. Position and velocity estimation via bearing observations[J]. IEEE Transactions on Aerospace & Electronic Systems, 1978, AES-14(4): 564-577.

[113] Dogancay K. 3D pseudolinear target motion analysis from angle measurements[J]. IEEE Transactions on Signal Processing, 2015, 63(6): 1570-1580.

[114] Dogancay K. On the efficiency of a bearings-only instrumental variable estimator for target motion analysis[J]. Signal Processing, 2005, 85(3): 481-490.

[115] Nardone S C, Lindgren A G, Gong K F. Fundamental properties and performance of conventional bearing only target motion analysis[J]. IEEE Transactions on Automatic Control 1984, 29(9): 775-787.

[116] Gavish M, Weiss A J. Performance analysis of bearing-only target location algorithm[J]. IEEE Transactions on Aerospace & Electronic Systems, 1992, 28(3): 817-828.

[117] Cadre J P L, Jaetffret C. On the convergence of iterative methods for bearings-only tracking[J]. IEEE Transactions on Aerospace & Electronic Systems, 2002, 35(3): 801-818.

[118] Song T, Speyer J. A stochastic analysis of a modified gain extended Kalman filter with applications to estimation with bearings only measurements[J]. IEEE Conference on Decision & Control, 1985, 30(10): 940-949.

[119] Aidala V J. Kalman filter behavior in bearings-only tracking applications[J]. IEEE Transactions on Aerospace & Electronic Systems, 1979, AES-15(1): 29-39.

[120] Lerro D, Bar-Shalom Y. Bias compensation for improved recursive bearings-only target state estimation[C]. American Control Conference, 1995: 648-652.

[121] Aidala V J, Hammel S E. Utilization of modified polar coordinates for bearings-only tracking[J]. IEEE Transactions on Automatic Control, 1983, 28(3): 283-294.

[122] St-Pierre M, Gingras D. Comparison between the unscented Kalman filter and the extended Kalman filter for the position estimation module of an integrated navigation information system[C]. Intelligent Vehicles Symposium, 2004, 831-835.

[123] 战帅, 冯世民. 扩展卡尔曼滤波器和无迹卡尔曼滤波器的性能对比研究[J]. 信息通信, 2018, 185(5): 40-41.

[124] Ristic B. Comparison of the particle filter with range-parameterized and modified polar EKFs for angle-only tracking[J]. Proceedings of SPIE - The International Society for Optical Engineering, 2000, 4048: 288-299.

[125] Ristic B, Arnlampalam S, Gordon N. Beyond the Kalman Filter: Particle Filters for Tracking Applications[M]. Boston, London: Artech House, 2004.

[126] Lin X D, Kirubarajan T, Barshalom Y. Comparison of EKF, pseudomeasurement, and particle filters for a bearing-only target tracking problem[J]. Proceedings of SPIE - The International Society for Optical Engineering, 2007, 4728: 240-250.

[127] Hong S H, Shi Z G, Chen K S. Novel roughening algorithm and hardware architecture for bearings-only tracking using particle filter[J]. Journal of Electromagnetic Waves & Applications, 2008, 22(2-3): 411-422.

[128] Chang D C, Fang M W. Bearing-only maneuvering mobile tracking with nonlinear filtering algorithms in wireless sensor networks[J]. IEEE Systems Journal, 2014, 8(1): 160-170.

[129] Godsill S J, Vermaak J, Ng W. Models and algorithms for tracking of maneuvering objects using variable rate particle filters[J]. Proceedings of the IEEE, 2007, 95(5): 925-952.

[130] Toloei A, Niazi S. State estimation for target tracking problems with nonlinear Kalman filter algorithms[J]. International Journal of Computer Applications, 2014, 98(17): 30-36.

[131] Aidala V J, Nardone S C. Biased estimation properties of the pseudolinear tracking filter[J]. IEEE Transactions on Aerospace & Electronic Systems, 1982, AES-18(4): 432-441.

[132] Pham D T. Some quick and efficient methods for bearing-only target motion analysis[J]. IEEE Transactions on Signal Processing, 1993, 41(9): 2737-2751.

[133] 梁婧宇. 水声目标运动分析算法的研究与实现[D]. 成都: 电子科技大学, 2017.

[134] Nguyen N H, Dogancay K. Algebraic solution for stationary emitter geolocation by a LEO satellite using Doppler frequency measurements[C]. IEEE International Conference on Acoustics, Shanghai, China, 2016: 3341-3345.

[135] Nguyen N H, Dogancay K. On the bias of pseudolinear estimators for time-of-arrival based localization[C]. IEEE International Conference on Acoustics, Speech and Signal Processing, 2017: 3301-3305.

[136] Nguyen N H, Doğançay K. Single-platform passive emitter localization with bearing and Doppler-shift measurements using pseudolinear estimation techniques[J]. Signal Processing, 2016, 125(C): 336-348.

[137] Passerieux J M, Pillon D, Blanc-Benon P. Target motion analysis with bearings and frequencies measurements[C]. Twenty-Second Asilomar Conference on Signals, Systems and Computers, Pacific Grove, CA, USA, 1988: 458-462.

[138] Rosenqvist P A. Passive Doppler-bearing tracking using a pseudo-linear estimator[J]. IEEE Journal of Oceanic Engineering, 1995, 20(2): 114-118.

[139] Lee M H, Moon J H, Kim I S. Pre-processing faded measurements for bearing-and-frequency target motion analysis[J]. International Journal of Control, Automation, and Systems, 2008, 6(3): 424-433.

[140] Nguyen N H, Dogancay K. Improved weighted instrumental variable estimation for doppler-bearing source localization in heavy noise[C]. IEEE International Conference on Acoustics, Speech and Signal Processing, 2018: 3529-3533.

[141] 杜选民, 姚蓝. 多基阵联合的无源纯方位目标运动分析研究[J]. 声学学报, 1999, 24(6): 604-610.

[142] 修建娟, 何友, 王国宏. 测向交叉定位系统中的交会角研究[J]. 宇航学报, 2005, 26(3): 282-286.

[143] 顾晓东, 邱志明, 袁志勇. 双基阵声呐系统水下目标被动定位精度分析[J]. 火力与指挥控制, 2011, 36(1): 147-150.

[144] 胡科强, 袁志勇, 周浩. 双基阵纯方位被动定位跟踪方法[J]. 舰船科学技术, 2012, 34(5): 83-86.

第 2 章　目标跟踪的滤波理论

由于目标跟踪环境的复杂性，跟踪系统的输入存在大量的虚警、漏检，并且对于多目标跟踪问题存在航迹交叉等现象，这给跟踪系统完成航迹起始、航迹维持和航迹终止带来了巨大的挑战。跟踪算法通常可以去除野值点、利用历史观测信息对航迹信息补漏、平滑轨迹、预测目标个数、添加目标批次信息等，其跟踪性能主要取决于数据关联的效果。

2.1　贝叶斯滤波

贝叶斯估计的目的是通过综合利用先验信息和当前观测信息，求解感兴趣参数的后验概率密度，进而得到状态向量的最优估计。

对于目标跟踪问题，下式给出了状态转移模型和量测模型：

$$\begin{cases} \boldsymbol{x}_k = g(\boldsymbol{x}_{k-1}, \boldsymbol{q}_{k-1}) \\ \boldsymbol{y}_k = h(\boldsymbol{x}_k, \boldsymbol{r}_k) \end{cases} \tag{2-1}$$

式中，$\boldsymbol{x}_k \in \mathbf{R}^{n_x}$ 是 k 时刻的目标状态；$\boldsymbol{q}_{k-1} \in \mathbf{R}^{n_q}$ 是过程噪声；$g:\mathbf{R}^{n_x} \times \mathbf{R}^{n_q} \to \mathbf{R}^{n_x}$ 是二阶连续可微的状态转移函数；$\boldsymbol{y}_k \in \mathbf{R}^{n_y}$ 是 k 时刻系统的量测向量；$\boldsymbol{r}_k \in \mathbf{R}^{n_r}$ 是量测噪声；$h:\mathbf{R}^{n_x} \times \mathbf{R}^{n_r} \to \mathbf{R}^{n_y}$ 是二阶连续可微的量测函数。通过状态转移函数 $g(\cdot)$ 和过程噪声分布 $p(\boldsymbol{q}_k)$ 可以得到状态转移概率密度 $p(\boldsymbol{x}_k \mid \boldsymbol{x}_{k-1})$。通过观测函数 $h(\cdot)$ 和量测噪声分布 $p(\boldsymbol{r}_k)$ 可以得到似然概率密度函数 $p(\boldsymbol{y}_k \mid \boldsymbol{x}_k)$。

2.1.1　离散空间模型

离散空间模型由下式给出：

$$\begin{cases} \boldsymbol{x}_k \sim p\left(\boldsymbol{x}_k \middle| \boldsymbol{x}_{k-1}\right) \\ \boldsymbol{y}_k \sim p\left(\boldsymbol{y}_k \middle| \boldsymbol{x}_k\right) \end{cases} \tag{2-2}$$

对于一阶马尔可夫过程，在给定 $k-1$ 时刻状态的条件下，k 时刻状态仅与 $k-1$ 时刻状态有关，即存在以下等式：

$$p\left(\boldsymbol{x}_k \middle| \boldsymbol{x}_{1:k-1}, \boldsymbol{y}_{1:k-1}\right) = p\left(\boldsymbol{x}_k \middle| \boldsymbol{x}_{k-1}\right) \tag{2-3}$$

式中，$p(\boldsymbol{x}_k|\boldsymbol{x}_{k-1})$ 为系统状态向量 $\boldsymbol{x}_k$ 的先验分布；$\boldsymbol{x}_{1:k-1}$ 为时刻 1 到时刻 $k-1$ 的状态向量集合；$\boldsymbol{y}_{1:k-1}$ 为时刻 1 到时刻 $k-1$ 的量测向量集合。在给定 k 时刻状态的条件下，$k-1$ 时刻状态与 $k+i$ 时刻状态无关，即过去的状态不取决于未来时刻，

$$p(\boldsymbol{x}_{k-1}|\boldsymbol{x}_{k:T},\boldsymbol{y}_{k:T})=p(\boldsymbol{x}_{k-1}|\boldsymbol{x}_k) \tag{2-4}$$

在给定 k 时刻状态的条件下，k 时刻量测值与历史状态值、历史量测值无关，即

$$p(\boldsymbol{y}_k|\boldsymbol{x}_{1:k},\boldsymbol{y}_{1:k-1})=p(\boldsymbol{y}_k|\boldsymbol{x}_k) \tag{2-5}$$

式中，$p(\boldsymbol{y}_k|\boldsymbol{x}_k)$ 为系统状态向量 $\boldsymbol{x}_k$ 的似然函数。在实际滤波过程中，可在已知 $1,2,\cdots,k-1$ 时刻的量测值条件下，得到 k 时刻系统状态 $\boldsymbol{x}_k$ 的先验分布 $p(\boldsymbol{x}_k|\boldsymbol{y}_{1:k-1})$，先验分布的形式为

$$p(\boldsymbol{x}_k|\boldsymbol{y}_{1:k-1})=\int p(\boldsymbol{x}_k|\boldsymbol{x}_{k-1})p(\boldsymbol{x}_{k-1}|\boldsymbol{y}_{1:k-1})\mathrm{d}\boldsymbol{x}_{k-1} \tag{2-6}$$

获取最新的量测值后，在已知 $1,2,\cdots,k-1,k$ 时刻量测值条件下，k 时刻系统状态 $\boldsymbol{x}_k$ 的后验分布为 $p(\boldsymbol{x}_k|\boldsymbol{y}_{1:k})$，后验分布由下式给出：

$$p(\boldsymbol{x}_k|\boldsymbol{y}_{1:k})=\frac{1}{Z_k}p(\boldsymbol{y}_k|\boldsymbol{x}_k)p(\boldsymbol{x}_k|\boldsymbol{y}_{1:k-1}) \tag{2-7}$$

式中，归一化系数 Z_k 为

$$Z_k=\int p(\boldsymbol{y}_k|\boldsymbol{x}_k)p(\boldsymbol{x}_k|\boldsymbol{y}_{1:k-1})\mathrm{d}\boldsymbol{x}_k \tag{2-8}$$

上式中似然函数 $p(\boldsymbol{y}_k|\boldsymbol{x}_k)$ 在实际中无法直接采样，可将其表示为边缘量测似然，即 $p(\boldsymbol{y}_k|\boldsymbol{y}_{1:k-1})$，其形式解与 Z_k 表示相同，表示为

$$p(\boldsymbol{y}_k|\boldsymbol{y}_{1:k-1})=\int p(\boldsymbol{y}_k|\boldsymbol{x}_k)p(\boldsymbol{x}_k|\boldsymbol{y}_{1:k-1})\mathrm{d}\boldsymbol{x}_k \tag{2-9}$$

在使用 $p(\boldsymbol{y}_k|\boldsymbol{y}_{1:k-1})$ 近似 $p(\boldsymbol{y}_k|\boldsymbol{x}_k)$ 时，往往不使用 Z_k 作为归一化系数，而以近似求得的原始后验分布之和作为归一化系数，避免 $p(\boldsymbol{y}_k|\boldsymbol{y}_{1:k-1})$ 与 Z_k 抵消。相比于已知历史量测值，在已知未来量测值的条件下，可以得到更准确的系统状态分布，此时系统状态的后验分布为 $p(\boldsymbol{x}_k|\boldsymbol{y}_{1:T})$，其中 $T>k$，其形式解为

$$p(\boldsymbol{x}_k|\boldsymbol{y}_{1:T})=p(\boldsymbol{x}_k|\boldsymbol{y}_{1:k})\cdot\int\frac{p(\boldsymbol{x}_{k+1}|\boldsymbol{x}_k)p(\boldsymbol{x}_{k+1}|\boldsymbol{y}_{1:T})}{p(\boldsymbol{x}_{k+1}|\boldsymbol{y}_{1:k})}\mathrm{d}\boldsymbol{x}_{k+1} \tag{2-10}$$

由式（2-6）可以得到式（2-10）的分母为

$$p\left(\boldsymbol{x}_{k+1} \middle| \boldsymbol{y}_{1:k}\right)=\int p\left(\boldsymbol{x}_{k+1} \middle| \boldsymbol{x}_k\right) p\left(\boldsymbol{x}_k \middle| \boldsymbol{y}_{1:k}\right) \mathrm{d}\boldsymbol{x}_k \tag{2-11}$$

式（2-10）表示的是平滑过程，可对历史估计进行平滑，得到更为准确的估计。

2.1.2　线性状态估计

线性状态空间中，式（2-1）表示的状态转移过程和量测过程可以具体表示为

$$\begin{cases} \boldsymbol{x}_k=\boldsymbol{A}_{k-1}\boldsymbol{x}_{k-1}+\boldsymbol{q}_{k-1} \\ \boldsymbol{y}_k=\boldsymbol{H}_k\boldsymbol{x}_k+\boldsymbol{r}_k \end{cases} \tag{2-12}$$

式中，$\boldsymbol{x}_k \in \mathbf{R}^{n_x}$ 为 k 时刻系统状态；$\boldsymbol{y}_k \in \mathbf{R}^{n_y}$ 为 k 时刻量测向量；$\boldsymbol{q}_{k-1} \sim N\left(\mathbf{0}, \boldsymbol{Q}_{k-1}\right)$ 为 $k-1$ 时刻的状态转移噪声，$\boldsymbol{Q}_{k-1}$ 为 $k-1$ 时刻过程噪声的协方差矩阵；$\boldsymbol{r}_k \sim N\left(\mathbf{0}, \boldsymbol{R}_k\right)$ 为 k 时刻的量测噪声，$\boldsymbol{R}_k$ 为 $k-1$ 时刻量测噪声的协方差矩阵；$\boldsymbol{A}_{k-1}$ 为系统的状态转移矩阵；$\boldsymbol{H}_k$ 为量测矩阵。由状态转移过程可以得到 k 时刻状态向量的期望和协方差矩阵：

$$\begin{cases} E\left[\boldsymbol{x}_k\right]=E\left[\boldsymbol{A}_{k-1}\boldsymbol{x}_{k-1}\right]+E\left[\boldsymbol{q}_{k-1}\right]=\boldsymbol{A}_{k-1}\boldsymbol{x}_{k-1} \\ E\left[\left(\boldsymbol{x}_k-\boldsymbol{A}_{k-1}\boldsymbol{x}_{k-1}\right)\left(\boldsymbol{x}_k-\boldsymbol{A}_{k-1}\boldsymbol{x}_{k-1}\right)^{\mathrm{T}}\right]=E\left[\boldsymbol{q}_{k-1}\boldsymbol{q}_{k-1}^{\mathrm{T}}\right]=\boldsymbol{Q}_{k-1} \end{cases} \tag{2-13}$$

式中，$E[\cdot]$表示期望运算。

由量测过程可以得到 k 时刻量测向量的期望和协方差矩阵：

$$\begin{cases} E\left[\boldsymbol{y}_k\right]=E\left[\boldsymbol{H}_k\boldsymbol{x}_k\right]+E\left[\boldsymbol{r}_k\right]=\boldsymbol{H}_k\boldsymbol{x}_k \\ E\left[\left(\boldsymbol{y}_k-\boldsymbol{H}_k\boldsymbol{x}\right)\left(\boldsymbol{y}_k-\boldsymbol{H}_k\boldsymbol{x}\right)^{\mathrm{T}}\right]=E\left[\boldsymbol{r}_k\boldsymbol{r}_k^{\mathrm{T}}\right]=\boldsymbol{R}_k \end{cases} \tag{2-14}$$

因此先验分布 $p\left(\boldsymbol{x}_k \middle| \boldsymbol{x}_{k-1}\right)$ 和似然函数 $p\left(\boldsymbol{y}_k \middle| \boldsymbol{x}_k\right)$ 可以表示为

$$\begin{cases} p\left(\boldsymbol{x}_k \middle| \boldsymbol{x}_{k-1}\right)=N\left(\boldsymbol{x}_k \middle| \boldsymbol{A}_{k-1}\boldsymbol{x}_{k-1}, \boldsymbol{Q}_{k-1}\right) \\ p\left(\boldsymbol{y}_k \middle| \boldsymbol{x}_k\right)=N\left(\boldsymbol{y}_k \middle| \boldsymbol{H}_k\boldsymbol{x}_k, \boldsymbol{R}_k\right) \end{cases} \tag{2-15}$$

式中，$N\left(\boldsymbol{\mu}, \boldsymbol{\Sigma}\right)$ 为期望为 $\boldsymbol{\mu}$ 、协方差矩阵为 $\boldsymbol{\Sigma}$ 的高斯分布。

2.1.3　贝叶斯定理在跟踪中的应用

在每一个量测时刻，新的量测信息将与当前目标状态估计进行结合，获得目标状态的新估计，该状态估计又会通过状态转移过程对下一状态进行预测，贝叶

斯理论的递推形式为量测数据及其不确定性的序贯特性提供了理论框架[1]。贝叶斯滤波跟踪的实质是在 k 时刻从给定的观测信息 $\boldsymbol{y}_k$ 中递归地估计出状态向量 $\boldsymbol{x}_k$，即估计后验概率密度 $p(\boldsymbol{x}_k \mid \boldsymbol{y}_k)$。贝叶斯滤波算法包括预测和更新两个步骤。

第一步：预测。用系统模型对状态向量的先验概率密度函数进行预测。

状态向量的先验概率密度函数由下式给出：

$$p\left(\boldsymbol{x}_k \middle| \boldsymbol{y}_{1:k-1}\right)=\int p\left(\boldsymbol{x}_k \middle| \boldsymbol{x}_{k-1}\right) p\left(\boldsymbol{x}_{k-1} \middle| \boldsymbol{y}_{1:k-1}\right) \mathrm{d}\boldsymbol{x}_{k-1} \tag{2-16}$$

式中，$p\left(\boldsymbol{x}_k \middle| \boldsymbol{x}_{k-1}\right)$ 由状态转移过程给出；$p\left(\boldsymbol{x}_{k-1} \middle| \boldsymbol{y}_{1:k-1}\right)$ 为 $k-1$ 时刻的后验概率密度。因此在 $p\left(\boldsymbol{x}_k \middle| \boldsymbol{x}_{k-1}\right)$ 和 $p\left(\boldsymbol{x}_{k-1} \middle| \boldsymbol{y}_{1:k-1}\right)$ 已知的情况下，可以得到先验概率密度函数 $p\left(\boldsymbol{x}_k \middle| \boldsymbol{y}_{1:k-1}\right)$。另外，初始状态 $\boldsymbol{x}_0$ 的先验分布为 $p\left(\boldsymbol{x}_0 \middle| \boldsymbol{y}_0\right)=p\left(\boldsymbol{x}_0\right)$。

第二步：更新。利用当前的量测信息和先验概率密度函数 $p\left(\boldsymbol{x}_k \middle| \boldsymbol{y}_{1:k-1}\right)$ 得到后验概率密度。

状态向量的后验概率密度函数由下式给出：

$$p\left(\boldsymbol{x}_k \middle| \boldsymbol{y}_{1:k}\right)=\frac{p\left(\boldsymbol{y}_k \middle| \boldsymbol{x}_k\right) p\left(\boldsymbol{x}_k \middle| \boldsymbol{y}_{1:k-1}\right)}{\int p\left(\boldsymbol{y}_k \middle| \boldsymbol{x}_k\right) p\left(\boldsymbol{x}_k \middle| \boldsymbol{y}_{1:k-1}\right) \mathrm{d}\boldsymbol{x}_k} \tag{2-17}$$

由以上两个步骤可以看出，应用贝叶斯定理对状态向量后验概率密度函数的估计通过预测和更新两个迭代步骤进行。在得到后验概率密度函数 $p\left(\boldsymbol{x}_k \middle| \boldsymbol{y}_{1:k}\right)$ 后，根据一些准则，如极大似然估计、最小均方误差估计、最大后验估计和期望后验估计等，可以计算出目标的状态向量。

2.2　状态运动模型

2.2.1　匀速模型

设 k 时刻系统状态为 $\boldsymbol{x}_k=\begin{bmatrix} x_k & \dot{x}_k \end{bmatrix}^{\mathrm{T}}$，则连续时间状态方程为

$$\partial\begin{bmatrix} x(t) \\ \dot{x}(t) \end{bmatrix} \Big/ \partial t=\begin{bmatrix} 0 & 1 \\ 0 & 0 \end{bmatrix}\begin{bmatrix} x(t) \\ \dot{x}(t) \end{bmatrix}+\begin{bmatrix} 0 \\ 1 \end{bmatrix} w(t) \tag{2-18}$$

式中，$w(t)$ 为高斯噪声，其功率谱密度为 q，表示作用于状态加速度上的随机扰动。系统状态的离散时间可表示为

$$\begin{bmatrix} x_k \\ \dot{x}_k \end{bmatrix}=\begin{bmatrix} 1 & \Delta t \\ 0 & 1 \end{bmatrix}\begin{bmatrix} x_{k-1} \\ \dot{x}_{k-1} \end{bmatrix}+\boldsymbol{q}_{k-1} \tag{2-19}$$

式中，Δt 为量测周期；$\boldsymbol{q}_{k-1}$ 为状态转移噪声，且

$$\begin{cases} E\left[\boldsymbol{q}_{k-1}\right]=\boldsymbol{0} \\ E\left[\boldsymbol{q}_{k-1}\boldsymbol{q}_{k-1}^{\mathrm{T}}\right]=q\begin{bmatrix} \frac{1}{3}\Delta t^{3} & \frac{1}{2}\Delta t^{2} \\ \frac{1}{2}\Delta t^{2} & \Delta t \end{bmatrix} \end{cases} \tag{2-20}$$

2.2.2　匀加速模型

设 k 时刻系统状态为 $\boldsymbol{x}_k=\left[x_k \quad \dot{x}_k \quad \ddot{x}_k\right]^{\mathrm{T}}$，则连续时间状态方程为

$$\partial\begin{bmatrix} x(t) \\ \dot{x}(t) \\ \ddot{x}(t) \end{bmatrix}\Big/\partial t=\begin{bmatrix} 0 & 1 & 0 \\ 0 & 0 & 1 \\ 0 & 0 & 0 \end{bmatrix}\begin{bmatrix} x(t) \\ \dot{x}(t) \\ \ddot{x}(t) \end{bmatrix}+\begin{bmatrix} 0 \\ 0 \\ 1 \end{bmatrix}w(t) \tag{2-21}$$

式中，$w(t)$ 为高斯噪声，其功率谱密度为 q，表示作用于状态加速度变化率上的随机扰动。系统状态的离散时间可表示为

$$\begin{bmatrix} x_k \\ \dot{x}_k \\ \ddot{x}_k \end{bmatrix}=\begin{bmatrix} 1 & \Delta t & \frac{1}{2}\Delta t^{2} \\ 0 & 1 & \Delta t \\ 0 & 0 & 1 \end{bmatrix}\begin{bmatrix} x_{k-1} \\ \dot{x}_{k-1} \\ \ddot{x}_{k-1} \end{bmatrix}+\boldsymbol{q}_{k-1} \tag{2-22}$$

式中，Δt 为量测周期；$\boldsymbol{q}_{k-1}$ 为状态转移噪声，且

$$\begin{cases} E\left[\boldsymbol{q}_{k-1}\right]=\boldsymbol{0} \\ E\left[\boldsymbol{q}_{k-1}\boldsymbol{q}_{k-1}^{\mathrm{T}}\right]=q\begin{bmatrix} \frac{1}{20}\Delta t^{5} & \frac{1}{8}\Delta t^{4} & \frac{1}{6}\Delta t^{3} \\ \frac{1}{8}\Delta t^{4} & \frac{1}{3}\Delta t^{3} & \frac{1}{2}\Delta t^{2} \\ \frac{1}{6}\Delta t^{3} & \frac{1}{2}\Delta t^{2} & \Delta t \end{bmatrix} \end{cases} \tag{2-23}$$

2.2.3　Singer 模型

Singer 模型是一种广泛使用的适用于机动目标跟踪的模型。设 k 时刻系统状态为 $\boldsymbol{x}_k=\left[x_k \quad \dot{x}_k \quad \ddot{x}_k\right]^{\mathrm{T}}$，连续过程的状态描述为

$$\partial\begin{bmatrix} x(t) \\ \dot{x}(t) \\ \ddot{x}(t) \end{bmatrix}\Bigg/\partial t=\begin{bmatrix} 0 & 1 & 0 \\ 0 & 0 & 1 \\ 0 & 0 & -\varphi \end{bmatrix}\begin{bmatrix} x(t) \\ \dot{x}(t) \\ \ddot{x}(t) \end{bmatrix}+\begin{bmatrix} 0 \\ 0 \\ 1 \end{bmatrix}w(t) \tag{2-24}$$

式中，φ 为机动时长 τ_m 的倒数；$w(t)$ 为高斯噪声，其功率谱密度为 $2\varphi q$，表示作用于状态加速度变化率上的随机扰动。系统状态的离散时间表示为

$$\begin{bmatrix} x_k \\ \dot{x}_k \\ \ddot{x}_k \end{bmatrix}=\begin{bmatrix} 1 & \Delta t & \frac{1}{\varphi^2}\left(-1+\varphi T+\mathrm{e}^{-\varphi \mathrm{T}}\right) \\ 0 & 1 & \frac{1}{\varphi}\left(1-\mathrm{e}^{-\varphi \mathrm{T}}\right) \\ 0 & 0 & \mathrm{e}^{-\varphi \mathrm{T}} \end{bmatrix}\begin{bmatrix} x_{k-1} \\ \dot{x}_{k-1} \\ \ddot{x}_{k-1} \end{bmatrix}+\boldsymbol{q}_{k-1} \tag{2-25}$$

式中，Δt 为量测周期；$\boldsymbol{q}_{k-1}$ 为状态转移噪声，且

$$\begin{cases} E\left[\boldsymbol{q}_{k-1}\right]=\boldsymbol{0} \\ E\left[\boldsymbol{q}_{k-1}\boldsymbol{q}_{k-1}^{\mathrm{T}}\right]=q\begin{bmatrix} q_{11} & q_{12} & q_{13} \\ q_{12} & q_{22} & q_{23} \\ q_{13} & q_{23} & q_{33} \end{bmatrix} \end{cases} \tag{2-26}$$

其中，

$$\begin{cases} q_{11}=\frac{1}{2\varphi^5}\left(1-\mathrm{e}^{-2\varphi\Delta t}+2\varphi\Delta t+\frac{2\varphi^3\Delta t^3}{3}-2\varphi^2\Delta t^2-4\varphi\Delta t\mathrm{e}^{-\varphi\Delta t}\right) \\ q_{12}=\frac{1}{2\varphi^4}\left(\mathrm{e}^{-2\varphi\Delta t}+1-2\mathrm{e}^{-\varphi\Delta t}+2\varphi\Delta t\mathrm{e}^{-\varphi\Delta t}-2\varphi\Delta t+\varphi^2\Delta t^2\right) \\ q_{13}=\frac{1}{2\varphi^3}\left(1-\mathrm{e}^{-2\varphi\Delta t}-2\varphi\Delta t\mathrm{e}^{-\varphi\Delta t}\right) \\ q_{22}=\frac{1}{2\varphi^3}\left(4\mathrm{e}^{-\varphi\Delta t}-3-\mathrm{e}^{-2\varphi\Delta t}+2\varphi\Delta t\right) \\ q_{23}=\frac{1}{2\varphi^2}\left(\mathrm{e}^{-2\varphi\Delta t}+1-2\mathrm{e}^{-\varphi\Delta t}\right) \\ q_{33}=\frac{1}{2\varphi}\left(1-\mathrm{e}^{-2\varphi\Delta t}\right) \end{cases} \tag{2-27}$$

2.3　目标方位变化规律

1. 平台静止，目标匀速直线运动

平台静止，以平台为原点，目标运动速度为v，航向为α，与平台（原点）距离为r，位置信息表示为(x,y)，目标相对于平台方位角为θ，如图 2-1 所示。

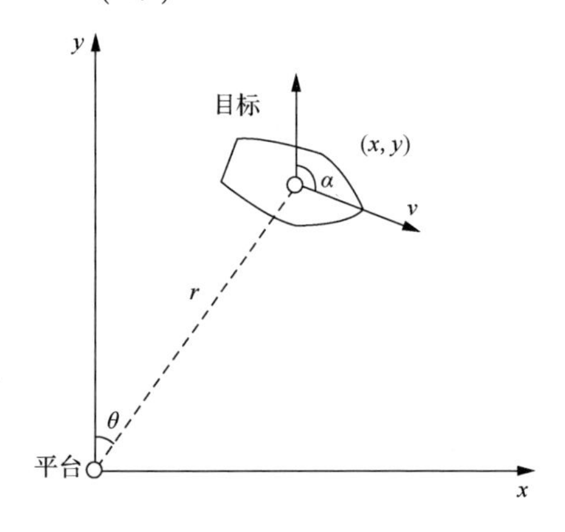

图 2-1　平台静止，目标匀速直线运动

目标方位变化率为

$$\dot{\theta}=\frac{v\cdot\sin(\alpha-\theta)}{r} \tag{2-28}$$

目标方位加速度为

$$\ddot{\theta}=-\frac{v^2\cdot\sin(2\alpha-2\theta)}{r^2} \tag{2-29}$$

2. 平台匀速直线运动，目标匀速直线运动

以任意一点为原点建立坐标系，下标“1”表示平台参数，下标“2”表示目标参数。平台匀速直线运动，速度为v_1，航向为α_1，所处位置为(x_1,y_1)，相对于原点方位为θ_1，与原点距离为r_1；目标匀速直线运动，速度为v_2，航向为α_2，所处位置为(x_2,y_2)，相对于原点方位为θ_2，与原点距离为r_2。目标与平台距离为r_{12}，目标相对于平台的方位角为θ_{12}，如图 2-2 所示。

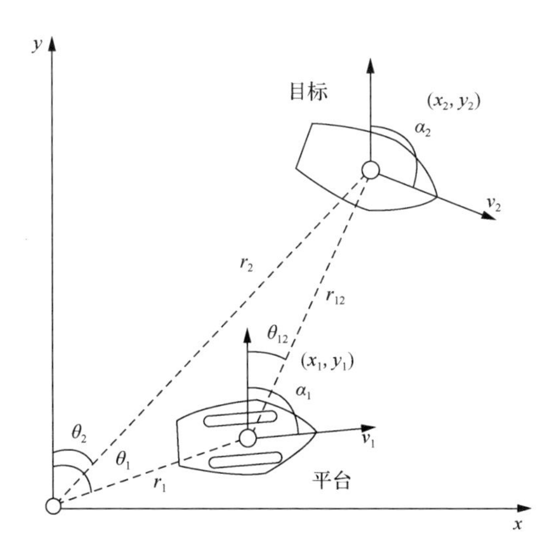

图 2-2　平台匀速直线运动，目标匀速直线运动

目标相对于平台方位的变化率为

$$\dot{\theta}_{12} = \frac{v_2 \sin(\alpha_2 - \theta_{12}) - v_1 \sin(\alpha_1 - \theta_{12})}{r_{12}} \tag{2-30}$$

目标相对于平台方位的加速度为

$$\ddot{\theta}_{12} = -\frac{v_2^2 \sin(2\alpha_2 - 2\theta_{12}) + v_1^2 \sin(2\alpha_1 - 2\theta_{12}) - 2\sin(\alpha_1 + \alpha_2 - 2\theta_{12})}{r_{12}^2} \tag{2-31}$$

3. 平台静止，目标匀速圆周运动

目标匀速圆周运动，目标航向的变化速率恒定，即 $\dot{\alpha} = a$，其中 a 为常数，初始航向为 α_0，平台静止。其他参数与“平台静止，目标匀速直线运动”时相同。平台静止，目标匀速圆周运动的示意图如图 2-3 所示。

目标方位变化率为

$$\dot{\theta} = \frac{v\sin(\alpha - \theta) + v(\alpha - \alpha_0)\cos(\alpha - \theta)}{r} \tag{2-32}$$

目标方位加速度为

$$\ddot{\theta} = \frac{2\dot{\alpha}v\cos(\alpha - \theta) - (\alpha - \alpha_0)\dot{\alpha}v\sin(\alpha - \theta)}{r} - \frac{v^2 \sin(2\alpha - 2\theta) - 2(\alpha - \alpha_0)v^2\cos(2\alpha - 2\theta) - (\alpha - \alpha_0)^2 v^2 \sin(2\alpha - 2\theta)}{r^2} \tag{2-33}$$

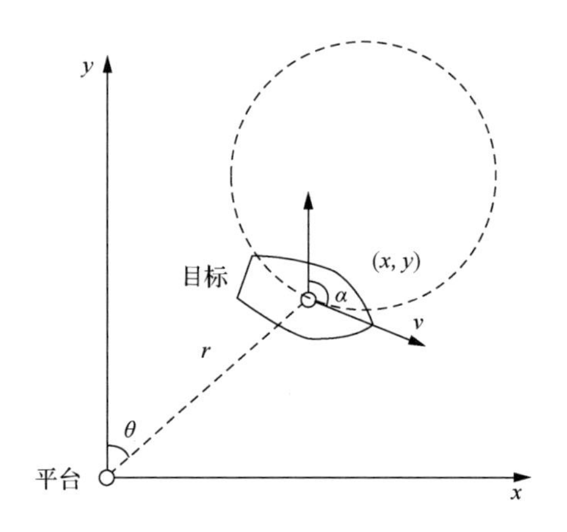

图 2-3　平台静止，目标匀速圆周运动

特别地，当$\dot{\alpha}=0$，即$\alpha-\alpha_0=0$时，式（2-32）和式（2-33）退化为式（2-28）和式（2-29），即平台静止、目标匀速直线运动时目标方位的变化率与加速度。

4. 平台匀速直线运动，目标匀速圆周运动

目标匀速圆周运动，目标航向的变化速率恒定，即$\dot{\alpha}_2=a$，其中a为常数，初始航向为$\alpha_{2,0}$，平台匀速直线运动。其他参数与“平台匀速直线运动，目标匀速直线运动”时相同，平台匀速直线运动，目标匀速圆周运动示意图如图 2-4 所示。

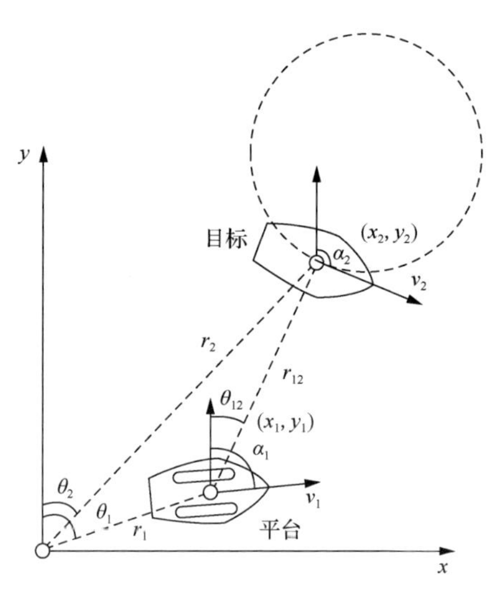

图 2-4　平台匀速直线运动，目标匀速圆周运动

目标相对于平台方位的变化率为

$$\dot{\theta}_{12}=\frac{v_2\sin\left(\alpha_2-\theta_{12}\right)+\left(\alpha_2-\alpha_{2,0}\right)v_2\cos\left(\alpha_2-\theta_{12}\right)-v_1\sin\left(\alpha_1-\theta_{12}\right)}{r_{12}} \tag{2-34}$$

目标相对于平台方位加速度为

$$\begin{aligned}\ddot{\theta}_{12}=&\frac{2\dot{\alpha}_2v_2\cos\left(\alpha_2-\theta_{12}\right)-\left(\alpha_2-\alpha_{2,0}\right)\dot{\alpha}_2v_2\sin\left(\alpha_2-\theta_{12}\right)}{r_{12}}\\&-\frac{v_2^2\sin\left(2\alpha_2-2\theta_{12}\right)-2v_1v_2\sin\left(\alpha_1+\alpha_2-2\theta_{12}\right)+v_1^2\sin\left(2\alpha_1-2\theta_{12}\right)}{r_{12}^2}\\&-\frac{2\left(\alpha_2-\alpha_{2,0}\right)v_2^2\cos\left(2\alpha_2-2\theta_{12}\right)-\left(\alpha_2-\alpha_{2,0}\right)^2v_2^2\sin\left(2\alpha_2-2\theta_{12}\right)}{r_{12}^2}\\&-\frac{-2\left(\alpha_2-\alpha_{2,0}\right)v_1v_2\cos\left(\alpha_1+\alpha_2-2\theta_{12}\right)}{r_{12}^2}\end{aligned} \tag{2-35}$$

特别地，当 $\dot{\alpha}=0$ ，即 $\alpha-\alpha_0=0$ 时，式（2-34）和式（2-35）退化为式（2-30）和式（2-31），即平台匀速直线运动、目标匀速直线运动时，方位的变化率与加速度。

5. 目标运动状态

平台静止时，当目标与平台距离远大于目标速度，即 $r\gg v$ 时，由式（2-29）和式（2-33）可知，

$$\begin{cases}\dot{\theta}=o\left(\dfrac{v}{r}\right)\approx 0\\[2ex]\ddot{\theta}=o\left(\left(\dfrac{v}{r}\right)^2\right)\approx 0\end{cases} \tag{2-36}$$

式中，o 表示等价无穷小。

平台匀速直线运动时，当目标与平台距离远大于平台速度和目标速度时，即 $r_{12}\gg v_1$ 且 $r_{12}\gg v_2$ 时，由式（2-31）和式（2-35）可知，

$$\begin{cases}\dot{\theta}_{12}=o\left(\dfrac{v_1+v_2}{r_{12}}\right)\approx 0\\[2ex]\ddot{\theta}_{12}=o\left(\left(\dfrac{v_1+v_2}{r_{12}}\right)^2\right)\approx 0\end{cases} \tag{2-37}$$

无论平台静止或者匀速直线运动，当目标与平台距离远大于两者航速时，目

标相对于平台方位的变化速度和加速度约等于零，其中加速度为速度的高阶小量。本节所涉及的四种运动状态，当平台匀速圆周运动时，上述结论依然成立，且一般的运动模型可以看成是“匀速直线运动”和“匀速圆周运动”在时间上的组合。基于上述分析，匀速模型和 Singer 模型更符合目标方位变化规律。相比于适用性较广的 Singer 模型，匀速模型所需要的先验信息更少，因此以目标方位为状态的跟踪使用匀速模型。

2.4 卡尔曼滤波

2.4.1 卡尔曼滤波推导

卡尔曼滤波是一种利用线性系统状态方程，通过系统输入输出观测数据，对系统状态进行最优估计的算法[2]。卡尔曼滤波器模型假定 k 时刻系统的状态向量由 $k-1$ 时刻系统的状态向量推导得到，如下式给出：

$$\boldsymbol{x}_k = \boldsymbol{A}_{k-1}\boldsymbol{x}_{k-1} + \boldsymbol{B}_k\boldsymbol{u}_k + \boldsymbol{q}_{k-1} \tag{2-38}$$

式中，$\boldsymbol{x}_k \in \mathbf{R}^n$ 为系统 k 时刻的状态向量，包括如位置、速度、航向等状态量；$\boldsymbol{A}_{k-1}$ 为状态转移矩阵，通过状态转移矩阵将系统在 $k-1$ 时刻的状态向量 $\boldsymbol{x}_{k-1}$ 的影响施加到 k 时刻的状态向量 $\boldsymbol{x}_k$； $\boldsymbol{u}_k$ 为控制输入向量； $\boldsymbol{B}_k$ 为控制输入矩阵，其将控制输入向量 $\boldsymbol{u}_k$ 的影响施加到状态向量 $\boldsymbol{x}_k$ 上； $\boldsymbol{q}_{k-1} \in \mathbf{R}^n$ 为过程噪声向量，并且假定过程噪声服从均值为 $\mathbf{0}$ 向量、协方差矩阵为 $\boldsymbol{Q}_{k-1}$ 的高斯分布，即满足

$$\begin{aligned}\boldsymbol{P}_{k|k-1} &= \boldsymbol{Q}_{k-1} + \int (f(\boldsymbol{x}_{k-1}) - \hat{\boldsymbol{x}}_{k|k-1})^{\mathrm{T}} (f(\boldsymbol{x}_{k-1}) - \hat{\boldsymbol{x}}_{k|k-1}) p\left(\boldsymbol{x}_{k-1} \middle| \boldsymbol{y}_{1:k-1}\right) \mathrm{d}\boldsymbol{x}_{k-1} \\ &= \boldsymbol{Q}_{k-1} + \int (f(\boldsymbol{x}_{k-1}) - \hat{\boldsymbol{x}}_{k|k-1})^{\mathrm{T}} (f(\boldsymbol{x}_{k-1}) - \hat{\boldsymbol{x}}_{k|k-1}) \frac{1}{\sqrt{(2\pi)^{n_x} \det(\hat{\boldsymbol{P}}_{k-1|k-1})}} \\ &\quad \cdot \exp\left[-\frac{1}{2}(\boldsymbol{x}_{k-1} - \hat{\boldsymbol{x}}_{k-1|k-1})^{\mathrm{T}} \hat{\boldsymbol{P}}_{k-1|k-1}^{-1} (\boldsymbol{x}_{k-1} - \hat{\boldsymbol{x}}_{k-1|k-1})\right] \mathrm{d}\boldsymbol{x}_{k-1}\end{aligned} \tag{2-39}$$

系统的量测过程由下式给出：

$$\boldsymbol{y}_k = \boldsymbol{H}_k\boldsymbol{x}_k + \boldsymbol{r}_k \tag{2-40}$$

式中， $\boldsymbol{y}_k$ 为 k 时刻量测向量； $\boldsymbol{H}_k$ 为量测矩阵，用于将状态向量映射到量测向量域； $\boldsymbol{r}_k \sim N\left(\mathbf{0}, \boldsymbol{R}_k\right)$ 为 k 时刻的量测噪声， $\boldsymbol{R}_k$ 为 $k-1$ 时刻量测噪声的协方差矩阵。

由于系统状态向量 $\boldsymbol{x}_k$ 无法直接被观测，卡尔曼滤波器兼顾考虑系统的预测过程和量测过程，获得系统状态向量的估计 $\hat{\boldsymbol{x}}_k$。对于预测过程， $k-1$ 时刻对于 k 时刻系统状态向量的预测由下式给出：

$$\hat{\boldsymbol{x}}_{k|k-1} = E\left[\boldsymbol{A}_{k-1}\hat{\boldsymbol{x}}_{k-1|k-1} + \boldsymbol{B}_k\boldsymbol{u}_k + \boldsymbol{q}_{k-1}\right] = \boldsymbol{A}_{k-1}\hat{\boldsymbol{x}}_{k-1|k-1} + \boldsymbol{B}_k\boldsymbol{u}_k \tag{2-41}$$

预测向量 $\hat{\boldsymbol{x}}_{k|k-1}$ 和真实状态向量 $\boldsymbol{x}_k$ 间的协方差矩阵由下式给出：

$$\boldsymbol{P}_{k|k-1} = E\left[(\boldsymbol{x}_k - \hat{\boldsymbol{x}}_{k|k-1})(\boldsymbol{x}_k - \hat{\boldsymbol{x}}_{k|k-1})^{\mathrm{T}}\right] \tag{2-42}$$

式中， $\boldsymbol{x}_k - \hat{\boldsymbol{x}}_{k|k-1}=\boldsymbol{A}_{k-1}(\boldsymbol{x}_{k-1} - \hat{\boldsymbol{x}}_{k-1|k-1}) + \boldsymbol{q}_{k-1}$ ，因此有

$$\begin{aligned}
\boldsymbol{P}_{k|k-1} &= E\left[\left(\boldsymbol{A}_{k-1}(\boldsymbol{x}_{k-1} - \hat{\boldsymbol{x}}_{k-1|k-1}) + \boldsymbol{q}_{k-1}\right)\left(\boldsymbol{A}_{k-1}(\boldsymbol{x}_{k-1} - \hat{\boldsymbol{x}}_{k-1|k-1}) + \boldsymbol{q}_{k-1}\right)^{\mathrm{T}}\right] \\
&= \boldsymbol{A}_{k-1}E\left[(\boldsymbol{x}_{k-1} - \hat{\boldsymbol{x}}_{k-1|k-1})(\boldsymbol{x}_{k-1} - \hat{\boldsymbol{x}}_{k-1|k-1})^{\mathrm{T}}\right]\boldsymbol{A}_{k-1}^{\mathrm{T}} + \boldsymbol{A}_{k-1}E\left[(\boldsymbol{x}_{k-1} - \hat{\boldsymbol{x}}_{k-1|k-1})\boldsymbol{q}_{k-1}^{\mathrm{T}}\right] \\
&\quad + E\left[\boldsymbol{q}_{k-1}(\boldsymbol{x}_{k-1} - \hat{\boldsymbol{x}}_{k-1|k-1})^{\mathrm{T}}\right]\boldsymbol{A}_{k-1}^{\mathrm{T}} + E\left[\boldsymbol{q}_{k-1}\boldsymbol{q}_{k-1}^{\mathrm{T}}\right]
\end{aligned} \tag{2-43}$$

由于 $\boldsymbol{q}_{k-1}$ 和 $(\boldsymbol{x}_{k-1} - \hat{\boldsymbol{x}}_{k-1|k-1})$ 独立，并且 $E[\boldsymbol{q}_{k-1}] = \boldsymbol{0}_{n\times 1}$，其中 $\boldsymbol{0}_{n\times 1}$ 为 $n\times 1$ 零向量。因此有

$$E\left[(\boldsymbol{x}_{k-1} - \hat{\boldsymbol{x}}_{k-1|k-1})\boldsymbol{q}_{k-1}^{\mathrm{T}}\right] = E\left[\boldsymbol{q}_{k-1}(\boldsymbol{x}_{k-1} - \hat{\boldsymbol{x}}_{k-1|k-1})^{\mathrm{T}}\right] = \boldsymbol{0}_{n\times n} \tag{2-44}$$

式中， $\boldsymbol{0}_{n\times n}$ 为 $n\times n$ 零矩阵。协方差矩阵 $\boldsymbol{P}_{k|k-1}$ 可以表示为

$$\begin{aligned}
\boldsymbol{P}_{k|k-1} &= \boldsymbol{A}_{k-1}E\left[(\boldsymbol{x}_{k-1} - \hat{\boldsymbol{x}}_{k-1|k-1})(\boldsymbol{x}_{k-1} - \hat{\boldsymbol{x}}_{k-1|k-1})^{\mathrm{T}}\right]\boldsymbol{A}_{k-1}^{\mathrm{T}} + E\left[\boldsymbol{q}_{k-1}\boldsymbol{q}_{k-1}^{\mathrm{T}}\right] \\
&= \boldsymbol{A}_{k-1}\boldsymbol{P}_{k-1|k-1}\boldsymbol{A}_{k-1}^{\mathrm{T}} + \boldsymbol{Q}_{k-1}
\end{aligned} \tag{2-45}$$

式中， $\boldsymbol{P}_{k-1|k-1} = E\left[(\boldsymbol{x}_{k-1} - \hat{\boldsymbol{x}}_{k-1|k-1})(\boldsymbol{x}_{k-1} - \hat{\boldsymbol{x}}_{k-1|k-1})^{\mathrm{T}}\right]$； $\boldsymbol{Q}_{k-1} = E\left[\boldsymbol{q}_{k-1}\boldsymbol{q}_{k-1}^{\mathrm{T}}\right]$。

设测量余差由下式给出：

$$\tilde{\boldsymbol{z}}_k = \boldsymbol{y}_k - \boldsymbol{H}_k\hat{\boldsymbol{x}}_{k|k-1} \tag{2-46}$$

设 $\boldsymbol{S}_k = \operatorname{cov}[\tilde{\boldsymbol{z}}_k] = E\left[(\boldsymbol{y}_k - \boldsymbol{H}_k\hat{\boldsymbol{x}}_{k|k-1})(\boldsymbol{y}_k - \boldsymbol{H}_k\hat{\boldsymbol{x}}_{k|k-1})^{\mathrm{T}}\right]$，则有

$$\begin{aligned}
\boldsymbol{S}_k &= E\left[(\boldsymbol{y}_k - \boldsymbol{H}_k\hat{\boldsymbol{x}}_{k|k-1})(\boldsymbol{y}_k - \boldsymbol{H}_k\hat{\boldsymbol{x}}_{k|k-1})^{\mathrm{T}}\right] \\
&= E\left[(\boldsymbol{H}_k\boldsymbol{x}_k + \boldsymbol{r}_k - \boldsymbol{H}_k\hat{\boldsymbol{x}}_{k|k-1})(\boldsymbol{H}_k\boldsymbol{x}_k + \boldsymbol{r}_k - \boldsymbol{H}_k\hat{\boldsymbol{x}}_{k|k-1})^{\mathrm{T}}\right] \\
&= E\left[\left(\boldsymbol{H}_k(\boldsymbol{x}_k - \hat{\boldsymbol{x}}_{k|k-1}) + \boldsymbol{r}_k\right)\left(\boldsymbol{H}_k(\boldsymbol{x}_k - \hat{\boldsymbol{x}}_{k|k-1}) + \boldsymbol{r}_k\right)^{\mathrm{T}}\right] \\
&= \boldsymbol{H}_kE\left[(\boldsymbol{x}_k - \hat{\boldsymbol{x}}_{k|k-1})(\boldsymbol{x}_k - \hat{\boldsymbol{x}}_{k|k-1})^{\mathrm{T}}\right]\boldsymbol{H}_k^{\mathrm{T}} + \boldsymbol{H}_kE\left[(\boldsymbol{x}_k - \hat{\boldsymbol{x}}_{k|k-1})\boldsymbol{r}_k^{\mathrm{T}}\right] \\
&\quad + E\left[\boldsymbol{r}_k\left(\boldsymbol{H}_k(\boldsymbol{x}_k - \hat{\boldsymbol{x}}_{k|k-1})\right)^{\mathrm{T}}\right] + E\left[\boldsymbol{r}_k\boldsymbol{r}_k^{\mathrm{T}}\right] \\
&= \boldsymbol{H}_k\boldsymbol{P}_{k|k-1}\boldsymbol{H}_k^{\mathrm{T}} + \boldsymbol{R}_k
\end{aligned} \tag{2-47}$$

利用状态向量的预测 $\hat{\boldsymbol{x}}_{k|k-1}$ 对状态向量进行更新，可以得到

$$\hat{\boldsymbol{x}}_{k|k} = \hat{\boldsymbol{x}}_{k|k-1} + \boldsymbol{K}_k\tilde{\boldsymbol{z}}_k = \hat{\boldsymbol{x}}_{k|k-1} + \boldsymbol{K}_k(\boldsymbol{y}_k - \boldsymbol{H}_k\hat{\boldsymbol{x}}_{k|k-1}) \tag{2-48}$$

式中，$\boldsymbol{K}_k$ 为卡尔曼增益矩阵。状态更新向量 $\hat{\boldsymbol{x}}_{k|k}$ 和真实状态向量 $\boldsymbol{x}_k$ 之间的协方差

矩阵由下式给出：

$$
\begin{aligned}
\boldsymbol{P}_{k|k} &= E\left[(\boldsymbol{x}_k - \hat{\boldsymbol{x}}_{k|k})(\boldsymbol{x}_k - \hat{\boldsymbol{x}}_{k|k})^{\mathrm{T}}\right] \\
&= \mathrm{cov}\left[\boldsymbol{x}_k - \hat{\boldsymbol{x}}_{k|k}\right] \\
&= \mathrm{cov}\left[\boldsymbol{x}_k - (\hat{\boldsymbol{x}}_{k|k-1} + \boldsymbol{K}_k(\boldsymbol{y}_k - \boldsymbol{H}_k\hat{\boldsymbol{x}}_{k|k-1}))\right] \\
&= \mathrm{cov}\left[\boldsymbol{x}_k - (\hat{\boldsymbol{x}}_{k|k-1} + \boldsymbol{K}_k(\boldsymbol{H}_k\boldsymbol{x}_k + \boldsymbol{r}_k - \boldsymbol{H}_k\hat{\boldsymbol{x}}_{k|k-1}))\right] \\
&= \mathrm{cov}\left[(\boldsymbol{I} - \boldsymbol{K}_k\boldsymbol{H}_k)(\boldsymbol{x}_k - \hat{\boldsymbol{x}}_{k|k-1}) - \boldsymbol{K}_k\boldsymbol{r}_k\right] \\
&= (\boldsymbol{I} - \boldsymbol{K}_k\boldsymbol{H}_k)\mathrm{cov}\left[\boldsymbol{x}_k - \hat{\boldsymbol{x}}_{k|k-1}\right](\boldsymbol{I} - \boldsymbol{K}_k\boldsymbol{H}_k)^{\mathrm{T}} + \boldsymbol{K}_k\,\mathrm{cov}\left[\boldsymbol{r}_k\boldsymbol{r}_k^{\mathrm{T}}\right]\boldsymbol{K}_k^{\mathrm{T}} \\
&= \boldsymbol{P}_{k|k-1} + \boldsymbol{K}_k\boldsymbol{H}_k\boldsymbol{P}_{k|k-1}\boldsymbol{H}_k^{\mathrm{T}}\boldsymbol{K}_k^{\mathrm{T}} - \boldsymbol{K}_k\boldsymbol{H}_k\boldsymbol{P}_{k|k-1} - \boldsymbol{P}_{k|k-1}\boldsymbol{H}_k^{\mathrm{T}}\boldsymbol{K}_k^{\mathrm{T}} + \boldsymbol{K}_k\boldsymbol{R}_k\boldsymbol{K}_k^{\mathrm{T}} \\
&= \boldsymbol{P}_{k|k-1} + \boldsymbol{K}_k(\boldsymbol{H}_k\boldsymbol{P}_{k|k-1}\boldsymbol{H}_k^{\mathrm{T}} + \boldsymbol{R}_k)\boldsymbol{K}_k^{\mathrm{T}} - \boldsymbol{K}_k\boldsymbol{H}_k\boldsymbol{P}_{k|k-1} - \boldsymbol{P}_{k|k-1}\boldsymbol{H}_k^{\mathrm{T}}\boldsymbol{K}_k^{\mathrm{T}} \\
&= \boldsymbol{P}_{k|k-1} + \boldsymbol{K}_k\boldsymbol{S}_k\boldsymbol{K}_k^{\mathrm{T}} - \boldsymbol{K}_k\boldsymbol{H}_k\boldsymbol{P}_{k|k-1} - \boldsymbol{P}_{k|k-1}\boldsymbol{H}_k^{\mathrm{T}}\boldsymbol{K}_k^{\mathrm{T}}
\end{aligned} \tag{2-49}
$$

根据矩阵迹求偏导公式有

$$
\begin{cases}
\dfrac{\partial \mathrm{tr}(\boldsymbol{AB})}{\partial \boldsymbol{A}} = \boldsymbol{B}^{\mathrm{T}} \\
\dfrac{\partial \mathrm{tr}(\boldsymbol{AB})}{\partial \boldsymbol{A}} = \dfrac{\partial \mathrm{tr}((\boldsymbol{AB})^{\mathrm{T}})}{\partial \boldsymbol{A}} = \dfrac{\partial \mathrm{tr}(\boldsymbol{B}^{\mathrm{T}}\boldsymbol{A}^{\mathrm{T}})}{\partial \boldsymbol{A}} = \boldsymbol{B}^{\mathrm{T}} \\
\dfrac{\partial \mathrm{tr}(\boldsymbol{ABA}^{\mathrm{T}})}{\partial \boldsymbol{A}} = \boldsymbol{AB} + \boldsymbol{AB}^{\mathrm{T}}
\end{cases} \tag{2-50}
$$

式中，$\mathrm{tr}(\cdot)$表示矩阵求迹运算。

因此式（2-49）对卡尔曼增益求偏导可以得到

$$
\begin{aligned}
\frac{\partial \mathrm{tr}\left(\boldsymbol{P}_{k|k}\right)}{\partial \boldsymbol{K}_k} &= \boldsymbol{K}_k\boldsymbol{S}_k + \boldsymbol{K}_k\boldsymbol{S}_k^{\mathrm{T}} - (\boldsymbol{H}_k\boldsymbol{P}_{k|k-1})^{\mathrm{T}} - \boldsymbol{P}_{k|k-1}\boldsymbol{H}_k^{\mathrm{T}} \\
&= 2\boldsymbol{K}_k\boldsymbol{S}_k - 2\boldsymbol{P}_{k|k-1}\boldsymbol{H}_k^{\mathrm{T}} = \boldsymbol{0}
\end{aligned} \tag{2-51}
$$

因此有

$$
\boldsymbol{K}_k = \boldsymbol{P}_{k|k-1}\boldsymbol{H}_k^{\mathrm{T}}\boldsymbol{S}_k^{-1} = \boldsymbol{P}_{k|k-1}\boldsymbol{H}_k^{\mathrm{T}}(\boldsymbol{H}_k\boldsymbol{P}_{k|k-1}\boldsymbol{H}_k^{\mathrm{T}} + \boldsymbol{R}_k)^{-1} \tag{2-52}
$$

由上式可以得到

$$
\boldsymbol{K}_k\boldsymbol{S}_k\boldsymbol{K}_k^{\mathrm{T}} = \boldsymbol{P}_{k|k-1}\boldsymbol{H}_k^{\mathrm{T}}\boldsymbol{K}_k^{\mathrm{T}} \tag{2-53}
$$

将式（2-53）代入式（2-49）可以得到

$$
\boldsymbol{P}_{k|k} = \boldsymbol{P}_{k|k-1} - \boldsymbol{K}_k\boldsymbol{H}_k\boldsymbol{P}_{k|k-1} \tag{2-54}
$$

综上，卡尔曼滤波器的预测过程包括

$$\begin{cases}\hat{\boldsymbol{x}}_{k|k-1}=\boldsymbol{A}_{k-1}\hat{\boldsymbol{x}}_{k-1|k-1}+\boldsymbol{B}_k\boldsymbol{u}_k\\\boldsymbol{P}_{k|k-1}=\boldsymbol{A}_{k-1}\boldsymbol{P}_{k-1|k-1}\boldsymbol{A}_{k-1}^{\mathrm{T}}+\boldsymbol{Q}_{k-1}\end{cases}\tag{2-55}$$

卡尔曼滤波器的更新过程包括

$$\begin{cases}\hat{\boldsymbol{x}}_{k|k}=\hat{\boldsymbol{x}}_{k|k-1}+\boldsymbol{K}_k(\boldsymbol{y}_k-\boldsymbol{H}_k\hat{\boldsymbol{x}}_{k|k-1})\\\boldsymbol{P}_{k|k}=\boldsymbol{P}_{k|k-1}-\boldsymbol{K}_k\boldsymbol{H}_k\boldsymbol{P}_{k|k-1}\\\boldsymbol{K}_k=\boldsymbol{P}_{k|k-1}\boldsymbol{H}_k^{\mathrm{T}}(\boldsymbol{H}_k\boldsymbol{P}_{k|k-1}\boldsymbol{H}_k^{\mathrm{T}}+\boldsymbol{R}_k)^{-1}\end{cases}\tag{2-56}$$

对于目标跟踪，通常用于预测和更新的是轨迹的状态向量和协方差矩阵，其卡尔曼滤波的预测过程如下所示：

$$\begin{cases}\boldsymbol{m}_{k|k-1}=\boldsymbol{A}_{k-1}\boldsymbol{m}_{k-1|k-1}\\\boldsymbol{P}_{k|k-1}=\boldsymbol{A}_{k-1}\boldsymbol{P}_{k-1|k-1}\boldsymbol{A}_{k-1}^{\mathrm{T}}+\boldsymbol{Q}_{k-1}\end{cases}\tag{2-57}$$

式中，$\boldsymbol{m}_{k-1|k-1}$ 为利用 $\boldsymbol{m}_{k-1|k-2}$ 对状态向量进行更新，在 $k-1$ 时刻轨迹的状态向量；$\boldsymbol{m}_{k|k-1}$ 为 $k-1$ 时刻系统的状态向量对 k 时刻轨迹状态向量的预测；$\boldsymbol{P}_{k-1|k-1}$ 为 $k-1$ 时刻更新的轨迹协方差矩阵；$\boldsymbol{P}_{k|k-1}$ 为对 k 时刻轨迹协方差矩阵的预测。

卡尔曼滤波的更新过程如下所示：

$$\begin{cases}z_k=\boldsymbol{y}_k-\boldsymbol{H}_k\boldsymbol{m}_{k|k-1}\\\boldsymbol{S}_k=\boldsymbol{H}_k\boldsymbol{P}_{k|k-1}\boldsymbol{H}_k^{\mathrm{T}}+\boldsymbol{R}_k\\\boldsymbol{K}_k=\boldsymbol{P}_{k|k-1}\boldsymbol{H}_k^{\mathrm{T}}\boldsymbol{S}_k^{-1}\\\boldsymbol{m}_{k|k}=\boldsymbol{m}_{k|k-1}+\boldsymbol{K}_k z_k\\\boldsymbol{P}_{k|k}=\boldsymbol{P}_{k|k-1}-\boldsymbol{K}_k\boldsymbol{S}_k\boldsymbol{K}_k^{\mathrm{T}}\end{cases}\tag{2-58}$$

式中，z_k 为测量余差向量；$\boldsymbol{S}_k$ 为测量余差向量的协方差矩阵；$\boldsymbol{K}_k$ 为卡尔曼增益，表示对预测的修正程度；$\boldsymbol{m}_{k|k}$ 为利用 $\boldsymbol{m}_{k|k-1}$ 进行更新，在 k 时刻得到的系统状态向量；$\boldsymbol{P}_{k|k}$ 为 k 时刻系统状态向量的协方差矩阵。先验分布在卡尔曼滤波器中的表现形式为

$$p\left(\boldsymbol{x}_k\left|\boldsymbol{y}_{1:k-1}\right.\right)=N\left(\boldsymbol{x}_k\left|\boldsymbol{m}_{k|k-1},\boldsymbol{P}_{k|k-1}\right.\right)\tag{2-59}$$

似然函数在卡尔曼滤波器中的表现形式为

$$p\left(\boldsymbol{y}_k\left|\boldsymbol{y}_{1:k-1}\right.\right)=N\left(\boldsymbol{y}_k\left|\boldsymbol{H}_k\boldsymbol{m}_{k|k-1},\boldsymbol{S}_k\right.\right)\tag{2-60}$$

后验分布在卡尔曼滤波器中的表现形式为

$$p\left(\boldsymbol{x}_k\left|\boldsymbol{y}_{1:k}\right.\right)=N\left(\boldsymbol{x}_k\left|\boldsymbol{m}_{k|k},\boldsymbol{P}_{k|k}\right.\right)\tag{2-61}$$

下面通过一个一维跟踪的例子，给出卡尔曼滤波器的推导过程。假定一条小

船沿着直线行进，状态向量由小船的位置 x_k 和小船的速度 $\dot{x}_k$ 构成，

$$\boldsymbol{x}_k = \begin{bmatrix} x_k \\ \dot{x}_k \end{bmatrix} \tag{2-62}$$

小船的行驶过程如图 2-5 所示。

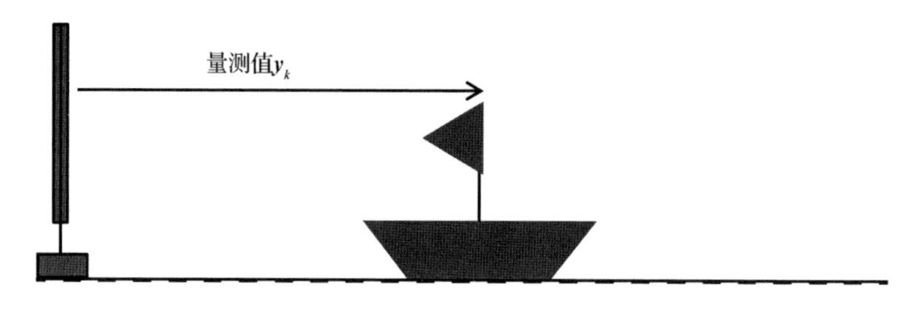

图 2-5　小船行驶过程示意图

在小船行进过程中，可以存在制动过程和加速过程，因此控制向量可以由制动力或加速力 f_k 以及船的质量 m 构成，即控制向量由下式给出：

$$\boldsymbol{u}_k = \frac{f_k}{m} \tag{2-63}$$

式中，控制向量 $\boldsymbol{u}_k$ 表示小船在制动过程或加速过程的加速度。因此小船在 k 时刻的位置由下式给出：

$$x_k = x_{k-1} + \dot{x}_{k-1} \times \Delta t + \frac{1}{2}\frac{f_k}{m}(\Delta t)^2 \tag{2-64}$$

式中，Δt 为 k 时刻和 $k-1$ 时刻之间的时间间隔。小船在 k 时刻的速度可由下式给出：

$$\dot{x}_k = \dot{x}_{k-1} + \frac{f_k}{m}\Delta t \tag{2-65}$$

式（2-64）和式（2-65）可以写为如下矩阵形式：

$$\begin{bmatrix} x_k \\ \dot{x}_k \end{bmatrix} = \begin{bmatrix} 1 & \Delta t \\ 0 & 1 \end{bmatrix}\begin{bmatrix} x_{k-1} \\ \dot{x}_{k-1} \end{bmatrix} + \begin{bmatrix} \dfrac{(\Delta t)^2}{2} \\ \Delta t \end{bmatrix}\frac{f_k}{m} \tag{2-66}$$

将式（2-66）和式（2-38）对比，可以得到状态转移矩阵和控制输入矩阵，由下两式给出：

$$\boldsymbol{A}_{k-1} = \begin{bmatrix} 1 & \Delta t \\ 0 & 1 \end{bmatrix} \tag{2-67}$$

$$\boldsymbol{B}_k = \begin{bmatrix} \dfrac{(\Delta t)^2}{2} \\ \Delta t \end{bmatrix} \tag{2-68}$$

利用上述推导得到的式（2-55）和式（2-56）可以得到小船在各时刻的位置和速度。若仅考虑小船在行驶过程中某时刻的位置，假定其预测状态满足均值为 μ_1、方差为 σ_1^2 的高斯分布，即 $r \sim \mathcal{N}(\mu_1, \sigma_1^2)$，则预测状态的概率密度函数有

$$g_1(r;\mu_1,\sigma_1) = \frac{1}{\sqrt{2\pi\sigma_1^2}} \mathrm{e}^{-\frac{(r-\mu_1)^2}{2\sigma_1^2}} \tag{2-69}$$

式中，$g(\cdot)$ 为概率密度函数。假定测量状态满足均值为 μ_2、方差为 σ_2^2 的高斯分布，即 $r \sim \mathcal{N}(\mu_2, \sigma_2^2)$，则量测状态的概率密度函数有

$$g_2(r;\mu_2,\sigma_2) = \frac{1}{\sqrt{2\pi\sigma_2^2}} \mathrm{e}^{-\frac{(r-\mu_2)^2}{2\sigma_2^2}} \tag{2-70}$$

卡尔曼滤波器同时考虑系统的状态预测以及系统的量测过程，因此融合系统预测和系统量测过程的状态向量的概率密度为

$$\begin{aligned} g_{\text{fused}}(r;\mu_1,\sigma_1,\mu_2,\sigma_2) &= g_1(r;\mu_1,\sigma_1) \times g_2(r;\mu_2,\sigma_2) \\ &= \frac{1}{\sqrt{2\pi\sigma_1^2}} \mathrm{e}^{-\frac{(r-\mu_1)^2}{2\sigma_1^2}} \times \frac{1}{\sqrt{2\pi\sigma_2^2}} \mathrm{e}^{-\frac{(r-\mu_2)^2}{2\sigma_2^2}} \\ &= \frac{1}{2\pi\sqrt{\sigma_1^2\sigma_2^2}} \mathrm{e}^{-\left(\frac{(r-\mu_1)^2}{2\sigma_1^2} + \frac{(r-\mu_2)^2}{2\sigma_2^2}\right)} \end{aligned} \tag{2-71}$$

系统的状态预测过程、量测过程以及系统的状态融合过程如图 2-6 所示。

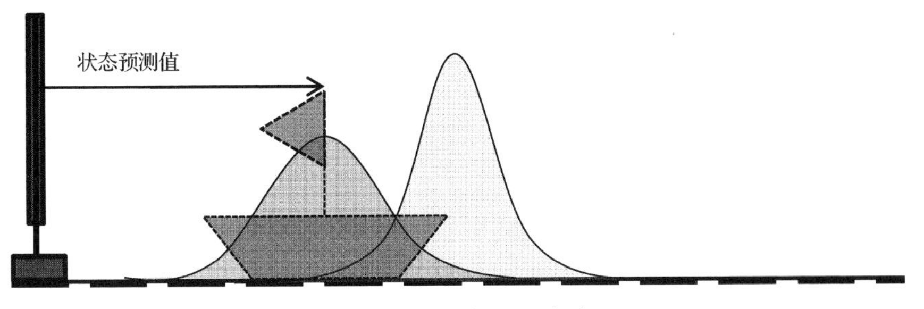

（a）系统的状态预测示意图

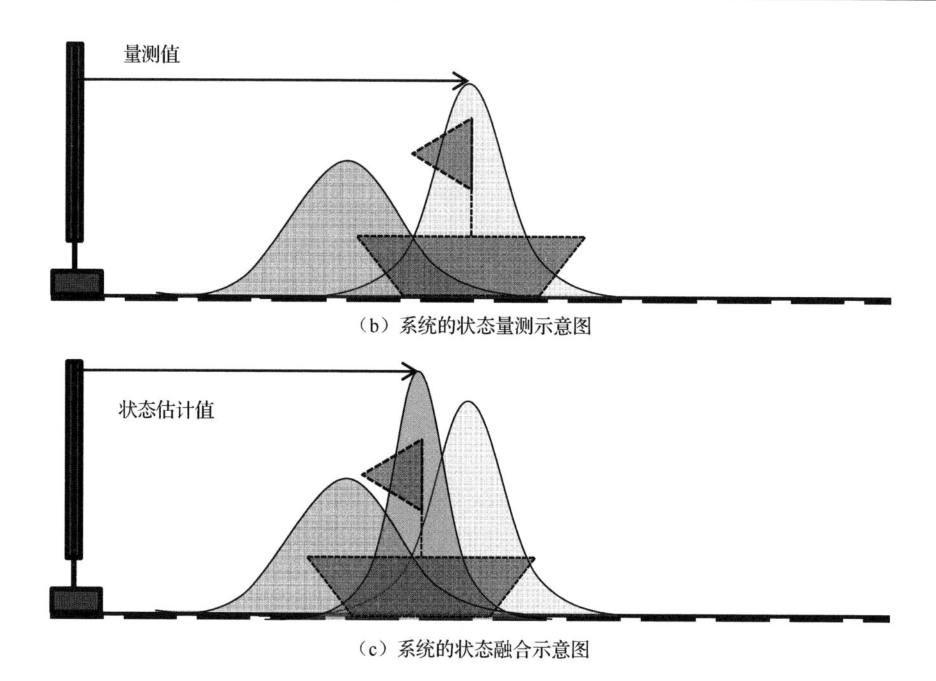

图 2-6　系统的状态预测过程、量测过程以及系统的状态融合过程的示意图

设兼顾考虑预测状态和量测状态的系统状态服从均值为 μ_{fused} 、方差为 σ_{fused}^2 的高斯分布，则有

$$g_{\text{fused}}(r;\mu_{\text{fused}},\sigma_{\text{fused}})=\frac{1}{\sqrt{2\pi\sigma_{\text{fused}}^2}}\mathrm{e}^{-\frac{(r-\mu_{\text{fused}})^2}{2\sigma_{\text{fused}}^2}} \tag{2-72}$$

对比式（2-71）和式（2-72）可以得到

$$\begin{cases}\mu_{\text{fused}}=\dfrac{\mu_1\sigma_2^2+\mu_2\sigma_1^2}{\sigma_1^2+\sigma_2^2}=\mu_1+\dfrac{\sigma_1^2(\mu_2-\mu_1)}{\sigma_1^2+\sigma_2^2}\\[2ex]\sigma_{\text{fused}}^2=\dfrac{\sigma_1^2\sigma_2^2}{\sigma_1^2+\sigma_2^2}=\sigma_1^2-\dfrac{\sigma_1^4}{\sigma_1^2+\sigma_2^2}\end{cases} \tag{2-73}$$

上述示例在计算概率密度的时候，假定预测状态和量测状态的单位相同，然而在实际情况中，我们通常需要经过映射，将两个状态映射到相同的域中。我们假定系统的量测状态为从小船到观测者无线电信号传输的时延，系统的预测状态为小船到观测者的距离，因此可以利用光速 c ，将系统的预测状态转换到与量测状态相同的域，如下所示：

$$\begin{cases} g_1(r;\mu_1,\sigma_1,c)=\dfrac{1}{\sqrt{2\pi\left(\dfrac{\sigma_1}{c}\right)^2}}\mathrm{e}^{-\frac{\left(r-\frac{\mu_1}{c}\right)^2}{2\left(\frac{\sigma_1}{c}\right)^2}} \\ g_2(r;\mu_2,\sigma_2)=\dfrac{1}{\sqrt{2\pi\sigma_2^2}}\mathrm{e}^{-\frac{(r-\mu_2)^2}{2\sigma_2^2}} \end{cases} \tag{2-74}$$

可以得到 μ_{fused} 和 σ_{fused}^2：

$$\begin{cases} \mu_{\text{fused}}=\mu_1+\dfrac{\dfrac{\sigma_1^2}{c}}{\left(\dfrac{\sigma_1}{c}\right)^2+\sigma_2^2}\left(\mu_2-\dfrac{1}{c}\mu_1\right) \\ \sigma_{\text{fused}}^2=\sigma_1^2-\dfrac{\dfrac{\sigma_1^2}{c}}{\left(\dfrac{\sigma_1}{c}\right)^2+\sigma_2^2}\dfrac{1}{c}\sigma_1^2 \end{cases} \tag{2-75}$$

做如下对应关系：

$$\begin{cases} \mu_{\text{fused}} & \to \hat{\boldsymbol{x}}_{k|k} \\ \mu_1 & \to \hat{\boldsymbol{x}}_{k|k-1} \\ \sigma_{\text{fused}}^2 & \to \boldsymbol{P}_{k|k} \\ \sigma_1^2 & \to \boldsymbol{P}_{k|k-1} \\ \mu_2 & \to \boldsymbol{y}_k \\ \sigma_2^2 & \to \boldsymbol{R}_k \\ H & \to \boldsymbol{H}_k \end{cases} \tag{2-76}$$

则系统状态的更新过程可以表示为

$$\begin{cases} \mu_{\text{fused}}=\mu_1+K\left(\mu_2-H\mu_1\right) \\ \sigma_{\text{fused}}^2=\sigma_1^2-KH\sigma_1^2 \\ K=H\sigma_1^2/(H^2\sigma_1^2+\sigma_2^2) \end{cases} \tag{2-77}$$

式中，$H=1/c$。

2.4.2　扩展卡尔曼滤波

卡尔曼滤波利用线性系统状态方程，通过系统输入输出观测数据，以最小均方误差为准则，对系统状态进行最优估计。由于观测数据中包括系统的噪声和干扰，因此最优估计可以看作滤波过程[3]。扩展卡尔曼滤波器就是适用于非线性系统的卡尔曼滤波器，通过对非线性一阶泰勒技术展开对其进行线性化处理，因此扩展卡尔曼滤波器是一种伪非线性的卡尔曼滤波器。

式（2-1）的状态转移模型和量测模型可以写为

$$\begin{cases} \boldsymbol{x}_k = f(\boldsymbol{x}_{k-1}) + \boldsymbol{q}_{k-1} \\ \boldsymbol{y}_k = h(\boldsymbol{x}_k) + \boldsymbol{r}_k \end{cases} \tag{2-78}$$

式中，$\boldsymbol{x}_k \in \mathbf{R}^{n_x}$ 为 k 时刻系统状态；$\boldsymbol{y}_k \in \mathbf{R}^{n_y}$ 为 k 时刻量测向量；$\boldsymbol{q}_{k-1} \sim N\left(\mathbf{0}, \boldsymbol{Q}_{k-1}\right)$ 为 $k-1$ 时刻的状态转移噪声，$\boldsymbol{Q}_{k-1}$ 为 $k-1$ 时刻过程噪声的协方差矩阵；$\boldsymbol{r}_k \sim N\left(\mathbf{0}, \boldsymbol{R}_k\right)$ 为 k 时刻的量测噪声，$\boldsymbol{R}_k$ 为 $k-1$ 时刻量测噪声的协方差矩阵。

由式（2-16）可以得到系统的先验概率密度为

$$\begin{aligned} & p\left(\boldsymbol{x}_k \middle| \boldsymbol{y}_{1:k-1}\right) \\ = & \int p\left(\boldsymbol{x}_k \middle| \boldsymbol{x}_{k-1}\right) p\left(\boldsymbol{x}_{k-1} \middle| \boldsymbol{y}_{1:k-1}\right) \mathrm{d}\boldsymbol{x}_{k-1} \\ = & \int N\left(\boldsymbol{x}_k \middle| f(\boldsymbol{x}_{k-1}), \boldsymbol{Q}_{k-1}\right) p\left(\boldsymbol{x}_{k-1} \middle| \boldsymbol{y}_{1:k-1}\right) \mathrm{d}\boldsymbol{x}_{k-1} \\ = & \int \frac{1}{\sqrt{(2\pi)^{n_x} \det(\boldsymbol{Q}_{k-1})}} \exp\left[-\frac{1}{2} (\boldsymbol{x}_k - f(\boldsymbol{x}_{k-1}))^{\mathrm{T}} \boldsymbol{Q}_{k-1}^{-1} (\boldsymbol{x}_k - f(\boldsymbol{x}_{k-1})) \right] p\left(\boldsymbol{x}_{k-1} \middle| \boldsymbol{y}_{1:k-1}\right) \mathrm{d}\boldsymbol{x}_{k-1} \end{aligned} \tag{2-79}$$

由式（2-17）可以得到系统的后验概率密度为

$$\begin{aligned} & p\left(\boldsymbol{x}_k \middle| \boldsymbol{y}_{1:k}\right) \\ = & \frac{p\left(\boldsymbol{y}_k \middle| \boldsymbol{x}_k\right) p\left(\boldsymbol{x}_k \middle| \boldsymbol{y}_{1:k-1}\right)}{\int p\left(\boldsymbol{y}_k \middle| \boldsymbol{x}_k\right) p\left(\boldsymbol{x}_k \middle| \boldsymbol{y}_{1:k-1}\right) \mathrm{d}\boldsymbol{x}_k} \\ = & \frac{\exp\left[-\frac{1}{2} (\boldsymbol{y}_k - h(\boldsymbol{x}_{k-1}))^{\mathrm{T}} \boldsymbol{R}_k^{-1} (\boldsymbol{y}_k - h(\boldsymbol{x}_{k-1})) \right]}{\sqrt{(2\pi)^{n_y} \det(\boldsymbol{R}_k)} \int p\left(\boldsymbol{y}_k \middle| \boldsymbol{x}_k\right) p\left(\boldsymbol{x}_k \middle| \boldsymbol{y}_{1:k-1}\right) \mathrm{d}\boldsymbol{x}_k} p\left(\boldsymbol{x}_k \middle| \boldsymbol{y}_{1:k-1}\right) \end{aligned} \tag{2-80}$$

（1）预测更新。

根据系统的先验概率，可以得到 $k-1$ 时刻对 k 时刻系统状态向量期望的预测为

$$
\begin{aligned}
&\int \boldsymbol{x}_k p\left(\boldsymbol{x}_k \middle| \boldsymbol{y}_{1:k-1}\right)\mathrm{d}\boldsymbol{x}_k \\
&= \int \boldsymbol{x}_k \left(\int \frac{1}{\sqrt{(2\pi)^{n_x}\det(\boldsymbol{Q}_{k-1})}} \exp\left[-\frac{1}{2}(\boldsymbol{x}_k - f(\boldsymbol{x}_{k-1}))^{\mathrm{T}} \boldsymbol{Q}_{k-1}^{-1}(\boldsymbol{x}_k - f(\boldsymbol{x}_{k-1})) \right] p\left(\boldsymbol{x}_{k-1} \middle| \boldsymbol{y}_{1:k-1}\right)\mathrm{d}\boldsymbol{x}_{k-1} \right)\mathrm{d}\boldsymbol{x}_k \\
&= \int \left(\int \frac{1}{\sqrt{(2\pi)^{n_x}\det(\boldsymbol{Q}_{k-1})}} \exp\left[-\frac{1}{2}(\boldsymbol{x}_k - f(\boldsymbol{x}_{k-1}))^{\mathrm{T}} \boldsymbol{Q}_{k-1}^{-1}(\boldsymbol{x}_k - f(\boldsymbol{x}_{k-1})) \right] \boldsymbol{x}_k \mathrm{d}\boldsymbol{x}_k \right) p\left(\boldsymbol{x}_{k-1} \middle| \boldsymbol{y}_{1:k-1}\right)\mathrm{d}\boldsymbol{x}_{k-1} \\
&= \int f(\boldsymbol{x}_{k-1}) p\left(\boldsymbol{x}_{k-1} \middle| \boldsymbol{y}_{1:k-1}\right)\mathrm{d}\boldsymbol{x}_{k-1}
\end{aligned} \tag{2-81}
$$

式中，$\int \frac{1}{\sqrt{(2\pi)^{n_x}\det(\boldsymbol{Q}_{k-1})}} \exp\left[-\frac{1}{2}(\boldsymbol{x}_k - f(\boldsymbol{x}_{k-1}))^{\mathrm{T}} \boldsymbol{Q}_{k-1}^{-1}(\boldsymbol{x}_k - f(\boldsymbol{x}_{k-1})) \right] \boldsymbol{x}_k \mathrm{d}\boldsymbol{x}_k = f(\boldsymbol{x}_{k-1})$。

$k-1$ 时刻对 k 时刻系统状态向量协方差矩阵的预测为

$$
\begin{aligned}
&\int \boldsymbol{x}_k \boldsymbol{x}_k^{\mathrm{T}} p\left(\boldsymbol{x}_k \middle| \boldsymbol{y}_{1:k-1}\right)\mathrm{d}\boldsymbol{x}_k \\
&= \int \boldsymbol{x}_k \boldsymbol{x}_k^{\mathrm{T}} \left(\int \frac{1}{\sqrt{(2\pi)^{n_x}\det(\boldsymbol{Q}_{k-1})}} \exp\left[-\frac{1}{2}(\boldsymbol{x}_k - f(\boldsymbol{x}_{k-1}))^{\mathrm{T}} \boldsymbol{Q}_{k-1}^{-1}(\boldsymbol{x}_k - f(\boldsymbol{x}_{k-1})) \right] p\left(\boldsymbol{x}_{k-1} \middle| \boldsymbol{y}_{1:k-1}\right)\mathrm{d}\boldsymbol{x}_{k-1} \right)\mathrm{d}\boldsymbol{x}_k \\
&= \int \left(\int \frac{1}{\sqrt{(2\pi)^{n_x}\det(\boldsymbol{Q}_{k-1})}} \exp\left[-\frac{1}{2}(\boldsymbol{x}_k - f(\boldsymbol{x}_{k-1}))^{\mathrm{T}} \boldsymbol{Q}_{k-1}^{-1}(\boldsymbol{x}_k - f(\boldsymbol{x}_{k-1})) \right] \boldsymbol{x}_k \boldsymbol{x}_k^{\mathrm{T}} \mathrm{d}\boldsymbol{x}_k \right) p\left(\boldsymbol{x}_{k-1} \middle| \boldsymbol{y}_{1:k-1}\right)\mathrm{d}\boldsymbol{x}_{k-1} \\
&= \int \left(f(\boldsymbol{x}_{k-1})^{\mathrm{T}} f(\boldsymbol{x}_{k-1}) + \boldsymbol{Q}_{k-1} \right) p\left(\boldsymbol{x}_{k-1} \middle| \boldsymbol{y}_{1:k-1}\right)\mathrm{d}\boldsymbol{x}_{k-1} \\
&= \int f(\boldsymbol{x}_{k-1})^{\mathrm{T}} f(\boldsymbol{x}_{k-1}) p\left(\boldsymbol{x}_{k-1} \middle| \boldsymbol{y}_{1:k-1}\right)\mathrm{d}\boldsymbol{x}_{k-1} + \boldsymbol{Q}_{k-1}
\end{aligned} \tag{2-82}
$$

式中，$\int \frac{1}{\sqrt{(2\pi)^{n_x}\det(\boldsymbol{Q}_{k-1})}} \exp\left[-\frac{1}{2}(\boldsymbol{x}_k - f(\boldsymbol{x}_{k-1}))^{\mathrm{T}} \boldsymbol{Q}_{k-1}^{-1}(\boldsymbol{x}_k - f(\boldsymbol{x}_{k-1})) \right] \boldsymbol{x}_k \boldsymbol{x}_k^{\mathrm{T}} \mathrm{d}\boldsymbol{x}_k = f(\boldsymbol{x}_{k-1})^{\mathrm{T}} f(\boldsymbol{x}_{k-1}) +$ $\boldsymbol{Q}_{k-1}$。

若 $p\left(\boldsymbol{x}_{k-1} \middle| \boldsymbol{y}_{1:k-1}\right)$ 是期望为 $\hat{\boldsymbol{x}}_{k-1|k-1}$、协方差矩阵为 $\hat{\boldsymbol{P}}_{k-1|k-1}$ 的高斯分布，则系统状态向量和协方差矩阵的一步预测为

$$
\begin{aligned}
\hat{\boldsymbol{x}}_{k|k-1} &= \int f(\boldsymbol{x}_{k-1}) p\left(\boldsymbol{x}_{k-1} \middle| \boldsymbol{y}_{1:k-1}\right)\mathrm{d}\boldsymbol{x}_{k-1} \\
&= \int \frac{1}{\sqrt{(2\pi)^{n_x}\det(\hat{\boldsymbol{P}}_{k-1|k-1})}} \exp\left[-\frac{1}{2}(\boldsymbol{x}_{k-1} - \hat{\boldsymbol{x}}_{k-1|k-1})^{\mathrm{T}} \hat{\boldsymbol{P}}_{k-1|k-1}^{-1}(\boldsymbol{x}_{k-1} - \hat{\boldsymbol{x}}_{k-1|k-1}) \right] f(\boldsymbol{x}_{k-1})\mathrm{d}\boldsymbol{x}_{k-1}
\end{aligned} \tag{2-83}
$$

$$
\begin{aligned}
\boldsymbol{P}_{k|k-1} &= \boldsymbol{Q}_{k-1} + \int (f(\boldsymbol{x}_{k-1}) - \hat{\boldsymbol{x}}_{k|k-1})^{\mathrm{T}} (f(\boldsymbol{x}_{k-1}) - \hat{\boldsymbol{x}}_{k|k-1}) p\left(\boldsymbol{x}_{k-1} \middle| \boldsymbol{y}_{1:k-1}\right)\mathrm{d}\boldsymbol{x}_{k-1} \\
&= \boldsymbol{Q}_{k-1} + \int (f(\boldsymbol{x}_{k-1}) - \hat{\boldsymbol{x}}_{k|k-1})^{\mathrm{T}} (f(\boldsymbol{x}_{k-1}) - \hat{\boldsymbol{x}}_{k|k-1}) \frac{1}{\sqrt{(2\pi)^{n_x}\det(\hat{\boldsymbol{P}}_{k-1|k-1})}} \\
&\quad \cdot \exp\left[-\frac{1}{2}(\boldsymbol{x}_{k-1} - \hat{\boldsymbol{x}}_{k-1|k-1})^{\mathrm{T}} \hat{\boldsymbol{P}}_{k-1|k-1}^{-1}(\boldsymbol{x}_{k-1} - \hat{\boldsymbol{x}}_{k-1|k-1}) \right] \mathrm{d}\boldsymbol{x}_{k-1}
\end{aligned} \tag{2-84}
$$

（2）量测更新。

若 $p\left(\boldsymbol{x}_k \middle| \boldsymbol{y}_{1:k-1}\right)$ 是期望为 $\hat{\boldsymbol{x}}_{k|k-1}$、协方差矩阵为 $\hat{\boldsymbol{P}}_{k|k-1}$ 的高斯分布，则 $k-1$ 时刻对 k 时刻系统量测向量的预测为

$$\begin{aligned}\hat{\boldsymbol{y}}_{k|k-1}&=\int h(\boldsymbol{x}_k)p\left(\boldsymbol{x}_k \middle| \boldsymbol{y}_{1:k-1}\right)\mathrm{d}\boldsymbol{x}_k\\&=\int h(\boldsymbol{x}_k)\frac{1}{\sqrt{(2\pi)^{n_x}\det(\hat{\boldsymbol{P}}_{k|k-1})}}\exp\left[-\frac{1}{2}(\boldsymbol{x}_k-\hat{\boldsymbol{x}}_{k|k-1})^{\mathrm{T}}\hat{\boldsymbol{P}}_{k-1|k-1}^{-1}(\boldsymbol{x}_k-\hat{\boldsymbol{x}}_{k|k-1})\right]\mathrm{d}\boldsymbol{x}_k\end{aligned} \tag{2-85}$$

$k-1$ 时刻对 k 时刻系统量测向量的预测的协方差矩阵为

$$\begin{aligned}\boldsymbol{P}_{yy}=&\int(h(\boldsymbol{x}_k)-\hat{\boldsymbol{y}}_{k|k-1})^{\mathrm{T}}(h(\boldsymbol{x}_k)-\hat{\boldsymbol{y}}_{k|k-1})\frac{1}{\sqrt{(2\pi)^{n_x}\det(\hat{\boldsymbol{P}}_{k|k-1})}}\\&\cdot\exp\left[-\frac{1}{2}(\boldsymbol{x}_k-\hat{\boldsymbol{x}}_{k|k-1})^{\mathrm{T}}\hat{\boldsymbol{P}}_{k|k-1}^{-1}(\boldsymbol{x}_k-\hat{\boldsymbol{x}}_{k|k-1})\right]\mathrm{d}\boldsymbol{x}_k\end{aligned} \tag{2-86}$$

由式（2-56）可以得到卡尔曼滤波器的更新为

$$\begin{cases}\hat{\boldsymbol{x}}_{k|k}=\hat{\boldsymbol{x}}_{k|k-1}+\boldsymbol{K}_k(\boldsymbol{y}_k-\hat{\boldsymbol{y}}_{k|k-1})\\\boldsymbol{P}_{k|k}=\boldsymbol{P}_{k|k-1}-\boldsymbol{K}_k\boldsymbol{P}_{xy}^{\mathrm{T}}\\\boldsymbol{K}_k=\boldsymbol{P}_{xy}(\boldsymbol{P}_{yy}+\boldsymbol{R}_k)^{-1}\end{cases} \tag{2-87}$$

式中，

$$\begin{aligned}\boldsymbol{P}_{xy}=&\int(\boldsymbol{x}_k-\hat{\boldsymbol{x}}_{k|k-1})^{\mathrm{T}}(h(\boldsymbol{x}_k)-\hat{\boldsymbol{y}}_{k|k-1})\frac{1}{\sqrt{(2\pi)^{n_x}\det(\hat{\boldsymbol{P}}_{k|k-1})}}\\&\cdot\exp\left[-\frac{1}{2}(\boldsymbol{x}_k-\hat{\boldsymbol{x}}_{k|k-1})^{\mathrm{T}}\hat{\boldsymbol{P}}_{k|k-1}^{-1}(\boldsymbol{x}_k-\hat{\boldsymbol{x}}_{k|k-1})\right]\mathrm{d}\boldsymbol{x}_k\end{aligned} \tag{2-88}$$

从以上积分表达式可以看出扩展卡尔曼滤波的状态向量预测和量测值更新的过程，其关键在于求解非线性函数与高斯概率密度乘积的高维积分问题。扩展卡尔曼滤波器通过对非线性函数进行一阶泰勒级数展开，对其进行线性化处理，使得非线性函数的积分问题转化为线性函数的积分问题。对于非线性模型式（2-78）的非线性状态函数 $f(\cdot)$ 和量测函数 $h(\cdot)$，分别围绕状态估计值 $\hat{\boldsymbol{x}}_{k-1}$ 和一步预测值 $\hat{\boldsymbol{x}}_{k|k-1}$ 进行一阶泰勒展开，得到状态转移方程和量测方程如下所示：

$$\begin{cases}\boldsymbol{x}_k=f(\hat{\boldsymbol{x}}_{k-1})+\boldsymbol{F}_{k|k-1}(\boldsymbol{x}_{k-1}-\hat{\boldsymbol{x}}_{k-1})+\boldsymbol{q}_{k-1}\\\boldsymbol{y}_k=h(\hat{\boldsymbol{x}}_{k|k-1})+\boldsymbol{G}_k(\boldsymbol{x}_k-\hat{\boldsymbol{x}}_{k|k-1})+\boldsymbol{r}_k\end{cases} \tag{2-89}$$

式中，

$$\begin{cases} \boldsymbol{F}_{k|k-1} = \left.\dfrac{\partial f(\boldsymbol{x}_{k-1})}{\partial \boldsymbol{x}_{k-1}}\right|_{\boldsymbol{x}_{k-1}=\hat{\boldsymbol{x}}_{k-1}} \\ \boldsymbol{G}_k = \left.\dfrac{\partial h(\boldsymbol{x}_k)}{\partial \boldsymbol{x}_k}\right|_{\boldsymbol{x}_k=\hat{\boldsymbol{x}}_{k|k-1}} \end{cases} \tag{2-90}$$

由式（2-41）和式（2-45）可以得到状态向量更新方程为

$$\begin{cases} \hat{\boldsymbol{x}}_{k|k-1} = f(\hat{\boldsymbol{x}}_{k-1}) \\ \boldsymbol{P}_{k|k-1} = \boldsymbol{F}_{k|k-1}\boldsymbol{P}_{k-1|k-1}\boldsymbol{F}_{k|k-1}^{\mathrm{T}} + \boldsymbol{Q}_{k-1} \end{cases} \tag{2-91}$$

由式（2-48）可以得到量测向量的更新方程为

$$\begin{cases} \hat{\boldsymbol{x}}_{k|k} = \hat{\boldsymbol{x}}_{k|k-1} + \boldsymbol{K}_k(\boldsymbol{y}_k - h(\hat{\boldsymbol{x}}_{k|k-1})) \\ \boldsymbol{K}_k = \boldsymbol{P}_{k|k-1}\boldsymbol{G}_k^{\mathrm{T}}\left(\boldsymbol{G}_k\boldsymbol{P}_{k|k-1}\boldsymbol{G}_k^{\mathrm{T}} + \boldsymbol{R}_k\right)^{-1} \\ \boldsymbol{P}_{k|k} = \left(\boldsymbol{I} - \boldsymbol{K}_k\boldsymbol{G}_k\right)\boldsymbol{P}_{k|k-1} \end{cases} \tag{2-92}$$

从上述扩展卡尔曼滤波递推算法可以看出，扩展卡尔曼滤波采用一阶泰勒级数展开对非线性系统进行线性化处理，一定程度上解决了标准卡尔曼滤波不适用于非线性系统的问题，滤波算法结构简单，且具有一定的滤波精度。但扩展卡尔曼滤波也存在诸多不足，如当系统具有强非线性时，一阶泰勒级数展开将产生较大的截断误差，从而造成滤波模型误差较大，最终导致滤波精度下降，甚至滤波发散；此外，扩展卡尔曼滤波算法需要计算雅可比矩阵，特别是当非线性系统较为复杂或阶次较高时，雅可比矩阵的计算将十分困难，同时为了计算雅可比矩阵，非线性系统必须满足连续可微，这些苛刻的要求极大地限制了其应用广度。

2.4.3　扩展卡尔曼平滑

与扩展卡尔曼滤波器和标准卡尔曼滤波器的不同之处类似，扩展卡尔曼平滑[4]将标准卡尔曼平滑中状态转移矩阵 $\boldsymbol{A}_k$ 替换为雅可比矩阵 $\boldsymbol{A}_x$，即

$$\begin{cases} \boldsymbol{m}_{k+1|k} = \boldsymbol{a}\left(\boldsymbol{m}_k, k\right) \\ \boldsymbol{P}_{k+1|k} = \boldsymbol{A}_x\left(\boldsymbol{m}_k, k\right)\boldsymbol{P}_k\boldsymbol{A}_x^{\mathrm{T}}\left(\boldsymbol{m}_k, k\right) + \boldsymbol{Q}_k \\ \boldsymbol{C}_k = \boldsymbol{P}_k\boldsymbol{A}_x^{\mathrm{T}}\left(\boldsymbol{m}_k, k\right)\boldsymbol{P}_{k+1|k}^{-1} \\ \boldsymbol{m}_{k,s} = \boldsymbol{m}_k + \boldsymbol{C}_k\left(\boldsymbol{m}_{k+1,s} - \boldsymbol{m}_{k+1|k}\right) \\ \boldsymbol{P}_{k,s} = \boldsymbol{P}_k + \boldsymbol{C}_k\left(\boldsymbol{P}_{k+1,s} - \boldsymbol{P}_{k+1|k}\right)\boldsymbol{C}_k^{\mathrm{T}} \end{cases} \tag{2-93}$$

2.4.4 无迹卡尔曼滤波

无迹卡尔曼滤波的基本思想是利用 U 变换，用一组确定的样本点近似求解量测条件下系统状态的后验概率密度的均值和方差，实现系统状态的递归估计[5]。

设 n 维随机变量 $\boldsymbol{x}$ 服从期望为 $\bar{\boldsymbol{x}}$ 、协方差矩阵为 $\boldsymbol{P}_x$ 的高斯分布，$\boldsymbol{x} \sim N(\bar{\boldsymbol{x}}, \boldsymbol{P}_x)$，$m$ 维随机向量 $\boldsymbol{y}$ 为 $\boldsymbol{x}$ 的非线性函数，即满足 $\boldsymbol{y} = f(\boldsymbol{x})$。通过非线性函数 $f(\cdot)$ 得到 $\boldsymbol{y}$ 的统计特性为 $(\bar{\boldsymbol{y}}, \boldsymbol{P}_y)$。U 变换就是根据 $(\bar{\boldsymbol{x}}, \boldsymbol{P}_x)$ 设计一系列点 $\xi_i (i=1,2,\cdots,2n+1)$，称之为 Sigma 点，对设定的 Sigma 点计算其经过 $f(\cdot)$ 传播得到 $\chi_i (i=1,2,\cdots,2n+1)$，然后根据 χ_i 计算 $(\bar{\boldsymbol{y}}, \boldsymbol{P}_y)$。

U 变换的过程如下。

（1）计算 Sigma 点及其权值。

$$\begin{cases} \xi_0 = \bar{\boldsymbol{x}} \\ \xi_i = \bar{\boldsymbol{x}} + \left(\sqrt{(n+\lambda)\boldsymbol{P}}\right)_{:,i}, & i=1,2,\cdots,n \\ \xi_i = \bar{\boldsymbol{x}} - \left(\sqrt{(n+\lambda)\boldsymbol{P}}\right)_{:,i}, & i=n+1,n+2,\cdots,2n \end{cases} \tag{2-94}$$

$$\begin{cases} w_0^{(m)} = \lambda / (n+\lambda) \\ w_0^{(c)} = \lambda / (n+\lambda) + (1-\alpha^2+\beta) \\ w_i^{(m)} = w_i^{(c)} = 1/(2(n+\lambda)) \end{cases} \tag{2-95}$$

式中，$\left(\sqrt{(n+\lambda)\boldsymbol{P}}\right)_{:,i}$ 是 $(n+\lambda)\boldsymbol{P}$ 平方根的第 i 列；$\lambda=\alpha^2(n+k)-n$ 为符合刻度参数；系数 α 决定 Sigma 点的散布程度；β 用来描述 $\boldsymbol{x}$ 的分布信息；$w_i^{(m)}$ 为求一阶统计特性时的权系数；$w_i^{(c)}$ 为求二阶统计特性时的权系数。

（2）计算 Sigma 点的传播结果。

$$\chi_i = f(\xi_i), \quad i=0,1,\cdots,2n \tag{2-96}$$

（3）估计 $\boldsymbol{y}$ 的均值和协方差矩阵。

$$\bar{\boldsymbol{y}} = \sum_{i=0}^{2n} w_i^{(m)} \chi_i \tag{2-97}$$

$$\boldsymbol{P}_y = \sum_{i=0}^{2n} w_i^{(c)} (\xi_i - \bar{\boldsymbol{y}})(\xi_i - \bar{\boldsymbol{y}})^{\mathrm{T}} \tag{2-98}$$

经过 U 变换，可以对非线性函数的均值和方差进行估计，从而实现非线性系统的状态估计。由式（2-78）可知系统的状态转移方程和量测方程为

$$\begin{cases} \boldsymbol{x}_k = f(\boldsymbol{x}_{k-1}) + \boldsymbol{q}_{k-1} \\ \boldsymbol{y}_k = h(\boldsymbol{x}_k) + \boldsymbol{r}_k \end{cases} \tag{2-99}$$

基于无迹卡尔曼滤波器的算法流程如下。

（1）初始化状态向量和协方差矩阵：

$$\begin{cases} \hat{\boldsymbol{x}}_0 = E[\boldsymbol{x}_0] \\ \boldsymbol{P}_0 = E\left[(\boldsymbol{x}_0 - \hat{\boldsymbol{x}}_0)(\boldsymbol{x}_0 - \hat{\boldsymbol{x}}_0)^{\mathrm{T}}\right] \end{cases} \tag{2-100}$$

（2）由式（2-94）计算得到 Sigma 点集 $\{\xi_{i,k-1}\}, i=1,2,\cdots,2n$。

（3）更新状态向量：

$$\begin{cases} \boldsymbol{\xi}_{i,k|k-1} = f(\boldsymbol{\xi}_{i,k-1}) \\ \hat{\boldsymbol{x}}_{k|k-1} = \sum_{i=0}^{2n} w_i^{(m)} \boldsymbol{\xi}_{i,k|k-1} \\ \boldsymbol{P}_{k|k-1} = \sum_{i=0}^{2n} w_i^{(c)} (\boldsymbol{\xi}_{i,k|k-1} - \hat{\boldsymbol{x}}_{k|k-1})(\boldsymbol{\xi}_{i,k|k-1} - \hat{\boldsymbol{x}}_{k|k-1})^{\mathrm{T}} + \boldsymbol{Q}_{k-1} \\ \boldsymbol{\chi}_{i,k|k-1} = h(\boldsymbol{\xi}_{i,k|k-1}) \\ \hat{\boldsymbol{y}}_{k|k-1} = \sum_{i=0}^{2n} w_i^{(m)} \boldsymbol{\chi}_{i,k|k-1} \end{cases} \tag{2-101}$$

（4）量测向量更新。

$$\begin{cases} \boldsymbol{P}_{yy} = \sum_{i=0}^{2n} w_i^{(c)} (\boldsymbol{y}_{i,k|k-1} - \hat{\boldsymbol{y}}_{k|k-1})(\boldsymbol{y}_{i,k|k-1} - \hat{\boldsymbol{y}}_{k|k-1})^{\mathrm{T}} + \boldsymbol{R}_k \\ \boldsymbol{P}_{xy} = \sum_{i=0}^{2n} w_i^{(c)} (\boldsymbol{\xi}_{i,k|k-1} - \hat{\boldsymbol{x}}_{k|k-1})(\boldsymbol{y}_{i,k|k-1} - \hat{\boldsymbol{y}}_{k|k-1})^{\mathrm{T}} \\ \boldsymbol{K}_k = \boldsymbol{P}_{xy} \boldsymbol{P}_{yy}^{-1} \\ \hat{\boldsymbol{x}}_k = \hat{\boldsymbol{x}}_{k|k-1} + \boldsymbol{K}_k (\boldsymbol{y}_k - \hat{\boldsymbol{y}}_{k|k-1}) \\ \boldsymbol{P}_k = \boldsymbol{P}_{k|k-1} - \boldsymbol{K}_k \boldsymbol{P}_{yy} \boldsymbol{K}_k^{\mathrm{T}} \end{cases} \tag{2-102}$$

式中，参数设置如下：

$$\begin{cases} \gamma = \sqrt{n+\lambda} \\ w_0^{(m)} = \dfrac{\lambda}{n+\lambda} \\ w_0^{(c)} = w_0^{(m)} + (1 - \alpha^2 + \beta) \\ w_i^{(c)} = w_i^{(m)} = \dfrac{1}{2(n+\lambda)} \\ \lambda = \alpha^2 (n+\kappa) - n \end{cases} \tag{2-103}$$

其中，λ 为符合刻度参数，α 为决定先验均值附近 Sigma 点分布广度的主要刻度因数，β 为用来强调后协方差计算的零阶 Sigma 点权值的第二刻度因数，κ 为第三刻度因数。

2.5　粒子滤波

粒子滤波的思想基于蒙特卡罗算法（Monte Carlo methods），它是利用粒子集来表示概率，可以用在任何形式的状态空间模型上。其核心思想是通过从后验概率中抽取的随机状态粒子来表达其分布，是一种序贯重要性采样法。简单来说，粒子滤波是指通过寻找一组在状态空间传播的随机样本对概率密度函数进行近似，以样本均值代替积分运算，从而获得状态最小方差分布的过程。因为不受模型的线性程度和高斯假设约束，所以适用于任意非线性、非高斯动态系统。

2.5.1　蒙特卡罗积分

蒙特卡罗积分又称为随机采样法或统计试验法，对于多数概率分布模型，积分计算时比较困难，可以通过一些近似的方法进行估计。例如计算函数 $f(\boldsymbol{x})$ 的期望，其中变量 $\boldsymbol{x}$ 的概率分布为 $p(\boldsymbol{x})$ 。当 $\boldsymbol{x}$ 为连续型随机变量时，$f(\boldsymbol{x})$ 的期望为

$$E[f]=\int f(\boldsymbol{x})p(\boldsymbol{x})\mathrm{d}\boldsymbol{x} \tag{2-104}$$

式中，$p(\boldsymbol{x})\geqslant 0$ 并且 $\int p(\boldsymbol{x})\mathrm{d}\boldsymbol{x}=1$。蒙特卡罗积分将积分值看作某个随机变量的数学期望，通过采样的方法对函数的期望进行估计。通常情况下，这种积分均难于计算，一般的解决措施是利用采样的方法获取一系列来自分布 $p(\boldsymbol{x})$ 的样本集 $\{\boldsymbol{x}^{(1)},\boldsymbol{x}^{(2)},\cdots,\boldsymbol{x}^{(n)}\}$，因此式（2-104）的积分可以近似表示为如下有限项的累加：

$$\hat{f}=\frac{1}{n}\sum_{i=1}^{n}f(\boldsymbol{x}^{(i)}) \tag{2-105}$$

由于样本 $\{\boldsymbol{x}^{(1)},\boldsymbol{x}^{(2)},\cdots,\boldsymbol{x}^{(n)}\}$ 均来自分布 $p(\boldsymbol{x})$，因此有

$$E\left[\hat{f}\right]=E\left[\frac{1}{n}\sum_{i=1}^{n}f(\boldsymbol{x}^{(i)})\right]=\frac{1}{n}\sum_{k=1}^{n}E\left[f(\boldsymbol{x}^{(i)})\right]=E[f] \tag{2-106}$$

2.5.2　贝叶斯重要性采样

希望从复杂概率分布中采样的一个主要原因是要计算函数 $f(\boldsymbol{x})$ 的期望 $E[f]$，贝叶斯重要性采样提供了一种计算期望 $E[f]$ 的近似方法，由于从任意分布进行采样通常比较困难，因此该方法不是通过对随机变量 $\boldsymbol{x}$ 概率分布 $p(\boldsymbol{x})$ 抽样获得的。在已知样本 $\boldsymbol{x}^{(i)}$ 的情况下，计算样本的概率 $p(\boldsymbol{x}^{(i)})$ 比较容易。因此计算函数期望的一种可行方案是在样本 $\boldsymbol{x}$ 的采样空间选取一组符合均匀分布的样本集

$\{\boldsymbol{x}^{(1)},\boldsymbol{x}^{(2)},\cdots,\boldsymbol{x}^{(n)}\}$，函数 $f(\boldsymbol{x})$ 的期望可以近似表示为

$$E[f]\approx\sum_{i=1}^{n}f(\boldsymbol{x}^{(i)})p(\boldsymbol{x}^{(i)}) \tag{2-107}$$

采用上式进行采样的一个问题是近似所需的样本点数随样本的维数呈现指数增长。当样本维数较高时，多数样本点集中在很小的空间，对于均匀采样，$E[f]$ 由少数样本所决定。贝叶斯重要性基于已知的易于采样的分布 $q(\boldsymbol{x})$，$E[f]$ 可以由采样于 $q(\boldsymbol{x})$ 分布的样本集 $\{\boldsymbol{x}^{(1)},\boldsymbol{x}^{(2)},\cdots,\boldsymbol{x}^{(n)}\}$ 表示为

$$\begin{aligned}E[f]&=\int f(\boldsymbol{x})p(\boldsymbol{x})\mathrm{d}\boldsymbol{x}\\&=\int f(\boldsymbol{x})\frac{p(\boldsymbol{x})}{q(\boldsymbol{x})}q(\boldsymbol{x})\mathrm{d}\boldsymbol{x}\\&\approx\frac{1}{n}\sum_{i=1}^{n}\frac{p(\boldsymbol{x}^{(i)})}{q(\boldsymbol{x}^{(i)})}f(\boldsymbol{x}^{(i)})\end{aligned} \tag{2-108}$$

式中，$w(\boldsymbol{x}^{(i)})=p(\boldsymbol{x}^{(i)})/q(\boldsymbol{x}^{(i)})$ 为重要性权值。

设 $\boldsymbol{x}_{0:k}=\{\boldsymbol{x}_0,\boldsymbol{x}_1,\cdots,\boldsymbol{x}_k\}$ 为从 0 时刻到 k 时刻所有状态向量的向量集，$\boldsymbol{y}_{1:k}$ 为从 1 时刻到 k 时刻所有观测向量的向量集，滤波过程就是利用 0 时刻到 k−1 时刻的状态向量集 $\boldsymbol{x}_{0:k-1}$ 和 1 时刻到 k 时刻所有观测向量的向量集 $\boldsymbol{y}_{1:k}$ 估计 k 时刻状态向量 $\boldsymbol{x}_k$ 的过程。$E[f(\boldsymbol{x}_k)]$ 由下式给出：

$$E[f(\boldsymbol{x}_k)]=\int f(\boldsymbol{x}_k)p(\boldsymbol{x}_k\mid\boldsymbol{y}_{1:k})\mathrm{d}\boldsymbol{x}_k \tag{2-109}$$

通常情况下，概率分布 $p(\boldsymbol{x}_k\mid\boldsymbol{y}_{1:k})$ 难于被采样，因此可以选取便于采样的 $q(\boldsymbol{x}_k\mid\boldsymbol{y}_{1:k})$，$E[f(\boldsymbol{x}_k)]$ 可以表示为

$$\begin{aligned}E[f(\boldsymbol{x}_k)]&=\int f(\boldsymbol{x}_k)p(\boldsymbol{x}_k\mid\boldsymbol{y}_{1:k})\mathrm{d}\boldsymbol{x}_k\\&=\int f(\boldsymbol{x}_k)\frac{p(\boldsymbol{x}_k\mid\boldsymbol{y}_{1:k})}{q(\boldsymbol{x}_k\mid\boldsymbol{y}_{1:k})}q(\boldsymbol{x}_k\mid\boldsymbol{y}_{1:k})\mathrm{d}\boldsymbol{x}_k\\&=\int f(\boldsymbol{x}_k)\frac{p(\boldsymbol{y}_{1:k}\mid\boldsymbol{x}_k)p(\boldsymbol{x}_k)}{q(\boldsymbol{x}_k\mid\boldsymbol{y}_{1:k})p(\boldsymbol{y}_{1:k})}q(\boldsymbol{x}_k\mid\boldsymbol{y}_{1:k})\mathrm{d}\boldsymbol{x}_k\\&=\int f(\boldsymbol{x}_k)\frac{\overline{w}(\boldsymbol{x}_k)}{p(\boldsymbol{y}_{1:k})}q(\boldsymbol{x}_k\mid\boldsymbol{y}_{1:k})\mathrm{d}\boldsymbol{x}_k\end{aligned} \tag{2-110}$$

式中，

$$\overline{w}(\boldsymbol{x}_k)=\frac{p(\boldsymbol{y}_{1:k}\mid\boldsymbol{x}_k)p(\boldsymbol{x}_k)}{q(\boldsymbol{x}_k\mid\boldsymbol{y}_{1:k})} \tag{2-111}$$

从上式可以看出，对 $E[f(\boldsymbol{x}_k)]$ 的求解可以由对概率分布 $q(\boldsymbol{x}_k\mid\boldsymbol{y}_{1:k})$ 的采样代

替。因此式（2-110）可以表示为

$$
\begin{aligned}
E\left[f(\boldsymbol{x}_k)\right] &= \frac{1}{p(\boldsymbol{y}_{1:k})}\int f(\boldsymbol{x}_k)\overline{w}(\boldsymbol{x}_k)q(\boldsymbol{x}_k \mid \boldsymbol{y}_{1:k})\mathrm{d}\boldsymbol{x}_k \\
&= \frac{\int f(\boldsymbol{x}_k)\overline{w}(\boldsymbol{x}_k)q(\boldsymbol{x}_k \mid \boldsymbol{y}_{1:k})\mathrm{d}\boldsymbol{x}_k}{\int p(\boldsymbol{y}_{1:k})p(\boldsymbol{x}_k)\dfrac{q(\boldsymbol{x}_k \mid \boldsymbol{y}_{1:k})}{q(\boldsymbol{x}_k \mid \boldsymbol{y}_{1:k})}\mathrm{d}\boldsymbol{x}_k} \\
&= \frac{\int f(\boldsymbol{x}_k)\overline{w}(\boldsymbol{x}_k)q(\boldsymbol{x}_k \mid \boldsymbol{y}_{1:k})\mathrm{d}\boldsymbol{x}_k}{\int \overline{w}(\boldsymbol{x}_k)q(\boldsymbol{x}_k \mid \boldsymbol{y}_{1:k})\mathrm{d}\boldsymbol{x}_k} \\
&= \frac{E_{q(\boldsymbol{x}_k \mid \boldsymbol{y}_{1:k})}\left[f(\boldsymbol{x}_k)\overline{w}(\boldsymbol{x}_k)\right]}{E_{q(\boldsymbol{x}_k \mid \boldsymbol{y}_{1:k})}\left[\overline{w}(\boldsymbol{x}_k)\right]}
\end{aligned}
\tag{2-112}
$$

在 k 时刻对 $\boldsymbol{x}_k$ 采样得到的 n 个粒子分别为 $\{\boldsymbol{x}_k^{(1)},\boldsymbol{x}_k^{(2)},\cdots,\boldsymbol{x}_k^{(n)}\}$，则 $f(\boldsymbol{x}_k)$ 的期望 $E\left[f(\boldsymbol{x}_k)\right]$ 可以表示为

$$
\begin{aligned}
E\left[f(\boldsymbol{x}_k)\right] &\approx \frac{\dfrac{1}{n}\sum_{i=1}^{n}\overline{w}(\boldsymbol{x}_k^{(i)})f(\boldsymbol{x}_k^{(i)})}{\dfrac{1}{n}\sum_{i=1}^{n}\overline{w}(\boldsymbol{x}_k^{(i)})} \\
&= \sum_{i=1}^{n} w(\boldsymbol{x}_k^{(i)})f(\boldsymbol{x}_k^{(i)})
\end{aligned}
\tag{2-113}
$$

式中，$w(\boldsymbol{x}_k^{(i)})$ 为归一化权值，

$$
w(\boldsymbol{x}_k^{(i)}) = \frac{\overline{w}(\boldsymbol{x}_k^{(i)})}{\sum_{j=1}^{n}\overline{w}(\boldsymbol{x}_k^{(j)})}
\tag{2-114}
$$

由上述推导可以看出，如果要得到 $\boldsymbol{x}_k$ 的最优估计，需要根据重要性函数 $q(\boldsymbol{x}_k \mid \boldsymbol{y}_{1:k})$ 采样获得一批带有权值的粒子集 $\{[\boldsymbol{x}_k^{(i)}, w(\boldsymbol{x}_k^{(i)})]\}, i=1,2,\cdots,n$，通过求粒子集的非线性变换 $f(\boldsymbol{x}_k^{(i)})$ 的加权平均，得到 $f(\boldsymbol{x}_k)$ 的期望 $E\left[f(\boldsymbol{x}_k)\right]$。当粒子的数量足够大的时候，得到的估计结果接近最优贝叶斯估计。

但这种方法在计算粒子的权值的时候，需要存储过去所有时刻的量测值 $\boldsymbol{y}_{1:k}$，当观测时间较长的时候，存储压力和计算压力巨大，为了解决这一问题，人们提出了序贯重要性采样算法。

2.5.3　序贯重要性采样

序贯重要性采样是一种应用最广泛的粒子滤波算法，假定状态 $\boldsymbol{x}_{0:k}$ 具有马尔可夫性，则有

$$\begin{aligned} q(\boldsymbol{x}_k \mid \boldsymbol{y}_{1:k}) &= q(\boldsymbol{x}_k, \boldsymbol{x}_{k-1} \mid \boldsymbol{y}_{1:k}) \\ &= q(\boldsymbol{x}_k \mid \boldsymbol{x}_{k-1}, \boldsymbol{y}_{1:k}) q(\boldsymbol{x}_{k-1} \mid \boldsymbol{y}_{1:k}) \\ &= q(\boldsymbol{x}_k \mid \boldsymbol{x}_{k-1}, \boldsymbol{y}_{1:k}) q(\boldsymbol{x}_{k-1} \mid \boldsymbol{y}_{1:k-1}) \end{aligned} \tag{2-115}$$

$$\begin{aligned} p(\boldsymbol{y}_{1:k} \mid \boldsymbol{x}_k) &= p(\boldsymbol{y}_k, \boldsymbol{y}_{1:k-1} \mid \boldsymbol{x}_k) \\ &= p(\boldsymbol{y}_k \mid \boldsymbol{y}_{1:k-1}, \boldsymbol{x}_k) p(\boldsymbol{y}_{1:k-1} \mid \boldsymbol{x}_k) \\ &= p(\boldsymbol{y}_k \mid \boldsymbol{x}_k) p(\boldsymbol{y}_{1:k-1} \mid \boldsymbol{x}_{k-1}) \end{aligned} \tag{2-116}$$

$$p(\boldsymbol{x}_k) = p(\boldsymbol{x}_k \mid \boldsymbol{x}_{k-1}) p(\boldsymbol{x}_{k-1}) \tag{2-117}$$

将式（2-115）～式（2-117）代入式（2-111），可以得到

$$\begin{aligned} \bar{w}(\boldsymbol{x}_k) &= \frac{p(\boldsymbol{y}_{1:k} \mid \boldsymbol{x}_k) p(\boldsymbol{x}_k)}{q(\boldsymbol{x}_k \mid \boldsymbol{y}_{1:k})} \\ &= \frac{p(\boldsymbol{y}_k \mid \boldsymbol{x}_k) p(\boldsymbol{y}_{1:k-1} \mid \boldsymbol{x}_{k-1}) p(\boldsymbol{x}_k \mid \boldsymbol{x}_{k-1}) p(\boldsymbol{x}_{k-1})}{q(\boldsymbol{x}_k \mid \boldsymbol{x}_{k-1}, \boldsymbol{y}_{1:k}) q(\boldsymbol{x}_{k-1} \mid \boldsymbol{y}_{1:k-1})} \\ &= \bar{w}(\boldsymbol{x}_{k-1}) \frac{p(\boldsymbol{y}_k \mid \boldsymbol{x}_k) p(\boldsymbol{x}_k \mid \boldsymbol{x}_{k-1})}{q(\boldsymbol{x}_k \mid \boldsymbol{x}_{k-1}, \boldsymbol{y}_{1:k})} \end{aligned} \tag{2-118}$$

因此，选取粒子的权值可以由上式迭代获得。

2.5.4　粒子滤波的退化现象和重采样

粒子滤波存在的常见问题就是退化现象，即少数的粒子具有很大的权值，对函数期望的运算起主导作用，其余多数粒子的权值很小，对函数期望的运算影响较小。这种情况下，对应粒子计算的函数值 $f(\boldsymbol{x}_k^{(i)})$ 几乎不起任何作用，并且权值的方差会越来越大，大量的计算浪费在这些对期望贡献极低的粒子上。

为此，对于粒子的退化现象，引入一个测度，即粒子的采样尺度

$$N_{\text{eff}} = \frac{1}{\sum_{i=1}^{n} (w_k^{(i)})^2} \tag{2-119}$$

若 N_{eff} 较小，则意味着粒子的方差变大，此时存在粒子的退化现象。如果 n 个粒子中的 1 个粒子的权值为 1，其余粒子的权值为 0，则有 $N_{\text{eff}}=1$，此时粒子退

化现象严重。如果每个粒子的权值都为$1/n$，则有$N_{\mathrm{eff}}=n$，说明粒子未退化。为了避免粒子退化现象的产生，当N_{eff}低于某一阈值时，需要进行重采样。

重采样是一种减少无效样本、增加有效样本的方法，其主要思想是去除权值较小的粒子，保留并复制权值较大的粒子。其基本方法是通过对后验概率密度$q(\boldsymbol{x}_k \mid \boldsymbol{y}_{1:k})$再一次采样$n$个样本，得到新的粒子集，使得每个粒子的权值被重置为$1/n$。

2.5.5 基于粒子滤波的状态估计

粒子滤波适用于式（2-1）所描述的状态空间模型，是一种非线性、非高斯的概率密度估计方法，其关键在于通过重要性分布替代难以直接采样的系统状态后验分布。结合贝叶斯滤波的状态更新和量测更新两个步骤，基于粒子滤波的状态估计过程如下所示。

（1）系统初始化。

第一，根据重要性函数$q(\boldsymbol{x}_0)$，采样获得初始化粒子集$\{\boldsymbol{x}_0^{(1)},\boldsymbol{x}_0^{(2)},\cdots,\boldsymbol{x}_0^{(n)}\}$。

第二，初始化粒子的重要性权值$\bar{w}(\boldsymbol{x}_0^{(i)})=1/n,\quad i=1,2,\cdots,n$。

第三，设定粒子采样尺度的阈值N_T。

（2）系统状态更新。

从重要性分布$q(\boldsymbol{x}_k^{(i)} \mid \boldsymbol{x}_{k-1}^{(i)},\boldsymbol{y}_{1:k})$中获得新的系统状态估计$\boldsymbol{x}_k^{(i)} \sim q(\boldsymbol{x}_k \mid \boldsymbol{x}_{k-1},\boldsymbol{y}_{1:k})$，其中$i=1,2,\cdots,n$。

（3）更新粒子权值。

第一，根据获得的量测值$\boldsymbol{y}_k$，更新粒子的重要性权值：

$$\bar{w}(\boldsymbol{x}_k^{(i)})=\bar{w}(\boldsymbol{x}_{k-1}^{(i)})\frac{p(\boldsymbol{y}_k \mid \boldsymbol{x}_k^{(i)})p(\boldsymbol{x}_k^{(i)} \mid \boldsymbol{x}_{k-1}^{(i)})}{q(\boldsymbol{x}_k^{(i)} \mid \boldsymbol{x}_{k-1}^{(i)},\boldsymbol{y}_{1:k})} \tag{2-120}$$

第二，归一化重要性权值：

$$w(\boldsymbol{x}_k^{(i)})=\frac{\bar{w}(\boldsymbol{x}_k^{(i)})}{\sum_{j=1}^{n}\bar{w}(\boldsymbol{x}_k^{(j)})},\quad i=1,2,\cdots,n \tag{2-121}$$

（4）重采样。

若$N_{\mathrm{eff}}=1\Big/\sum_{i=1}^{n}(w_k^{(i)})^2<N_T$，则进行如下重采样：根据权值$w(\boldsymbol{x}_k^{(i)})$，复制高权值的粒子，舍弃权值低的粒子，重新产生粒子集$\{\boldsymbol{x}_k^{(1)},\boldsymbol{x}_k^{(2)},\cdots,\boldsymbol{x}_k^{(n)}\}$，设定各粒子的

权值为 $w(\boldsymbol{x}_k^{(i)})=1/n$。

（5）系统的状态滤波输出为

$$\boldsymbol{x}_k=\sum_{i=1}^{n}w(\boldsymbol{x}_k^{(i)})\boldsymbol{x}_k^{(i)} \tag{2-122}$$

2.5.6 Rao-Blackwellized 粒子滤波器

Rao-Blackwellized 粒子滤波器（RBPF）是基于 Rao-Blackwellized 理论的一种改进型粒子滤波器。状态空间一分为二，一部分状态空间用卡尔曼系列滤波器得到估计状态，在此基础上剩余状态空间使用序贯蒙特卡罗算法进行状态的概率密度估计，状态空间的减小降低了蒙特卡罗算法对粒子个数的需求。式（2-2）重新写为

$$\begin{cases}p\left(\boldsymbol{x}_k\left|\boldsymbol{x}_{k-1},\lambda_{k-1}\right.\right)=N\left(\boldsymbol{x}_k\left|\boldsymbol{A}_{k-1}\left(\lambda_{k-1}\right)\boldsymbol{x}_{k-1},\boldsymbol{Q}_{k-1}\left(\lambda_{k-1}\right)\right.\right)\\ p\left(\boldsymbol{y}_k\left|\boldsymbol{x}_k,\lambda_k\right.\right)=N\left(\boldsymbol{y}_k\left|\boldsymbol{H}_k\left(\lambda_k\right)\boldsymbol{x}_k,\boldsymbol{R}_k\left(\lambda_k\right)\right.\right)\end{cases} \tag{2-123}$$

式中，λ 表示某变量，且 $p\left(\lambda_k\left|\lambda_{k-1}\right.\right)=\left(\text{任何形式}\right)$；下标表示时刻；$\boldsymbol{x}$ 表示系统状态；$\boldsymbol{y}$ 表示量测值；$\boldsymbol{A}(\lambda)$ 表示状态转移矩阵与变量 λ 有关；$\boldsymbol{Q}(\lambda)$ 表示状态转移噪声与变量 λ 有关；$\boldsymbol{H}(\lambda)$ 表示量测矩阵与变量 λ 有关；$\boldsymbol{R}(\lambda)$ 表示量测噪声与变量 λ 有关。若一组个数为 N 的粒子为 $\{(w_{k-1}^{(i)},\hat{\lambda}_{k-1}^{(i)},\boldsymbol{m}_{k-1}^{(i)},\boldsymbol{P}_{k-1}^{(i)})\},i=1,2,\cdots,n$，重要性分布为 $\pi(\lambda_k\left|\hat{\lambda}_{1:k-1}^{(i)},\boldsymbol{y}_{1:k}\right.)$，与卡尔曼滤波器结合，Rao-Blackwellized 粒子滤波过程如下。

（1）使用卡尔曼滤波器进行状态预测，式（2-57）改写为

$$\begin{cases}\boldsymbol{m}_{k|k-1}^{(i)}=\boldsymbol{A}_{k-1}\left(\lambda_{k-1}^{(i)}\right)\boldsymbol{m}_{k-1}^{(i)}\\ \boldsymbol{P}_{k|k-1}^{(i)}=\boldsymbol{A}_{k-1}\left(\lambda_{k-1}^{(i)}\right)\boldsymbol{P}_{k-1}^{(i)}\boldsymbol{A}_{k-1}^{\mathrm{T}}\left(\lambda_{k-1}^{(i)}\right)+\boldsymbol{Q}_{k-1}\left(\lambda_{k-1}^{(i)}\right)\end{cases} \tag{2-124}$$

（2）每个粒子从重要性分布中采样，对变量 λ 采样，得到当前时刻的样本：

$$\hat{\lambda}_k^{(i)}\sim\pi\left(\lambda_k\left|\hat{\lambda}_{1:k-1}^{(i)},\boldsymbol{y}_{1:k}\right.\right) \tag{2-125}$$

（3）更新粒子权值：

$$w_k^{(i)}\propto w_{k-1}^{(i)}\frac{p\left(\boldsymbol{y}_k\left|\hat{\lambda}_{1:k}^{(i)},\boldsymbol{y}_{1:k-1}\right.\right)p\left(\hat{\lambda}_k^{(i)}\left|\hat{\lambda}_{k-1}^{(i)}\right.\right)}{\pi\left(\hat{\lambda}_k^{(i)}\left|\hat{\lambda}_{k-1}^{(i)},\boldsymbol{y}_{1:k}\right.\right)} \tag{2-126}$$

式中，似然部分为

$$p\left(\boldsymbol{y}_k\left|\hat{\lambda}_{1:k}^{(i)},\boldsymbol{y}_{1:k-1}\right.\right)=N\left(\boldsymbol{y}_k\left|\boldsymbol{H}_k\left(\lambda_k^{(i)}\right)\boldsymbol{m}_{k|k-1}^{(i)},\boldsymbol{H}_k\left(\lambda_k^{(i)}\right)\boldsymbol{P}_{k|k-1}^{(i)}\boldsymbol{H}_k^{\mathrm{T}}\left(\lambda_k^{(i)}\right)+\boldsymbol{R}_k\left(\lambda_k^{(i)}\right)\right.\right) \tag{2-127}$$

（4）粒子权值归一化：

$$\tilde{w}_k^{(i)} = \frac{w_k^{(i)}}{\sum_{i=1}^{n} w_k^{(i)}} \tag{2-128}$$

（5）在变量 $\lambda_k^{(i)}$ 确定的条件下，进行卡尔曼滤波的更新：

$$\begin{cases} \boldsymbol{v}_k^{(i)} = \boldsymbol{y}_k - \boldsymbol{H}_k\left(\lambda_k^{(i)}\right)\boldsymbol{m}_{k|k-1}^{(i)} \\ \boldsymbol{S}_k^{(i)} = \boldsymbol{H}_k\left(\lambda_k^{(i)}\right)\boldsymbol{P}_{k|k-1}^{(i)}\boldsymbol{H}_k^{\mathrm{T}}\left(\lambda_k^{(i)}\right) + \boldsymbol{R}_k\left(\lambda_k^{(i)}\right) \\ \boldsymbol{K}_k^{(i)} = \boldsymbol{P}_{k|k-1}^{(i)}\boldsymbol{H}_k^{\mathrm{T}}\left(\lambda_k^{(i)}\right)\boldsymbol{S}_k^{-1} \\ \boldsymbol{m}_k^{(i)} = \boldsymbol{m}_{k|k-1}^{(i)} + \boldsymbol{K}_k^{(i)}\boldsymbol{v}_k^{(i)} \\ \boldsymbol{P}_k^{(i)} = \boldsymbol{P}_{k|k-1}^{(i)} - \boldsymbol{K}_k^{(i)}\boldsymbol{S}_k^{(i)}\left(\boldsymbol{K}_k^{(i)}\right)^{\mathrm{T}} \end{cases} \tag{2-129}$$

（6）估计有效粒子个数，若小于一定门限值，需要进行重采样。得到估计结果为

$$p\left(\boldsymbol{x}_k, \lambda_k \middle| \boldsymbol{y}_{1:k}\right) \approx \sum_{i=1}^{n}\left(w_k^{(i)}\delta\left(\lambda_k - \hat{\lambda}_k^{(i)}\right)\cdot N\left(\boldsymbol{x}_k \middle| \boldsymbol{m}_k^{(i)}, \boldsymbol{P}_k^{(i)}\right)\right) \tag{2-130}$$

上述过程是以卡尔曼滤波器和 Rao-Blackwellized 粒子滤波器结合得到的滤波过程，同样地，也可以使用扩展卡尔曼滤波器，将状态转移矩阵和量测矩阵替换为相应的雅可比矩阵。

参 考 文 献

[1] 刘宗香, 谢维信, 李丽娟. 非线性高斯系统边缘分布多目标贝叶斯滤波器[J]. 电子学报, 2015, 43(9): 1689-1695.

[2] Tsuji S, Iida H. Learning control by using Kalman filter[J]. The Society of Instrument and Control Engineers, 1967, 3(4): 1883-8189.

[3] 吴国清. 无源测距的扩展卡尔曼滤波[J]. 声学学报, 1987, 12(6): 36-45.

[4] Särkkä S. Continuous-time and continuous-discrete-time unscented Rauch-Tung-Striebel smoothers[J]. Signal Processing, 2010, 90(1): 225-235.

[5] 尹小杰, 朱斌, 樊键. 无迹 Kalman 滤波器及其目标跟踪应用[J]. 兵工自动化, 2006, 25(8): 73-75.

第 3 章　多目标数据关联及跟踪评价准则

3.1　多目标数据关联方法

数据关联是多目标跟踪系统中的核心内容之一，其目标是建立观测数据与存活目标、新生目标和杂波的对应关系，即找到观测数据的源。数据关联问题产生的原因主要是多目标跟踪环境和传感器观测过程的不确定性。首先，由于缺乏先验知识，目标出现和消失的时间是不确定的，并且目标的数量也是未知的；其次，传感器不可避免地产生虚警和漏检，对于正确的检报，它是无序的测量集合，无法确知它与目标的对应关系，并且包含大量的测量噪声。本节将从理论上介绍几种传统的数据关联方法，包括最近邻[1]（NN）数据关联、联合概率数据关联[2]（JPDA）、多假设跟踪[3]（MHT）。

3.1.1　最近邻数据关联

为了衡量观测向量 $\boldsymbol{z}$ 与某一目标航迹 i（状态均值为 $\boldsymbol{x}_i$，协方差为 $\boldsymbol{P}_i$）的关联程度，需要定义一个“关联距离”。在高斯假设下，目标航迹 i 状态的概率密度函数可以表示为

$$p(\boldsymbol{x} \mid i) = N\left(\boldsymbol{x} \mid \boldsymbol{x}_i, \boldsymbol{P}_i\right) \tag{3-1}$$

因此，由 $\boldsymbol{x}_i$ 生成观测 $\boldsymbol{z}$ 的似然概率密度为

$$\ell(\boldsymbol{z} \mid i) \triangleq \int p(\boldsymbol{z} \mid \boldsymbol{x}) \cdot p(\boldsymbol{x} \mid i) \mathrm{d}\boldsymbol{x} \tag{3-2}$$

令 p_i 表示关联第 i 个目标航迹的先验概率，由于不存在倾向于某一个目标航迹的任何先验因素，故 p_i 服从均匀分布。因此，目标航迹 i 生成观测 $\boldsymbol{z}$ 的后验概率密度为

$$p(i \mid \boldsymbol{z}) = \frac{\ell(\boldsymbol{z} \mid i) p_i}{\sum_{e=1}^{n} \ell(\boldsymbol{z} \mid e) \cdot p_e} = \frac{\ell(\boldsymbol{z} \mid i)}{\sum_{e=1}^{n} \ell(\boldsymbol{z} \mid e)} \tag{3-3}$$

观测 $\boldsymbol{z}$ 与航迹 i 的关联距离定义为

$$d(\boldsymbol{x}_i \mid \boldsymbol{z}) \triangleq -\lg p(i \mid \boldsymbol{z}) \tag{3-4}$$

在线性高斯模型下，有

$$-\lg(\ell(z \mid i))=\frac{1}{2}\lg\det(2\pi(\boldsymbol{H}\boldsymbol{P}_i\boldsymbol{H}+\boldsymbol{R}))+\frac{1}{2}(z-\boldsymbol{H}\boldsymbol{x}_i)^{\mathrm{T}}(\boldsymbol{H}\boldsymbol{P}_i\boldsymbol{H}+\boldsymbol{R})^{-1}(z-\boldsymbol{H}\boldsymbol{x}_i) \tag{3-5}$$

实际应用中通常忽略第一项，将第二项马氏距离作为 $\boldsymbol{z}$ 与 $\boldsymbol{x}_i$ 的关联距离[4]，即

$$d(\boldsymbol{x}_i \mid \boldsymbol{z})^2 \triangleq \frac{1}{2}(z-\boldsymbol{H}\boldsymbol{x}_i)^{\mathrm{T}}(\boldsymbol{H}\boldsymbol{P}_i\boldsymbol{H}+\boldsymbol{R})^{-1}(z-\boldsymbol{H}\boldsymbol{x}_i) \tag{3-6}$$

传统多目标跟踪通常设置跟踪门规则，即

$$d(\boldsymbol{x}_i \mid \boldsymbol{z})^2 < \gamma \tag{3-7}$$

式中，γ 为跟踪门限。对于目标 i，只有关联距离低于 γ 的观测向量才作为与其关联的候选观测。

最近邻数据关联选取跟踪门内关联距离最小的观测作为最终的关联估计，然后使用该观测数据更新关联目标的状态[5]。但是，在实际应用中关联距离最小的观测不一定是正确的关联观测。特别是在杂波密集和多目标轨迹交叉严重的环境下，最近邻方法性能较差。

3.1.2　联合概率数据关联

假设 k 时刻目标个数为 n_k，并且获得了 m_k' 个观测，其中有 m_k 个观测落入了观测门，跟踪门规则见式（3-7）。JPDA 算法首先利用一个确认矩阵（聚矩阵）来表征每一个目标的跟踪门内的观测数据，确认矩阵 $\boldsymbol{\Omega}$ 为一个二进制矩阵，

$$\boldsymbol{\Omega}=[\omega_{jt}]=\overset{\overbrace{\begin{matrix}0 & 1 & 2 & \cdots & n_k\end{matrix}}^{t}}{\begin{bmatrix}1 & \omega_{11} & \omega_{12} & \cdots & \omega_{1n}\\ 1 & \omega_{21} & \omega_{22} & \cdots & \omega_{2n}\\ \vdots & \vdots & \vdots & & \vdots\\ 1 & \omega_{m1} & \omega_{m2} & \cdots & \omega_{mn}\end{bmatrix}}\left.\begin{matrix}1\\2\\\vdots\\m_k'\end{matrix}\right\}j \tag{3-8}$$

式中，$\omega_{j0}=1$ 表示观测 j 来源于杂波；$\omega_{jt}=1\,(t\neq 0)$ 表示观测 j 在目标 t 的跟踪门内；$\omega_{jt}=0\,(t\neq 0)$ 表示观测 j 不在目标 t 的跟踪门内。一个目标跟踪门内可能有多个观测，一个观测也可能落入多个目标的跟踪门内。

JPDA 算法假设每一个观测只能有一个源（某个目标或者杂波），并且每一个目标至多产生一个观测。因此，依据确认矩阵 $\boldsymbol{\Omega}$ 可以获取多个数据关联组合，每一个关联组合称为一个联合事件 $\theta_i(k)$，记总事件个数为 θ_k，则总事件

$$\theta(k)=\{\theta_i(k), i=1,2,\cdots,\theta_k\} \tag{3-9}$$

记 $\theta_{j,t_j}^{i}(k)$ 表示在第 i 个联合事件中第 j 个观测关联目标 $t_j(0\leqslant t_j\leqslant n_k)$ 的事件，$t_j=0$ 表示关联杂波，则每个联合事件可以表示为

$$\theta_i(k)=\bigcap_{j=1}^{m_k}\theta_{j,t_j}^{i}(k) \tag{3-10}$$

即每个联合事件记录了每一个观测关联目标的情况。记 $\theta_{j,t}(k)$ 为第 j 个观测关联目标 $t(0\leqslant t\leqslant n_k)$ 的所有事件，则

$$\theta_{j,t}(k)=\bigcup_{i=1}^{\theta_k}\theta_{j,t}^{i}(k),\quad j=1,2,\cdots,m_k;t=0,1,\cdots,n_k \tag{3-11}$$

特别地，$\theta_{0,t}(k)$ 表示没有任何观测源于目标 t，事件 $\theta_{0,0}(k)=\varnothing$。显然，在 $t=1,2,\cdots,n_k$ 时，$\theta_{j,t}(k)$ 满足不相容性

$$\theta_{j_1,t}(k)\cap\theta_{j_2,t}(k)=\varnothing,\quad j_1\neq j_2 \tag{3-12}$$

和完备性

$$P\left(\bigcup_{j=0}^{m_k}\theta_{j,t}(k)\right)=1 \tag{3-13}$$

为了表示每一个联合事件 $\theta_i(k)$，可以构造一个与确认矩阵相同维度的可行矩阵

$$\hat{\boldsymbol{\Omega}}(\theta_i(k))=[\hat{\omega}_{j,t}^{i}(\theta_i(k))],\quad j=1,2,\cdots,m_k;t=0,1,\cdots,n_k \tag{3-14}$$

式中，

$$\hat{\omega}_{j,t}^{i}(\theta_i(k))=\begin{cases}1, & \theta_{j,t}^{i}(k)\subset\theta_i(k)\\ 0, & \text{其他}\end{cases} \tag{3-15}$$

由于每个观测只能有一个源，可行矩阵 $\hat{\boldsymbol{\Omega}}$ 每一行只有一个位置的值为 1，其余值为 0，由于每个目标至多产生一个观测，$\hat{\boldsymbol{\Omega}}$ 除了第一列外，每一列至多有一个位置的值为 1，其余值为 0，即

$$\begin{cases}\displaystyle\sum_{t=0}^{n_k}\hat{\omega}_{j,t}^{i}(\theta_i(k))=1, & j=1,2,\cdots,m_k\\ \displaystyle\sum_{j=1}^{m_k}\hat{\omega}_{j,t}^{i}(\theta_i(k))\leqslant 1, & t=0,1,\cdots,n_k\end{cases} \tag{3-16}$$

为了表示联合事件 $\theta_i(k)$ 中第 j 个观测是否关联某个目标，引入观测关联指示器

$$\tau_j(\theta_i(k)) = \sum_{t=1}^{n_k} \hat{\omega}_{j,t}^i(\theta_i(k)), \quad j = 1,2,\cdots,m_k \tag{3-17}$$

同时记 $\varPhi(\theta_i(k))$ 为联合事件 $\theta_i(k)$ 中杂波的个数，即

$$\varPhi(\theta_i(k)) = \sum_{j=1}^{m_k}\left(1 - \tau_j(\theta_i(k))\right) \tag{3-18}$$

为了表示联合事件 $\theta_i(k)$ 中目标 t 是否被某个观测关联，引入目标检测指示器

$$\delta_t(\theta_i(k)) = \sum_{j=0}^{m_k} \hat{\omega}_{j,t}^i(\theta_i(k)), \quad t = 1,2,\cdots,n_k \tag{3-19}$$

依据全概率公式，JPDA 算法对 k 时刻目标 $t(t>0)$ 状态估计表示为

$$\begin{aligned}\hat{\boldsymbol{x}}_{k|k}^t &= E[\boldsymbol{x}^t \mid Z^{(k)}] \\ &= E\left[\boldsymbol{x}^t, \bigcup_j^{m_k}\theta_{j,t}(k) \mid Z^{(k)}\right] \\ &= \sum_{j=0}^{m_k} E[\boldsymbol{x}^t \mid \theta_{j,t}(k), Z^{(k)}]\cdot P(\theta_{j,t}(k) \mid Z^{(k)}) \\ &= \sum_{j=0}^{m_k} \hat{\boldsymbol{x}}_{k|k}^{j,t}\cdot \beta_k^{j,t}\end{aligned} \tag{3-20}$$

式中，$Z^{(k)} = \{Z_1, Z_2, \cdots, Z_k\}$ 表示从 1 时刻到 k 时刻所有观测数据的集合，用 Z_k 表示 k 时刻的所有观测数据，

$$\hat{\boldsymbol{x}}_{k|k}^{j,t} = E[\boldsymbol{x}^t \mid \theta_{j,t}(k), Z^{(k)}], \quad j = 0,1,\cdots,m_k; t = 1,2,\cdots,n_k \tag{3-21}$$

$$\beta_k^{j,t} = P(\theta_{j,t}(k) \mid Z^{(k)}), \quad j = 0,1,\cdots,m_k; t = 1,2,\cdots,n_k \tag{3-22}$$

$E[\boldsymbol{x}^t \mid \theta_{j,t}(k), Z^{(k)}]$ 表示在 k 时刻观测 $\boldsymbol{z}_j$ 关联目标 t 的情况下对目标 t 状态的后验均值估计。在线性高斯模型假设下，$k-1$ 时刻具有状态 $\hat{\boldsymbol{x}}_{k-1|k-1}^t$ 和协方差 $\boldsymbol{P}_{k-1|k-1}^t$，因此 $\hat{\boldsymbol{x}}_{k|k}^{j,t}$ 可通过上式计算。特别地，对于联合事件 $\theta_{0,t}(k)$，没有观测关联目标 t，可使用卡尔曼预测值作为估计值，即

$$\hat{\boldsymbol{x}}_{k|k}^{0,t} = \hat{\boldsymbol{x}}_{k|k-1}^t = \boldsymbol{F}_{k-1}^t \hat{\boldsymbol{x}}_{k-1|k-1}^t \tag{3-23}$$

式中，$\boldsymbol{F}_{k-1}^t$ 为目标 t 的状态转移矩阵。

目标 t 的状态协方差矩阵估计为[2,5]

$$\begin{aligned}\boldsymbol{P}_{k|k}^t &= \boldsymbol{P}_{k|k-1}^t + (1-\beta_k^{0,t})\boldsymbol{K}_k^t\left(\boldsymbol{H}_k^t\boldsymbol{P}_{k|k-1}^t(\boldsymbol{H}_k^t)^{\mathrm{T}} + \boldsymbol{R}_k^t\right)(\boldsymbol{K}_k^t)^{\mathrm{T}} \\ &\quad + \sum_{j=0}^{m_k}\beta_k^{j,t}\left(\hat{\boldsymbol{x}}_{k|k}^{j,t}(\hat{\boldsymbol{x}}_{k|k}^{j,t})^{\mathrm{T}} - \hat{\boldsymbol{x}}_{k|k}^t(\hat{\boldsymbol{x}}_{k|k}^t)^{\mathrm{T}}\right)\end{aligned} \tag{3-24}$$

式中，$\boldsymbol{P}_{k|k-1}^{t}$ 为预测协方差；$\boldsymbol{H}_{k}^{t}$、$\boldsymbol{R}_{k}^{t}$ 和 $\boldsymbol{K}_{k}^{t}$ 分别为目标 t 的观测矩阵、观测噪声协方差和卡尔曼增益。

根据式（3-11），第 j 个观测与目标 t 关联的概率为

$$\begin{aligned}\beta_{k}^{j,t}&=P(\theta_{j,t}(k)\mid Z^{(k)})\\&=P\left(\bigcup_{i=1}^{\theta_k}\theta_{j,t}^{i}(k)\middle|Z^{(k)}\right)\\&=\sum_{i=1}^{\theta_k}P(\theta_i(k)\mid Z^{(k)})\hat{\omega}_{j,t}^{i}(\theta_i(k))\end{aligned}\tag{3-25}$$

式中，$\hat{\omega}_{j,t}^{i}(\theta_i(k))$ 取值为 0 或 1，用于表示联合事件 $\theta_i(k)$ 中是否包含观测 j 关联目标 t 的事件。假定杂波数量服从参数为 λV 的泊松分布，其中 V 为观测空间体积，联合事件 $\theta_i(k)$ 的后验概率密度为[5]

$$P(\theta_i(k)\mid Z^{(k)})=\frac{\lambda^{\Phi(\theta_i(k))}}{c'}\prod_{j=1}^{m_k}N_{t_j}[\boldsymbol{z}_{j,k}]^{\tau_j(\theta_i(k))}\times\prod_{t=1}^{n_k}(P_D^t)^{\delta_t(\theta_i(k))}(1-P_D^t)^{1-\delta_t(\theta_i(k))}\tag{3-26}$$

式中，c' 为归一化常数；P_D^t 为目标 t 的检测概率；$N_{t_j}[\boldsymbol{z}_{j,k}]$ 表示观测 $\boldsymbol{z}_j$ 在目标 t_j 下的似然概率密度，

$$N_{t_j}[\boldsymbol{z}_{j,k}]=\mathcal{N}\left(\boldsymbol{z}_{j,k}\mid\boldsymbol{H}_k^t\boldsymbol{x}_{k|k-1}^{t_j},\boldsymbol{H}_k^t\boldsymbol{P}_{k|k-1}^{t_j}(\boldsymbol{H}_k^t)^{\mathrm{T}}+\boldsymbol{R}_k^{t_j}\right)\tag{3-27}$$

总结，JPDA 算法需要计算每一个观测 j 在每一个目标 t 下的关联概率 $\beta_k^{j,t}$，然后对不同观测更新后的状态 $\hat{\boldsymbol{x}}_{k|k}^{j,t}$ 按关联概率加权获得最终的目标状态估计 $\hat{\boldsymbol{x}}_{k|k}^{t}$。获得 $\beta_k^{j,t}$ 需要计算每一个联合事件 $\theta_i(k)$ 的后验概率，由于联合事件的个数 θ_k 等于所有观测与所有目标关联组合全排列的个数，因此，在观测数 m_k 和目标个数 n_k 较大的时候，计算量非常庞大。

3.1.3　多假设跟踪

MHT 算法最早由 Reid 于 1979 年发表的文献[6]中被提出，Blackman 在文献[3]中做了系统描述。对于每一个观测数据，MHT 算法假设其来源于存活目标、新生目标和杂波三种情况。对于多个观测数据，将会形成多个数据关联组合，MHT 算法将每一种数据关联组合称为一个假设。MHT 算法记录所有可能的关联假设并传递下去，在每一个新的观测周期，又会在之前的假设下形成多个新的假设，最终形成一个假设树。MHT 算法的实现包括跟踪门的设定，形成新的假设或航迹，假设或航迹评估、剪枝与合并，以及目标航迹预测。MHT 算法框架如图 3-1 所示。

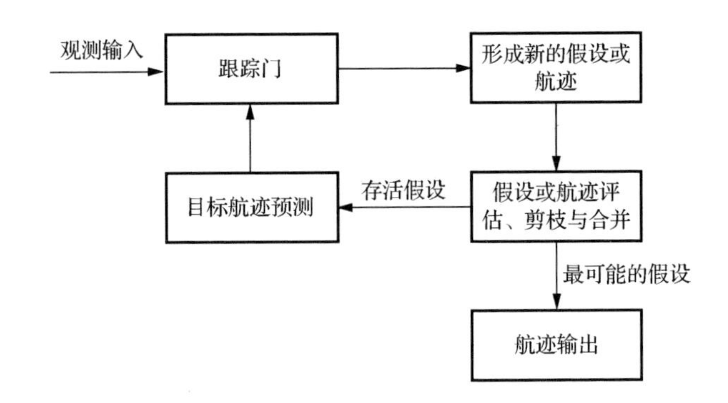

图 3-1 MHT 算法框架

相比于 JPDA 算法，MHT 算法集成了目标新生和死亡的过程，不再受固定目标个数的限制，更具有一般性。除此之外，JPDA 算法选取联合关联概率最高的关联组合，然而这个关联组合并不一定是正确的，MHT 算法采取延迟判决的策略降低了错误概率。MHT 算法传递了所有可能的假设，并利用后续的观测数据对之前的假设进行修正。随着观测的积累，错误假设会因为后验概率密度的逐渐变低而被舍弃。因此，理论上 MHT 算法的跟踪性能优于 JPDA。

MHT 算法面临的最大问题来源于庞大的计算量，假设个数会随着时间的推移而不断增加，为了避免假设无止境地增长，需要对假设进行剪枝和合并处理，这是 MHT 算法次优性的来源。剪枝方法通常包括：① 设置假设后验概率密度阈值，删除后验概率密度低于阈值的假设；② K-best 最优假设，即仅保留假设概率前 K 个最大的假设；③ N-scan 剪枝方法，即限制假设数深度，保留最近 N 个扫描周期的假设。某些假设虽然过去轨迹状态可能不同，但是随着观测数据的积累，它们的轨迹可能变得相似或相近，此时需要对假设进行合并以减少假设的数量。

3.2 多目标跟踪评价准则

多目标跟踪系统中，目标个数估计的准确性、目标状态估计的精确性以及目标标签（身份标识）往往是跟踪性能评价的主要指标。在不考虑目标标签的情况下，多目标状态的真实值和估计值将构成两个无序集合，每个集合的势（元素个数）可能是不同的。此时，多目标评价准则主要考察两个集合之间的误差，包括势的误差和目标状态估计值与真值的误差。基于衡量集合误差的多目标跟踪评价准则主要包括 Hausdorff 测度、最佳传质（optimal mass transfer，OMAT）测度、最优子模式指派（optimal sub-pattern assignment，OSPA）测度[7,8]等。其中，OSPA 测度基于 OMAT 测度构建并克服了其弊端，能够很好地评价两个向量集合的误差，并且具有一定物理解释，目前已经得到广泛应用。对于集合 $X=\{\boldsymbol{x}_1,\boldsymbol{x}_2,\cdots,\boldsymbol{x}_m\}$ 和 $Y=\{\boldsymbol{y}_1,\boldsymbol{y}_2,\cdots,\boldsymbol{y}_n\}$，截断参数为 c 的 $p(1\leqslant p<\infty)$ 阶 OSPA 测度定义如下：

$$\bar{d}_p^{(c)}(X,Y):=\begin{cases}0, & m=n=0\\ \left(\dfrac{1}{n}(\min\limits_{\pi\in\Pi_n}\sum\limits_{i=1}^{m}d^{(c)}(\boldsymbol{x}_i,\boldsymbol{y}_{\pi(i)})^p+c^p(n-m))\right)^{1/p}, & m\leqslant n\\ \bar{d}_p^{(c)}(Y,X), & m>n\end{cases} \tag{3-28}$$

式中，m 和 n 分别为集合 X 和 Y 的元素个数；$d^{(c)}(\boldsymbol{x}_i,\boldsymbol{y}_j):=\min(c,d(\boldsymbol{x}_i,\boldsymbol{y}_j))$，$d(\boldsymbol{x}_i,\boldsymbol{y}_j)$ 表示向量 $\boldsymbol{x}_i$ 和向量 $\boldsymbol{y}_j$ 的距离，通常使用欧几里得测度；Π_n 表示集合 $\{1,2,\cdots,n\}$ 的全排列；阶数 p 决定了该测度对异常值的敏感性；截断参数 c 决定了对势误差的惩罚程度。可以将 $\bar{d}_p^{(c)}(X,Y)$ 拆分为两部分——p 阶定位误差和 p 阶势误差，即

$$\bar{e}_{p,\mathrm{loc}}^{(c)}(X,Y):=\left(\frac{1}{n}\cdot\min_{\pi\in\Pi_n}\sum_{i=1}^{m}d^{(c)}(\boldsymbol{x}_i,\boldsymbol{y}_{\pi(i)})^p\right)^{1/p} \tag{3-29}$$

$$\bar{e}_{p,\mathrm{card}}^{(c)}(X,Y):=\left(\frac{c^p(n-m)}{n}\right)^{1/p} \tag{3-30}$$

式中，$0<m\leqslant n$。若 $0<n\leqslant m$，则定义 $\bar{e}_{p,\mathrm{loc}}^{(c)}(X,Y):=\bar{e}_{p,\mathrm{loc}}^{(c)}(Y,X)$，$\bar{e}_{p,\mathrm{card}}^{(c)}(X,Y):=\bar{e}_{p,\mathrm{card}}^{(c)}(Y,X)$。

参 考 文 献

[1] Singer R A, Stein J J. An optimal tracking filter for processing sensor data of imprecisely determined origin in surveillance systems[C]. IEEE Conference on Decision and Control, Miami Beach, FL, USA, 1971: 171-175.

[2] Fortmann T, Bar-Shalom Y, Scheffe M. Sonar tracking of multiple targets using joint probabilistic data association[J]. IEEE Journal of Oceanic Engineering, 1983, 8(3): 173-184.

[3] Blackman S S. Multiple hypothesis tracking for multiple target tracking[J]. IEEE Aerospace and Electronic Systems Magazine, 2004, 19(1): 5-18.

[4] Mahler R P S. Statistical Multisource-Multitarget Information Fusion[M]. Norwood: Artech House, 2007.

[5] 党建武. 水下多目标跟踪理论[M]. 西安: 西北工业大学出版社, 2009.

[6] Reid D B. An algorithm for tracking multiple targets[J]. IEEE Transactions on Automatic Control, 1979, 24(6): 843-854.

[7] Schuhmacher D, Vo B T, Vo V N. A consistent metric for performance evaluation of multi-object filters[J]. IEEE Transactions on Signal Processing, 2008, 56(8): 3447-3457.

[8] Mallick M, Krishnamurthy V, Vo B N. Integrated Tracking, Classification, and Sensor Management: Theory and Applications[M]. Hoboken: John Wiley & Sons, Inc., 2012.

第4章　基于 Rao-Blackwellized 粒子滤波器的水声多目标跟踪

多目标跟踪可以分为目标个数已知和目标个数未知两种情况，后者相对于前者集成了目标新生和死亡过程，目标个数是动态变化的，同时数据关联的情况也更复杂。在实际工程应用中，目标个数往往是不可预知且动态变化的，因此本书主要研究的是目标个数未知情况下的多目标跟踪。在传统的跟踪算法中，MHT 算法通过多假设显式地集成了目标新生和死亡，并且理论上具有最优的跟踪性能，但是其计算量随目标个数和观测数的增多呈指数增长。为了改善 MHT 算法的性能和计算复杂度，诞生了许多改进算法，其中 Rao-Blackwellized 蒙特卡罗数据关联（RBMCDA）算法是代表之一。

4.1　RBMCDA 算法

RBMCDA 算法是一种 Rao-Blackwellized 粒子滤波器框架下的多假设跟踪法，该算法将多目标跟踪问题分为多目标数据关联后验概率密度的估计和基于数据关联的单个目标状态的估计，其中数据关联通过一个序贯重要性重采样（SIR）滤波器（粒子滤波器）实现，状态估计则使用卡尔曼滤波器实现。RBMCDA 算法利用序贯蒙特卡罗（SMC）算法，避免了 MHT 算法组合爆炸的影响。在每个观测周期，无须计算所有数据关联组合的后验概率密度，而是单独计算每个观测关联目标、新目标和野值的后验关联概率，通过随机采样的方法抽取关联假设。SMC 算法虽然在一定程度上损失了 MHT 算法的最优特性，但是却换来计算复杂度的大大降低。特别地，在粒子个数趋于无穷的情况下，RBMCDA 算法将逼近最优关联误差。

4.1.1　Rao-Blackwellized 粒子滤波器算法流程

Rao-Blackwellized 粒子滤波器（RBPF）是一种基于边缘化思想的粒子滤波[1]，适用于含有线性子结构的非线性状态空间模型。对于一个条件高斯系统

$$\begin{cases} p(\boldsymbol{x}_k \mid \boldsymbol{x}_{k-1}, \lambda_{k-1}) = N(\boldsymbol{x}_k \mid \boldsymbol{A}_{k-1}(\lambda_{k-1})\boldsymbol{x}_{k-1}, \boldsymbol{Q}_{k-1}(\lambda_{k-1})) \\ p(\boldsymbol{z}_k \mid \boldsymbol{x}_k, \lambda_k) = N(\boldsymbol{z}_k \mid \boldsymbol{H}_k(\lambda_k)\boldsymbol{x}_k, \boldsymbol{R}_k(\lambda_k)) \\ p(\lambda_k \mid \lambda_{k-1}) = \text{给定分布} \end{cases} \tag{4-1}$$

式中，λ_k 为某一非线性潜在变量，是一个先验已知的马尔可夫过程，矩阵 $\boldsymbol{A}_{k-1}$、$\boldsymbol{Q}_{k-1}$、$\boldsymbol{H}_k$ 和 $\boldsymbol{R}_k$ 的取值受其影响。若已经确定 λ_k，式（4-1）退化为线性高斯状态空间模型，此时可以通过卡尔曼滤波器递推计算。

RBPF 将整个状态空间分为两部分：一部分是线性高斯的，使用卡尔曼滤波进行状态估计；另一部分是非线性非高斯的，通过粒子滤波器计算。由于第一部分为线性最优估计，减小了系统方差，算法精度高且速度快，同时由于模型分解降低了状态变量的维度，计算量因此减小，加快了滤波器的收敛速度。

假定 $k-1$ 时刻的粒子群集为 $\left\{w_{k-1}^{(i)}, \lambda_{k-1}^{(i)}, \boldsymbol{m}_{k-1}^{(i)}, \boldsymbol{P}_{k-1}^{(i)} : i=1,2,\cdots,N\right\}$，其中 $w_{k-1}^{(i)}$ 是粒子 i 在 $k-1$ 时刻的权值，$\boldsymbol{m}_{k-1}^{(i)}$ 和 $\boldsymbol{P}_{k-1}^{(i)}$ 分别为粒子 i 在 $k-1$ 时刻线性部分状态均值和协方差，N 为粒子个数，记重要性概率密度函数为 $q(\lambda_k^{(i)} \mid \lambda_{1:k-1}^{(i)}, Z^k)$，$Z^k = \{z_1, z_2, \cdots, z_k\}$，求解 k 时刻的粒子群集 $\left\{w_k^{(i)}, \lambda_k^{(i)}, \boldsymbol{m}_k^{(i)}, \boldsymbol{P}_k^{(i)} : i=1,2,\cdots,N\right\}$ 的 RBPF 算法流程如下。

（1）每一个粒子对线性状态的卡尔曼预测：

$$\begin{cases} \boldsymbol{m}_{k|k-1}^{(i)} = \boldsymbol{A}_{k-1}(\lambda_{k-1}^{(i)}) \cdot \boldsymbol{m}_{k-1|k-1}^{(i)} \\ \boldsymbol{P}_{k|k-1}^{(i)} = \boldsymbol{A}_{k-1}(\lambda_{k-1}^{(i)}) \cdot \boldsymbol{P}_{k-1|k-1}^{(i)} \cdot \boldsymbol{A}_{k-1}^{\mathrm{T}}(\lambda_{k-1}^{(i)}) + \boldsymbol{Q}_{k-1}(\lambda_{k-1}^{(i)}) \end{cases} \tag{4-2}$$

（2）采样非线性潜在变量 $\lambda_k^{(i)}$。

根据重要性分布 $q(\cdot)$，采样获得新的非线性潜在变量 $\lambda_k^{(i)} \sim q(\lambda_k^{(i)} \mid \lambda_{1:k-1}^{(i)}, Z^k)$。

（3）更新粒子权值及归一化：

$$\tilde{w}_k^{(i)} \propto w_{k-1}^{(i)} \cdot \frac{p(\boldsymbol{z}_k \mid \lambda_{1:k}^{(i)}, Z^{k-1}) \cdot p(\lambda_k^{(i)} \mid \lambda_{k-1}^{(i)})}{q(\lambda_k^{(i)} \mid \lambda_{1:k-1}^{(i)}, Z^k)} \tag{4-3}$$

$$w_k^{(i)} = \frac{\tilde{w}_k^{(i)}}{\sum_{n=1}^{N} \tilde{w}_k^{(i)}} \tag{4-4}$$

式中，似然概率密度为

$$p(\boldsymbol{z}_k \mid \lambda_{1:k}^{(i)}, Z^{k-1}) = E\left[\boldsymbol{z}_k \mid \boldsymbol{H}_k(\lambda_k^{(i)})\boldsymbol{m}_{k|k-1}^{(i)}, \boldsymbol{H}_k(\lambda_k^{(i)})\boldsymbol{P}_{k|k-1}^{(i)}\boldsymbol{H}_k^{\mathrm{T}}(\lambda_k^{(i)}) + \boldsymbol{R}_k(\lambda_k^{(i)})\right] \tag{4-5}$$

（4）每一个粒子对线性状态的卡尔曼更新：

$$\begin{cases} \boldsymbol{S}_k^{(i)} = \boldsymbol{H}_k(\lambda_k^{(i)}) \cdot \boldsymbol{P}_{k|k-1}^{(i)} \cdot \boldsymbol{H}_k^{\mathrm{T}}(\lambda_k^{(i)}) + \boldsymbol{R}_k(\lambda_k^{(i)}) \\ \boldsymbol{K}_k^{(i)} = \boldsymbol{P}_{k|k-1}^{(i)} \cdot \boldsymbol{H}_k^{\mathrm{T}}(\lambda_k^{(i)}) \cdot (\boldsymbol{S}_k^{(i)})^{-1} \\ \boldsymbol{v}_k^{(i)} = \boldsymbol{y}_k - \boldsymbol{H}_k(\lambda_k^{(i)}) \cdot \boldsymbol{m}_{k|k-1}^{(i)} \\ \boldsymbol{m}_{k|k}^{(i)} = \boldsymbol{m}_{k|k-1}^{(i)} + \boldsymbol{K}_k^{(i)} \cdot \boldsymbol{v}_k^{(i)} \\ \boldsymbol{P}_{k|k}^{(i)} = \boldsymbol{P}_{k|k-1}^{(i)} - \boldsymbol{K}_k^{(i)} \cdot \boldsymbol{S}_k^{(i)} \cdot (\boldsymbol{K}_k^{(i)})^{\mathrm{T}} \end{cases} \tag{4-6}$$

（5）重采样。

为了避免粒子退化现象，当有效粒子个数满足

$$N_{\mathrm{eff}} = 1 / \sum_{i=1}^{N} (w_k^{(i)})^2 < \theta_N \tag{4-7}$$

进行重采样，将所有粒子权重分配为$1/N$，其中θ_N为有效粒子个数门限值。

在完成k时刻的粒子群集的估计后，后验概率密度可以近似估计[2]为

$$p(\boldsymbol{x}_k, \lambda_k \mid Z^k) \approx \sum_{i=1}^{N} w_k^{(i)} \cdot \delta(\lambda_k - \lambda_k^{(i)}) \cdot N(\boldsymbol{x}_k \mid \boldsymbol{m}_{k|k}^{(i)}, \boldsymbol{P}_{k|k}^{(i)}) \tag{4-8}$$

4.1.2 RBMCDA 算法原理

RBMCDA 算法在文献[3]中有详细介绍，本节主要对 RBMCDA 算法的原理及处理过程做概括介绍。由于目标跟踪的过程与 RBPF 类似，目标状态视为线性状态向量，数据关联可视为一个非线性潜在变量，因此 RBMCDA 算法构建了一个 RBPF 框架下的目标跟踪过程。下面将对跟踪过程中的线性状态向量和非线性潜在变量做具体分析。

线性部分状态向量用多目标联合状态$\boldsymbol{x}_k = \begin{bmatrix} \boldsymbol{x}_{1,k}^{\mathrm{T}} & \cdots & \boldsymbol{x}_{j,k}^{\mathrm{T}} & \cdots & \boldsymbol{x}_{\xi,k}^{\mathrm{T}} \end{bmatrix}^{\mathrm{T}}$表示，其中$\boldsymbol{x}_{j,k}$表示$k$时刻$j$目标的状态向量，$\xi$为目标个数。假定$\xi$始终为一个很大的常数，其中包括了当前存活的目标（称为可见目标）和尚未出现或已经消亡的虚拟目标（称为不可见目标）。不可见目标的占位只是为了保证理论分析中联合状态维度的一致性，在实际应用中，只需存储可见目标数据。目标的可见性使用一个二进制向量$\boldsymbol{e}_k = [e_{1,k} \quad e_{2,k} \quad \cdots \quad e_{\xi,k}]$来表示，它是一个具有$\xi$长度的二进制向量，$e_{j,k}$=1 表示目标$j$可见，$e_{j,k}$=0 表示目标$j$不可见。显然，$\boldsymbol{e}_k$表征了目标的新生、存活和死亡等信息。为了便于分析，将可见目标状态放置在$\boldsymbol{x}_k$的前面部分，把不可见目标状态放置在$\boldsymbol{x}_k$的后面部分。这样，若k时刻具有J_k个可见目标，那么$\boldsymbol{e}_k$的前J_k个元素值都为 1，其余元素值为 0。对于每一个观测数据，定义变量c_k为

数据关联指示器。假定每个观察周期至多新生一个目标，其取值范围为$0 \leqslant c_k \leqslant J_{k-1}+1$，其中$J_{k-1}$为$k-1$结束时刻的可见目标个数，$c_k=0$表示关联杂波，$c_k=1,2,\cdots,J_{k-1}$表示关联存活目标，$c_k=J_{k-1}+1$表示关联新生目标。由于$c_k$的取值与$\boldsymbol{e}_k$密切相关，定义联合指示器$\lambda_k=\{\boldsymbol{e}_k, c_k\}$为非线性潜在变量，此时RBMCDA算法可在RBPF进行递推估计。

可见目标状态通过卡尔曼滤波器实现估计，联合指示器λ_k则使用一个粒子滤波器实现。RBMCDA算法假定每个观测周期只有一个观测数据，同时假定每个观测周期至多新生一个目标，这样数据关联至多$J_{k-1}+1$种情况(关联存活目标J_{k-1}种情况，关联新生目标1种情况)。在这些假设下，$p(\lambda_k^{(i)} \mid Z^k, \lambda_{1:k-1}^{(i)})$是可以计算的，因此将RBMCDA算法选取的最优重要性分布$q(\lambda_k \mid Z^k, \lambda_{1:k-1})=p(\lambda_k \mid Z^k, \lambda_{1:k-1})$作为重要性分布函数。记$k-1$时刻粒子群为$\left\{w_{k-1}^{(i)}, \lambda_{k-1}^{(i)}, \boldsymbol{m}_{k-1}^{(i)}, \boldsymbol{P}_{k-1}^{(i)} : i=1,2,\cdots,N\right\}$，其中$\boldsymbol{m}_{k-1}^{(i)}$和$\boldsymbol{P}_{k-1}^{(i)}$为多目标状态集和协方差集，即$\boldsymbol{m}_{k-1}^{(i)}=\{\boldsymbol{m}_{j,k-1}^{(i)} : j=1,2,\cdots,J_k^{(i)}\}$，$\boldsymbol{P}_{k-1}^{(i)}=\{\boldsymbol{P}_{j,k-1}^{(i)} : j=1,2,\cdots,J_k^{(i)}\}$，其中$J_k^{(i)}$为粒子$i$在$k$时刻的目标个数。$k$时刻粒子群可以通过RBPF估计，非线性潜在变量$\lambda_k^{(i)}$的粒子滤波器如式（4-9）所示：

$$\begin{cases} \lambda_k^{(i)} \sim p(\lambda_k^{(i)} \mid Z^k, \lambda_{1:k-1}^{(i)}) \\ \tilde{w}_k^{(i)} \propto w_{k-1}^{(i)} \times \dfrac{p(\boldsymbol{z}_k \mid \lambda_k^{(i)}, Z^{k-1}, \lambda_{1:k-1}^{(i)}) p(\lambda_k^{(i)} \mid \lambda_{1:k-1}^{(i)})}{p(\lambda_k^{(i)} \mid Z^k, \lambda_{1:k-1}^{(i)})} \\ w_k^{(i)} = \tilde{w}_k^{(i)} \Big/ \sum\limits_{i=1}^{N} \tilde{w}_k^{(i)} \end{cases} \tag{4-9}$$

RBMCDA算法的处理流程可以分为预测、更新、重采样三个步骤。预测阶段，在已经获取S_{k-1}基础上，执行轨迹终止（目标消亡）判定。对于判定为消亡的目标，删除其在S_{k-1}中的数据；对于存活目标，进行卡尔曼预测。此时，粒子群变为$S_{k-1} \to S_{k|k-1}$。在更新阶段，对每一个粒子计算观测$\boldsymbol{z}_k$的所有数据关联假设的后验概率密度$p(\lambda_k^{(i)} \mid Z^k, \lambda_{1:k-1}^{(i)})$，然后随机抽取一个假设以实现对联合指示器$\lambda_k^{(i)}$的采样。根据抽取假设的数据关联情况，利用卡尔曼滤波器更新被关联目标的状态和协方差，对于没有被观测关联的目标状态则使用卡尔曼预测公式进行状态估计。最后对粒子权值归一化，粒子群变为$S_{k|k-1} \to S_k$。更新步骤完成后，根据粒子权值计算有效粒子个数，执行重采样步骤。粒子权值$w_k^{(i)}$在一定程度上是对$\lambda_k^{(i)}$估计准确度的概率表示，在跟踪结束时刻提取权值$w_k^{(i)}$最大的粒子历史数据作为跟踪估计结果。接下来介绍目标消亡模型、目标新生模型和式（4-9）中相关概率密度的计算。

1. 目标消亡模型

RBMCDA 算法将目标消亡（航迹终止）判定作为一个独立的过程，放置在预测过程中执行，这样可以简化更新过程中的数据关联假设。为了保证整个跟踪序贯蒙特卡罗的随机特性，将目标消亡建立为概率分布模型，按消亡概率随机抽取消亡目标。一般而言，消亡概率由目标未被观测关联的时长决定，如果一个目标长时间未被观测值关联，那么其消亡的概率较大。

将 $k-1$ 时刻和 k 时刻对应的时间记为 t_{k-1} 和 t_k，记目标 j 最后被量测关联的时刻为 τ_j，记 t_d 为目标距最后一次被观测关联的时长。目标在 t_{k-1} 时刻未被判定消亡的条件下，目标 j 在 t_{k-1}～t_k 内消亡的概率表示为式（4-10）。单观测 RBMCDA 算法的处理流程如图 4-1 所示。

$$P\left(\text{目标}j\text{消亡}\middle|t_{k-1},t_k,\tau_j\right)=P\left(t_d\in[t_{k-1}-\tau_j,t_k-\tau_j]\middle|t_d\geqslant t_{k-1}-\tau_j\right) \tag{4-10}$$

$$p\left(\text{目标}j\text{消亡}\middle|t_{k-1},t_k,\tau_j\right)=\frac{\dfrac{1}{\Gamma(\alpha)}\displaystyle\int_0^{\frac{t_k-\tau_j}{\beta}}u^{\alpha-1}\mathrm{e}^{-u}\mathrm{d}u-\dfrac{1}{\Gamma(\alpha)}\displaystyle\int_0^{\frac{t_{k-1}-\tau_j}{\beta}}u^{\alpha-1}\mathrm{e}^{-u}\mathrm{d}u}{1-\dfrac{1}{\Gamma(\alpha)}\displaystyle\int_0^{\frac{t_{k-1}-\tau_j}{\beta}}u^{\alpha-1}\mathrm{e}^{-u}\mathrm{d}u} \tag{4-11}$$

RBMCDA 算法选取的概率分布模型为伽马函数［式（4-11）］，其中 α 和 β 分别为伽马函数的形状参数和尺度参数，可以用于调节概率密度函数的形状。

2. 目标新生模型

对于目标新生，需要考虑两个要素：一是目标在哪里新生，二是目标在什么时候新生。关于第一点，在具有先验信息的条件下，可以指定目标的先验状态，即 $\boldsymbol{x}_0\sim N\left(\boldsymbol{m}_0,\boldsymbol{P}_0\right)$，在不具备先验信息的情况下，可以将观测作为新生目标的起点。关于第二点，任何一个观测数据都可能是新目标的真实观测，因此在 RBMCDA 算法更新过程中，对每一个观测都产生一个新目标的假设。由于并不具有偏向某一个观测关联新生目标的先验，故可以对每一个观测都设置一个相同的目标新生概率 pb，这样可以得到目标可见性指示器的先验转移概率，即 $p(e_k^{(i)}\mid e_{k-1}^{(i)})$。$e_{k-1}^{(i)}$ 为粒子 i 在 $k-1$ 结束时刻的目标可见性指示器，其具体值为 $e_{j,k-1}^{(i)}=1(j=1,2,\cdots,J_{k-1})$，$e_{j,k-1}^{(i)}=0(j>J_{k-1})$，其中 J_{k-1} 为 $k-1$ 结束时刻存活的目标个数，也即 RBMCDA 算法在 k 时刻预测过程对航迹终止判定结束后的目标个数。在假定每个观测周期至多新生一个目标的条件下，有

$$p(e_k^{(i)}\mid e_{k-1}^{(i)})=\begin{cases}\mathrm{pb}, & e_{k,J_{k-1}+1}^{(i)}=1\\ 1-\mathrm{pb}, & e_{k,J_{k-1}+1}^{(i)}=0\end{cases} \tag{4-12}$$

实际上也可以扩展到每一个观测周期新生多个目标。

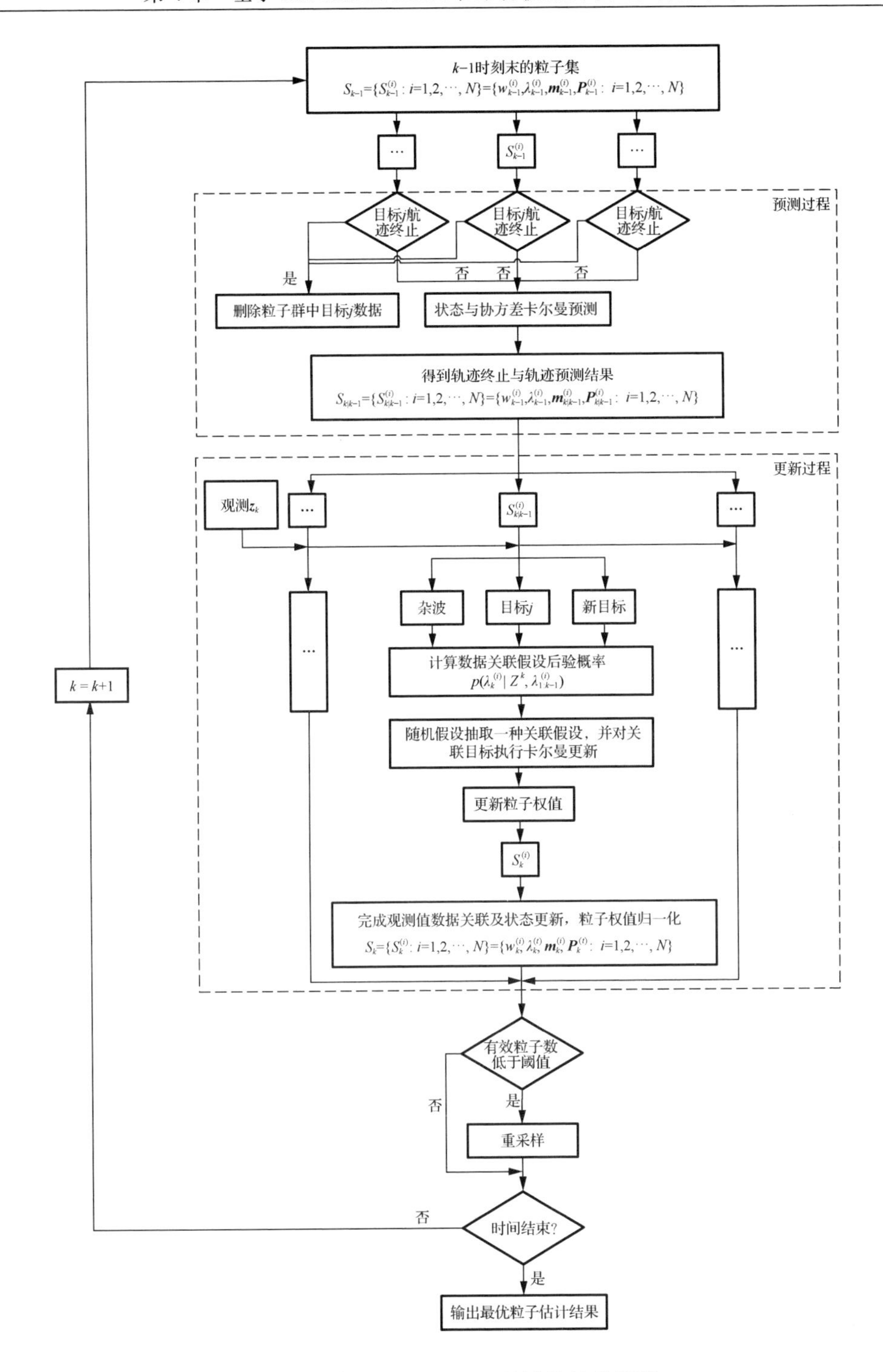

图 4-1　单观测 RBMCDA 算法的处理流程

3. 数据关联后验概率密度计算

计算式（4-9）粒子滤波器中的各个概率密度函数，分别是似然概率密度 $p(\boldsymbol{z}_k \mid \lambda_k^{(i)}, Z^{k-1}, \lambda_{1:k-1}^{(i)})$、先验转移概率密度 $p(\lambda_k^{(i)} \mid \lambda_{1:k-1}^{(i)})$ 和数据关联后验概率密度 $p(\lambda_k^{(i)} \mid Z^k, \lambda_{1:k-1}^{(i)})$，从而实现对 $\lambda_k^{(i)}$ 的递推估计和对多目标状态的更新。

1）似然概率密度 $p(\boldsymbol{z}_k \mid \lambda_k^{(i)}, Z^{k-1}, \lambda_{1:k-1}^{(i)})$

分三种情况考虑，分别是观测 $\boldsymbol{z}_k$ 关联存活目标、新生目标和杂波。当 $\boldsymbol{z}_k$ 关联杂波时，即 $\lambda_k^{(i)} = \left\{e_k^{(i)}, c_k^{(i)} = 0\right\}$。假定杂波在整个测量空间 V 是均匀分布的，那么其似然概率密度为

$$p(\boldsymbol{z}_k \mid \lambda_k^{(i)}, Z^{k-1}, \lambda_{1:k-1}^{(i)}) = 1/V, \quad \lambda_k^{(i)} = \left\{e_k^{(i)}, c_k^{(i)} = 0\right\} \tag{4-13}$$

当 $\boldsymbol{z}_k$ 关联存活目标 j 时，即 $\lambda_k^{(i)} = \left\{e_k^{(i)}, c_k^{(i)} = j \middle| 1 \leqslant j \leqslant J_{k-1} \text{且} e_{k,j}^{(i)} = 1\right\}$。由于目标状态转移是一个一阶马尔可夫过程，即 k 时刻 j 目标的状态 $\boldsymbol{x}_{j,k}$ 只与它上一时刻的状态有关，而与观测数据 $\boldsymbol{z}_k$ 无关，即与 k 时刻数据关联情况 $\lambda_k^{(i)}$ 是无关的。根据查普曼-科尔莫戈罗夫（Chapman-Kolmogorov）方程，有

$$\begin{aligned} p(\boldsymbol{z}_k \mid \lambda_k^{(i)}, Z^{k-1}, \lambda_{1:k-1}^{(i)}) &= \int p(\boldsymbol{z}_k \mid \boldsymbol{x}_{j,k}) p(\boldsymbol{x}_{j,k} \mid \lambda_k^{(i)}, Z^{k-1}, \lambda_{1:k-1}^{(i)}) \mathrm{d}\boldsymbol{x}_{j,k} \\ &= \int p(\boldsymbol{z}_k \mid \boldsymbol{x}_{j,k}) p(\boldsymbol{x}_{j,k} \mid Z^{k-1}, \lambda_{1:k-1}^{(i)}) \mathrm{d}\boldsymbol{x}_{j,k} \end{aligned} \tag{4-14}$$

在离散线性高斯系统下，对于任意目标 j 有

$$p\left(\boldsymbol{x}_{j,k} \mid \boldsymbol{x}_{j,k-1}\right) = N\left(\boldsymbol{x}_{j,k} \mid \boldsymbol{A}_{k-1}\boldsymbol{x}_{j,k-1}, \boldsymbol{Q}_{k-1}\right) \tag{4-15}$$

$$p\left(\boldsymbol{z}_k \mid \boldsymbol{x}_{j,k}\right) = N\left(\boldsymbol{z}_k \mid \boldsymbol{H}_k\boldsymbol{x}_{j,k}, \boldsymbol{R}_k\right) \tag{4-16}$$

故

$$\begin{aligned} p(\boldsymbol{x}_{j,k} \mid Z^{k-1}, \lambda_{1:k-1}^{(i)}) &= \int p(\boldsymbol{x}_{j,k} \mid \boldsymbol{x}_{j,k-1}) p(\boldsymbol{x}_{j,k-1} \mid Z^{k-1}, \lambda_{1:k-1}^{(i)}) \mathrm{d}\boldsymbol{x}_{j,k-1} \\ &= \int N\left(\boldsymbol{x}_{j,k} \mid \boldsymbol{A}_{k-1}\boldsymbol{x}_{j,k-1}, \boldsymbol{Q}_{k-1}\right) N\left(\boldsymbol{x}_{j,k-1} \mid \boldsymbol{m}_{j,k-1|k-1}^{(i)}, \boldsymbol{P}_{j,k-1|k-1}^{(i)}\right) \mathrm{d}\boldsymbol{x}_{j,k-1} \\ &= p\left(\boldsymbol{x}_{j,k} \mid \boldsymbol{m}_{j,k|k-1}^{(i)}, \boldsymbol{P}_{j,k|k-1}^{(i)}\right) \end{aligned} \tag{4-17}$$

式中，$\boldsymbol{m}_{j,k|k-1}^{(i)}$ 和 $\boldsymbol{P}_{j,k|k-1}^{(i)}$ 由卡尔曼预测公式计算。简化式（4-14）为

$$\begin{aligned} p(\boldsymbol{z}_k \mid \lambda_k^{(i)}, Z^{k-1}, \lambda_{1:k-1}^{(i)}) &= \int N\left(\boldsymbol{z}_k \mid \boldsymbol{H}_k\boldsymbol{x}_{j,k}, \boldsymbol{R}_k\right) \times N\left(\boldsymbol{x}_{j,k} \mid \boldsymbol{m}_{j,k|k-1}^{(i)}, \boldsymbol{P}_{j,k|k-1}^{(i)}\right) \mathrm{d}\boldsymbol{x}_{j,k} \\ &= p\left(\boldsymbol{z}_k \mid \boldsymbol{H}_k\boldsymbol{m}_{j,k|k-1}^{(i)}, \boldsymbol{H}_k\boldsymbol{P}_{j,k|k-1}^{(i)}\boldsymbol{H}_k^{\mathrm{T}} + \boldsymbol{R}_k\right) \end{aligned} \tag{4-18}$$

当 $\boldsymbol{z}_k$ 关联新生目标时，即 $\lambda_k^{(i)} = \left\{e_k^{(i)}, c_k^{(i)} = J_{k-1} + 1 \text{且} e_{J_{k-1}+1}^{(i)} = 1\right\}$。与关联存活目标类似，在已知目标先验状态 $\boldsymbol{x}_0 \sim N\left(\boldsymbol{m}_0, \boldsymbol{P}_0\right)$ 的情况下，有

$$p(\boldsymbol{z}_k \mid \lambda_k^{(i)}, Z^{k-1}, \lambda_{1:k-1}^{(i)}) = N\left(\boldsymbol{z}_k \mid \boldsymbol{H}_k\boldsymbol{m}_0, \boldsymbol{H}_k\boldsymbol{P}_0\boldsymbol{H}_k^{\mathrm{T}} + \boldsymbol{R}_k\right) \tag{4-19}$$

2）先验转移概率密度 $p(\lambda_k^{(i)} \mid \lambda_{1:k-1}^{(i)})$

$\lambda_k^{(i)}$ 由目标可见性指示器 $e_k^{(i)}$ 和数据关联指示器 $c_k^{(i)}$ 两部分组成。显然，$e_k^{(i)}$ 只

取决于上一时刻 $e_{k-1}^{(i)}$，与 $k-1$ 时刻之前的数据无关，是一个一阶马尔可夫过程。如果假定 $c_k^{(i)}$ 是一个一个 m 阶马尔可夫过程，那么转移概率是一个 m 阶混合马尔可夫过程，有

$$\begin{aligned} p(\lambda_k^{(i)} \mid \lambda_{1:k-1}^{(i)}) &= p(\lambda_k^{(i)} \mid \lambda_{k-m:k-1}^{(i)}) = p(e_k^{(i)}, c_k^{(i)} \mid e_{k-m:k-1}^{(i)}, c_{k-m:k-1}^{(i)}) \\ &= p(c_k^{(i)} \mid e_k^{(i)}, c_{k-m:k-1}^{(i)}) p(e_k^{(i)} \mid e_{k-1}^{(i)}) \end{aligned} \tag{4-20}$$

式中，$p(e_k^{(i)} \mid e_{k-1}^{(i)})$ 由目标新生概率决定，设关联野值的先验概率为 cp，关联每个存活目标的先验概率是相等的，则

$$p(c_k^{(i)} = j \mid e_k^{(i)}, c_{k-m:k-1}^{(i)}) = \begin{cases} \mathrm{cp}, & j = 0 \\ (1-\mathrm{cp})\dfrac{1}{J_{k-1}}, & 1 \leqslant j \leqslant J_{k-1} \\ 0, & j\text{为其他值} \end{cases} \tag{4-21}$$

从而，式（4-20）得以计算。

3）数据关联后验概率密度 $p(\lambda_k^{(i)} \mid Z^k, \lambda_{1:k-1}^{(i)})$

由贝叶斯公式可以得到

$$\begin{aligned} p(\lambda_k^{(i)} \mid Z^k, \lambda_{1:k-1}^{(i)}) &= p(\lambda_k^{(i)} \mid Z^{k-1}, \lambda_{1:k-1}^{(i)}, \boldsymbol{z}_k) \\ &= \frac{p(\boldsymbol{z}_k \mid \lambda_k^{(i)}, Z^{k-1}, \lambda_{1:k-1}^{(i)}) p(\lambda_k^{(i)} \mid Z^{k-1}, \lambda_{1:k-1}^{(i)})}{p(\boldsymbol{z}_k \mid Z^{k-1}, \lambda_{1:k-1}^{(\mathrm{i})})} \\ &\propto p(\boldsymbol{z}_k \mid \lambda_k^{(i)}, Z^{k-1}, \lambda_{1:k-1}^{(i)}) \cdot p(\lambda_k^{(i)} \mid \lambda_{1:k-1}^{(i)}) \end{aligned} \tag{4-22}$$

即后验概率密度正比于上面已经求解过的似然概率密度与先验转移概率之积。

4.1.3　多观测值的扩展

多目标跟踪往往每个观测周期有零个或者多个观测数据。记 k 时刻观测集为 $Z_k = \{\boldsymbol{z}_m : m = 1, 2, \cdots, M_k\}$，其中 M_k 为观测数量，历史观测集表示为 $Z^k = \{Z_1, Z_2, \cdots, Z_k\}$。RBMCDA 算法可以扩展到多观测数据情形，只需要在更新阶段依次对每个观测数据 $\boldsymbol{z}_m$ 多假设关联过程[3]。由于序贯蒙特卡罗采样的作用，具有最优数据关联的粒子将被保留和复制，具有错误关联假设的粒子将因为权值的降低而逐渐被抛弃。多观测 RBMCDA 算法的处理流程如图 4-2 所示，与单观测 RBMCDA 算法的处理流程类似，其也分为预测、更新、重采样三个步骤，唯一的区别在更新阶段。

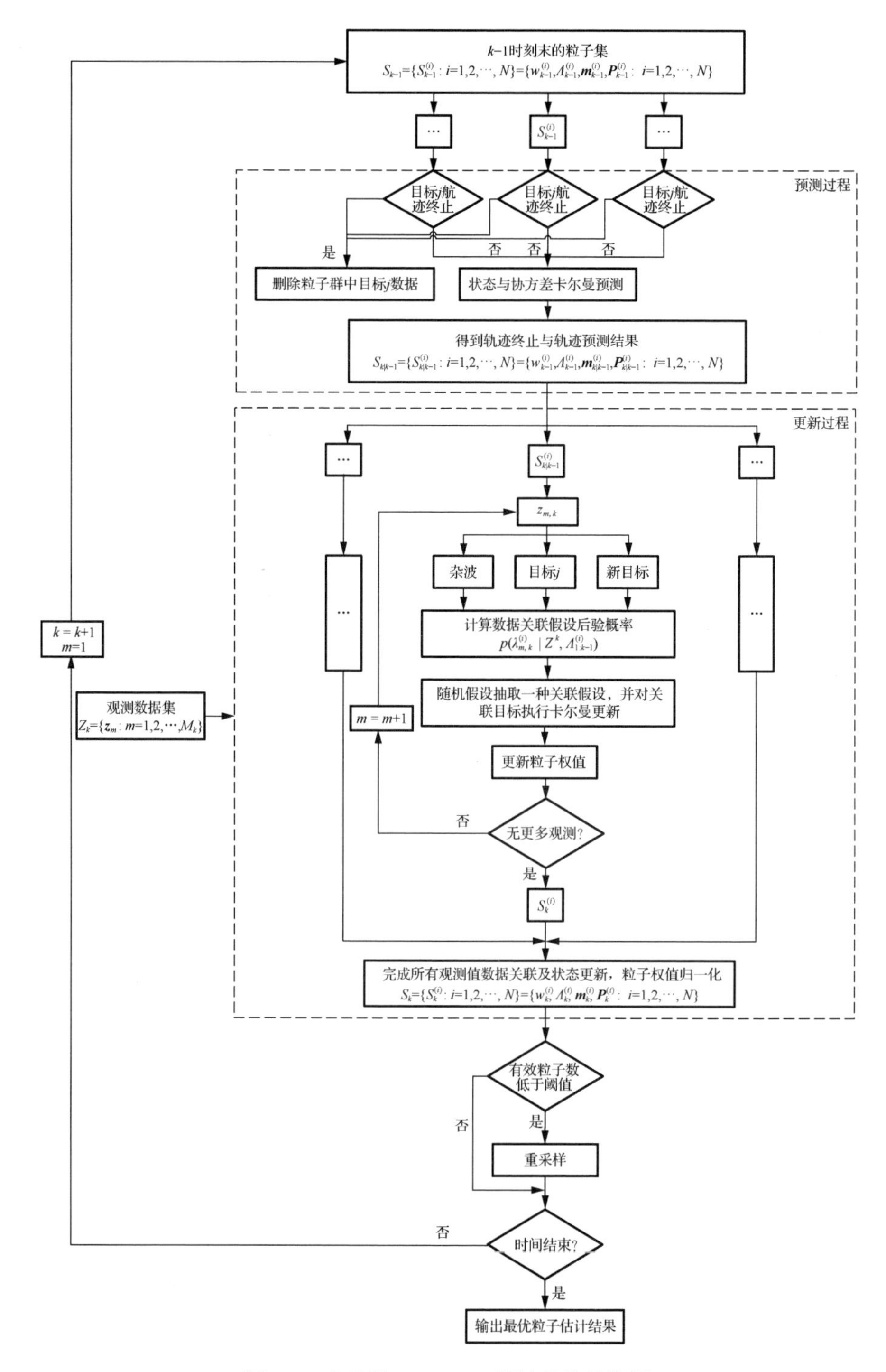

图 4-2　多观测 RBMCDA 算法的处理流程

记 $\lambda_{m,k}^{(i)}$ 为 k 时刻第 m 个观测 $\boldsymbol{z}_{m,k}$ 的联合指示器，那么所有的联合指示器可以表示为 $\Lambda_k^{(i)}=\{\lambda_{m,k}^{(i)}:m=1,2,\cdots,M_k\}$。记 $S_k=\{S_k^{(i)}:i=1,2,\cdots,N\}=\{w_k^{(i)},\Lambda_k^{(i)},\boldsymbol{m}_k^{(i)},\boldsymbol{P}_k^{(i)}:i=1,2,\cdots,N\}$ 为 k 时刻的粒子集，则多观测 RBMCDA 算法的联合指示器 $\lambda_{m,k}^{(i)}$ 的粒子滤波递推公式为

$$\begin{cases}\lambda_{m,k}^{(i)}\sim p(\lambda_{m,k}^{(i)}\mid Z^k,\Lambda_{1:k-1}^{(i)})\\ \tilde{w}_k^{(i)}\propto w_{k-1}^{(i)}\times\dfrac{p(\boldsymbol{z}_{m,k}\mid\lambda_{m,k}^{(i)},Z^{k-1},\Lambda_{1:k-1}^{(i)})p(\lambda_{m,k}^{(i)}\mid\Lambda_{1:k-1}^{(i)})}{p(\lambda_{m,k}^{(i)}\mid Z^k,\Lambda_{1:k-1}^{(i)})}\\ w_k^{(i)}=\tilde{w}_k^{(i)}/\sum\limits_{i=1}^{N}\tilde{w}_k^{(i)}\end{cases}\tag{4-23}$$

在更新阶段，依次利用观测集中的数据 $\boldsymbol{z}_{m,k}\in Z_k$ 更新 $S_{k|k-1}$。对每一个粒子计算 $\boldsymbol{z}_{m,k}$ 的所有数据关联假设的后验概率密度 $p(\lambda_{m,k}^{(i)}\mid Z^k,\Lambda_{1:k-1}^{(i)})$，然后随机抽取一个假设，并根据假设中数据关联的情况，更新被关联目标的状态和协方差。由于目标跟踪存在这样两个假定，一是每个目标至多产生一个观测，二是每个观测至多有一个关联源（目标、新目标、杂波之一）。因此，如果一个目标已经被某个观测关联，那么它将不再被其他观测关联。

4.2　改进的 RBMCDA 实时多目标跟踪算法

RBMCDA 算法中每个粒子均执行多假设数据关联和目标状态估计，粒子之间相互独立，通过粒子权值来衡量跟踪的准确性，在跟踪结束时刻选取权值最大的粒子，将其历史跟踪数据作为这一段时间内的跟踪结果。因此，该算法需要在一段时间持续跟踪后，才能给出最终的跟踪结果，无法实时跟踪。根本原因是每个粒子是相互独立的，每个粒子下的目标个数及目标编号也是不相同的，无法像 RBPF 将状态向量按权值加权求和获得均值估计，只能选取权值最大粒子的数据获取最大似然估计，并且这种估计是有偏的。按照粒子滤波的思想，粒子权值是粒子状态后验分布的近似，每个粒子状态按粒子权值加权平均才是最终的状态估计值，因此 RBMCDA 算法缺少对粒子综合的过程。

对于实时系统，目标跟踪结果必须在每个观测周期内给出，而批处理的 RBMCDA 算法虽然有良好的跟踪性能，但是不具备实时跟踪的能力。因此，本节主要给出基于 RBMCDA 算法的实时化跟踪方案。

4.2.1　基于 *k* 时刻最优粒子的 RBMCDA 多目标跟踪

一种最简单的方法是，对于任意时刻 k，选取一个权值最大的粒子，将该粒子下的目标状态和标签（编号）作为 k 时刻跟踪输出，这种简单实时化方法被称

为 K-RBMCDA。但是由于粒子的独立性，不同粒子的目标状态估计是不同的，并且目标个数也可能不同。另外，对于同一个真实目标，在不同粒子下的目标标签也可能不同，如果在$k+1$时刻权值最大的粒子发生切换，k时刻和$k+1$时刻对于同一个真实目标的标签存在变化的可能。

4.2.2　基于密度聚类和 RBMCDA 的实时多目标跟踪

本书提出一种基于密度聚类和 RBMCDA 实时多目标跟踪算法，记为 C-RBMCDA。该方法在每个时刻对所有粒子数据进行密度聚类以获得不同目标的状态聚类簇，然后对每个聚类簇的样本按粒子权值加权求和，获得聚类簇状态均值，通过目标编号管理获得每个聚类簇对应的系统目标编号，从而实现跟踪结果实时输出。本节将首先介绍密度聚类算法，然后给出 C-RBMCDA 算法的处理流程，最后针对水下多目标跟踪的特点，给出将 C-RBMCDA 算法与 UKF 结合的多目标跟踪算法。

1. 密度聚类

密度聚类（density-based clustering）是一类基于样本空间密度的聚类算法，这类算法从样本密度的角度考察样本之间的可连接性，并基于可连接的样本逐步扩展聚类簇以获得最终的聚类结果[1]。选择密度聚类算法的主要原因是该类算法不需要事先确定聚类簇的个数，而是通过样本的紧密程度自动划分聚类簇。常用的密度聚类算法有基于密度的噪声应用空间聚类（density-based spatial clustering of applications with noise，DBSCAN）算法[2,4]、对点排序聚类算法[5]、基于密度分布函数的聚类算法[6]等。

DBSCAN 算法是一种具有代表性的密度聚类算法，适用于任何形状的聚类簇，并且具有处理异常数据的能力。它通过一组邻域参数$(\varepsilon,\mathrm{MinPts})$刻画样本分布的紧密情况，其中，$\varepsilon$表示邻域半径，$\mathrm{MinPts}$表示一个核心对象$\varepsilon$半径内密度直达对象的最低个数。对于给定数据集$D=\{\boldsymbol{x}_1,\boldsymbol{x}_2,\cdots,\boldsymbol{x}_m\}$，定义以下概念。

ε-邻域对象：对$\boldsymbol{x}_j\in D$，样本集D中所有与$\boldsymbol{x}_j$距离小于ε的对象记为$N_\varepsilon(\boldsymbol{x}_j)=\{\boldsymbol{x}_i\in D\,|\,\mathrm{dist}(\boldsymbol{x}_i,\boldsymbol{x}_j)\leqslant\varepsilon\}$，这里的$\mathrm{dist}(\cdot)$一般取为欧几里得距离。

核心对象：若x_j邻域半径ε内的对象数大于MinPts，即$|N_\varepsilon(\boldsymbol{x}_j)|\geqslant\mathrm{MinPts}$，则$\boldsymbol{x}_j$为一个核心对象。

密度直达：若$\boldsymbol{x}_j$位于核心对象$\boldsymbol{x}_i$的ε邻域内，那么$\boldsymbol{x}_j$由$\boldsymbol{x}_i$密度直达。

密度可达：若存在样本序列$\boldsymbol{p}_1,\boldsymbol{p}_2,\cdots,\boldsymbol{p}_n$，其中$\boldsymbol{p}_1=\boldsymbol{x}_i$，$\boldsymbol{p}_n=\boldsymbol{x}_j$，且$\boldsymbol{p}_{k+1}$可由$\boldsymbol{p}_k$密度直达，那么$\boldsymbol{x}_j$由$\boldsymbol{x}_i$密度可达。

密度相连：若存在核心对象$\boldsymbol{x}_k$，$\boldsymbol{x}_j$和$\boldsymbol{x}_i$均可由$\boldsymbol{x}_k$密度直达，则$\boldsymbol{x}_j$与$\boldsymbol{x}_i$密度相连。

DBSCAN算法将“簇”定义为由密度可达关系导出的最大的密度相连样本集合，因此一个聚类簇能够被其中任何一个核心对象所确定。其基本思想是：首先选出样本集中的所有核心对象，然后寻找每一个核心对象密度可达和密度相连的对象，直到所有核心对象都被访问完为止。DBSCAN算法将样本类型分为三种：核心点、边界点和噪声点。对于任意一个聚类簇，其中的核心对象类型为核心点，非核心对象为边界点，不属于任何集合的样本为噪声点。DBSCAN算法的实现伪码如算法4-1所示。

算法4-1　DBSCAN算法

输入：数据集$D=\{\boldsymbol{x}_1,\boldsymbol{x}_2,\cdots,\boldsymbol{x}_m\}$，邻域参数$(\varepsilon,\text{MinPts})$

过程：

初始化核心点集 Ω

for j=1,2,⋯,m do

　　if $|N_\varepsilon(\boldsymbol{x}_j)|\geqslant\text{MinPts}$ then

　　　　$\Omega=\Omega\cup\{\boldsymbol{x}_j\}$

　　end if

end for

$l=0$ ，$\Gamma=D$

while $\Omega\neq\varnothing$ do

　　$\Gamma_{\text{old}}=\Gamma$

　　随机取出一个点$o\in\Omega$，并初始化队列$Q=\langle o\rangle$

　　将o从Γ中移除：$\Gamma=\Gamma\setminus\{o\}$

　　while $Q\neq\varnothing$ do

　　　　取出队列 Q中的第一个点q

　　　　if $|N_\varepsilon(q)|\geqslant\text{MinPts}$ then

　　　　　　$\Delta=N_\varepsilon(q)\cap\Gamma$

　　　　　　将 Δ 加入队列 Q

　　　　　　$\Gamma=\Gamma\setminus\Delta$

　　　　end if

　　end while

　　$l=l+1$，生成聚类簇 $C_l=\Gamma_{\text{old}}\setminus\Gamma$

　　$\Omega=\Omega\setminus C_l$

end while

输出：类簇集合$\Sigma=\{C_1,C_2,\cdots,C_T\}$

2. 粒子状态的密度聚类

在任意时刻k，RBMCDA 算法中每个粒子都会估计出不同目标的状态，不同粒子下的目标个数、目标状态、目标标签都可能不相同。记$\boldsymbol{m}_{j,k}^{(i)}$为$k$时刻$i\left(i\in\{1,2,\cdots,N\}\right)$粒子下第$j$个目标的状态均值向量，每个粒子下最大目标个数为$J_i$，那么所有粒子的所有目标的状态均值集合为

$$D_k=\left\{\boldsymbol{m}_{1,k}^{(1)},\boldsymbol{m}_{2,k}^{(1)},\cdots,\boldsymbol{m}_{J_1,k}^{(1)},\boldsymbol{m}_{1,k}^{(2)},\boldsymbol{m}_{2,k}^{(2)},\cdots,\boldsymbol{m}_{J_2,k}^{(2)},\cdots,\boldsymbol{m}_{1,k}^{(N)},\boldsymbol{m}_{2,k}^{(N)},\cdots,\boldsymbol{m}_{J_N,k}^{(N)}\right\}$$

同一个真实目标虽然在不同粒子下的状态和编号存在不同的可能，但是其状态均值是比较接近的。将D_k作为密度聚类 DBSCAN 算法的输入数据集，同一个真实目标在不同粒子下的状态会形成一个聚类簇$C_{l,k}$（k时刻的第l个聚类簇）。这样，所有聚类簇集合可以表示为$\varSigma_k=\{C_{1,k},\cdots,C_{l,k},\cdots,C_{L,k}\}$，其中$L$为聚类簇个数，可以作为当前时刻目标个数的估计。对于每一个聚类簇$C_{l,k}$，其成员个数至少为$\text{MinPts}+1$，这是由 DBSCAN 算法的性质决定的，同时其成员个数需要小于粒子个数N。如果$C_{l,k}$的成员个数大于N，说明存在很近的轨迹交叉，两条轨迹状态被聚类到一起，可以减小ε邻域半径使其分开。提取$C_{l,k}$中每个元素状态均值和所对应的粒子权值，对这些粒子权值归一化，然后把状态向量按归一化后的粒子权值加权求和，即

$$\hat{\boldsymbol{m}}_{l,k}=\sum_{\boldsymbol{m}_{j,k}^{(i)}\in C_{l,k}}\omega_k^{(i)}\boldsymbol{m}_{j,k}^{(i)}\Big/\sum_{\boldsymbol{m}_{j,k}^{(i)}\in C_{l,k}}\omega_k^{(i)} \tag{4-24}$$

获得该目标在k时刻的状态估计值。

3. 目标标签管理

通过密度聚类只能获得对目标状态的估计，但是仍然无法给出统一的目标编号。每个粒子按照目标出现的时间顺序打标签（目标编号），称为粒子目标标签。在聚类完成后，由于每个聚类簇的成员对应的粒子目标标签是已知的，通过适当的目标编号管理，即可给出一致的目标编号。首先定义如下几个符号。

$\boldsymbol{V}_{l,k}$：k时刻粒子目标标签向量，是一个$1\times N$向量，向量的每个元素分别对应$1\to N$号粒子，其中N为粒子总数。$\boldsymbol{V}_{l,k}$用于记录聚类簇$C_{l,k}$的成员在不同粒子下的粒子目标标签，如果$C_{l,k}$中不存在某一粒子的数据，则在$\boldsymbol{V}_{l,k}$对应位置置零。

$\boldsymbol{B}_k$：k时刻目标标签矩阵，是一个$L\times(N+1)$矩阵，L是由密度聚类给出的目标个数估计值。每一行l对应着一个聚类簇$C_{l,k}$，其$2\to(N+1)$位置的值与$\boldsymbol{V}_{l,k}$一样，首位置记录的是系统目标标签（跟踪系统输出的目标标签）。

θ_{match}：一个匹配门限。

目标标签管理的过程如下：对每一个聚类簇$C_{l,k}$，生成其粒子目标标签向量$\boldsymbol{V}_{l,k}$，将向量$\boldsymbol{V}_{l,k}$与$k-1$时刻目标标签矩阵$\boldsymbol{B}_{k-1}$的每一行$2\to(N+1)$位置做匹配。统计它们在相同位置、相同标签值（非零值）的个数，记为$N_{l,m}$，其中m为$\boldsymbol{B}_{k-1}$的行编号。选择匹配数$N_{l,m}$最大的一行，计算匹配率，若满足

$$\left(\max_{m} N_{l,m}\right)\Big/\sum_{i=2}^{N+1}\operatorname{sgn}(\boldsymbol{B}_{k-1}(m,i))\geqslant\theta_{\text{match}} \tag{4-25}$$

则视为$\boldsymbol{V}_{l,k}$与$\boldsymbol{B}_{k-1}$的m行匹配，此时将$\boldsymbol{B}_{k-1}$第m行第一个元素作为聚类簇$C_{l,k}$的系统目标标签，跟踪输出为$(\hat{\boldsymbol{m}}_{l,k},\boldsymbol{B}_{k-1}(m,i))$。式（4-25）中，$\operatorname{sgn}(\cdot)$为符号函数，$\boldsymbol{B}_{k-1}(m,i)$为$\boldsymbol{B}_{k-1}$的第$m$行第$i$列元素。完成匹配后，用$\boldsymbol{V}_{l,k}$更新$\boldsymbol{B}_{k-1}$的第$m$行，替换其不同元素即可。如果式（4-25）对所有行都不满足，则说明$C_{l,k}$是新目标的状态集，分配一个新的系统目标标签，然后在$\boldsymbol{B}_{k-1}$尾部添加一行，第一列置为新系统目标标签，将$\boldsymbol{V}_{l,k}$的值填充到$2\to(N+1)$列。将所有聚类簇重复上述过程，即可完成目标标签管理过程，此时$\boldsymbol{B}_{k-1}$被更新为$\boldsymbol{B}_{k}$。特别地，对于$\boldsymbol{B}_{k-1}$中长时间不被更新的行，说明目标已经消亡，删除此行数据。

为了更加形象地表述目标标签管理的过程，图 4-3 给出了一个在粒子个数为 3、目标个数为 2 情况下的简单示例。k时刻粒子数据中，每一个图形表示一个粒子下跟踪目标状态，图形中的目标编号是粒子目标标签。同一个粒子下的目标状态用同样的图形表示，用颜色区分不同目标。由于粒子的独立性，对于某一真实目标，不同粒子下的目标编号可能不同，例如 1 粒子的 2 目标和 2 粒子的 1 目标实际上对应同一个真实目标，但是它们在各自粒子下的目标编号是不同的，这里把所有粒子对应同一个真实目标的图形置为相同颜色。目标标签管理如图 4-3 所示。

通过密度聚类，相同颜色的粒子目标状态将会被聚到一起，形成两个聚类簇。记录两个聚类簇样本在每个粒子下的目标标签，获得粒子标签向量$\boldsymbol{V}_{1,k}=\begin{bmatrix}1 & 2 & 1\end{bmatrix}$和$\boldsymbol{V}_{2,k}=\begin{bmatrix}2 & 1 & 0\end{bmatrix}$。

假定$k-1$时刻目标标签矩阵为

$$\boldsymbol{B}_{k-1}=\begin{bmatrix}1 & 2 & 0\\ 2 & 1 & 0\end{bmatrix}$$

设匹配门限为$\theta_{\text{match}}=0.5$，$\boldsymbol{V}_{1,k}$与$\boldsymbol{B}_{k-1}$第一行相匹配，$\boldsymbol{V}_{2,k}$与$\boldsymbol{B}_{k-1}$第二行相匹配。从而获得聚类簇 1 和聚类簇 2 的系统目标标签分别为 1 和 2，即k时刻跟踪输出目标标签，目标状态由聚类簇 1 和聚类簇 2 的样本按粒子权值加权给出。获得跟踪输出后，需要更新目标标签矩阵$\boldsymbol{B}_{k-1}$。由于$\boldsymbol{V}_{1,k}$与$\boldsymbol{B}_{k-1}$第一行匹配，因此将$\boldsymbol{B}_{k-1}$中与$\boldsymbol{V}_{1,k}$不一致的地方替换为$\boldsymbol{V}_{1,k}$中的值，获得新的目标标签矩阵$\boldsymbol{B}_{k}$。

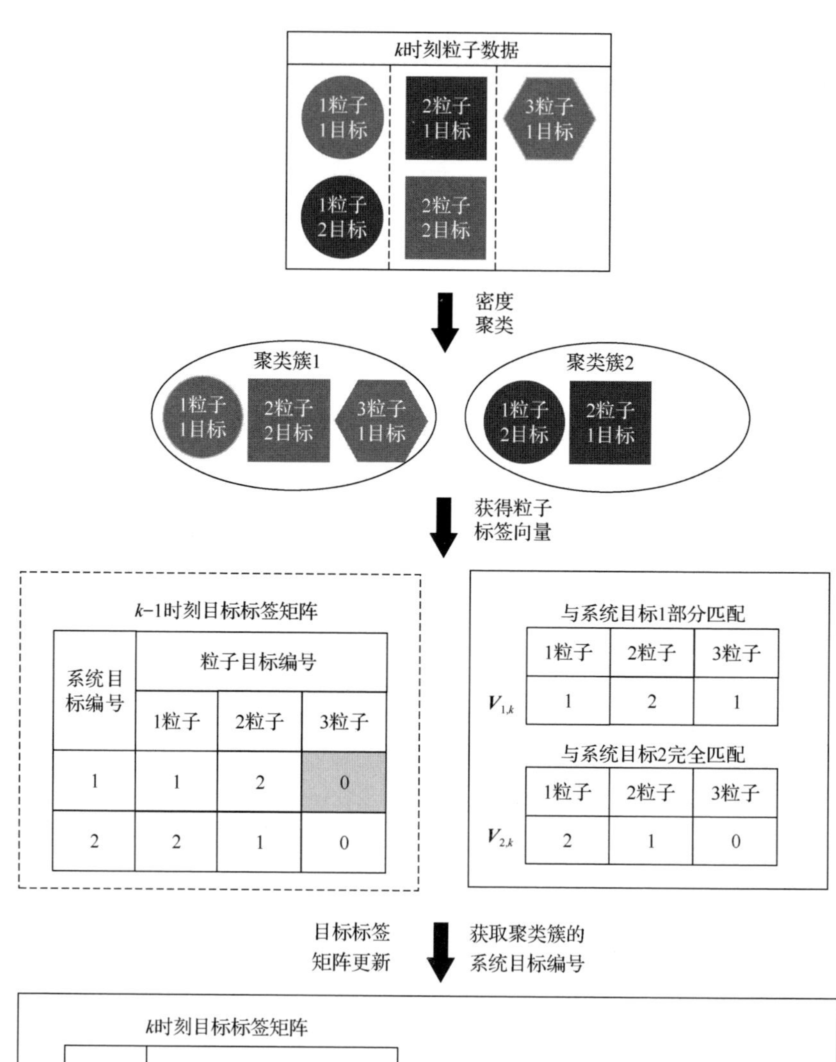
k时刻粒子数据
1粒子
1目标
2粒子
1目标
3粒子
1目标
1粒子
2目标
2粒子
2目标
密度
聚类
聚类簇1
1粒子
1目标
2粒子
2目标
3粒子
1目标
聚类簇2
1粒子
2目标
2粒子
1目标
获得粒子
标签向量
k−1时刻目标标签矩阵
系统目标编号
粒子目标编号
1粒子
2粒子
3粒子
1 1 2 0
2 2 1 0
与系统目标1部分匹配
1粒子 2粒子 3粒子
$V_{1,k}$ 1 2 1
与系统目标2完全匹配
1粒子 2粒子 3粒子
$V_{2,k}$ 2 1 0
目标标签
矩阵更新
获取聚类簇的
系统目标编号

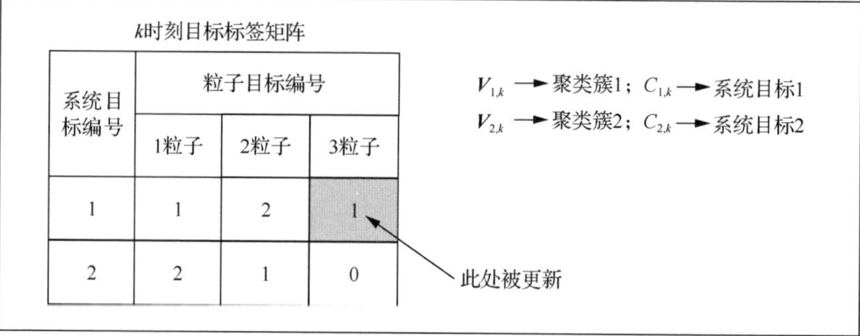
k时刻目标标签矩阵
系统目标编号
粒子目标编号
1粒子
2粒子
3粒子
1 1 2 1
2 2 1 0
此处被更新
$V_{1,k}$ → 聚类簇1；$C_{1,k}$ → 系统目标1
$V_{2,k}$ → 聚类簇2；$C_{2,k}$ → 系统目标2

图 4-3　目标标签管理

4. C-RBMCDA 算法处理流程

C-RBMCDA 算法在 RBMCDA 算法基础上，在每个时刻新增了对所有粒子目标状态的密度聚类、目标标签管理等操作，其处理流程总结如下。

（1）初始化阶段，将新生目标先验状态均值和先验协方差置为 $\boldsymbol{m}_0$ 和 $\boldsymbol{P}_0$，每个粒子初始权重置为 $\omega_i = 1/N$。

（2）对所有粒子 $i \in \{1,2,\cdots,N\}$：

首先对目标航迹终止进行判定，然后对可见目标状态进行卡尔曼预测，

$$\begin{cases} \boldsymbol{m}_{j,k|k-1}^{(i)} = \boldsymbol{A}_{k-1}\boldsymbol{m}_{j,k-1|k-1}^{(i)} \\ \boldsymbol{P}_{j,k|k-1}^{(i)} = \boldsymbol{A}_{k-1}\boldsymbol{P}_{j,k-1|k-1}^{(i)}\boldsymbol{A}_{k-1}^{\mathrm{T}} + \boldsymbol{Q}_{k-1} \end{cases} \tag{4-26}$$

对数据关联指示器进行重要性采样 $\lambda_k^{(i)} \sim p(\lambda_k^{(i)} \mid \lambda_{1:k-1}^{(i)}, \boldsymbol{y}_{1:k})$ 及更新粒子权值，然后对所有粒子权值归一化处理。

可得目标状态的卡尔曼更新：

$$\begin{cases} \boldsymbol{v}_{j,k}^{(i)} = \boldsymbol{z}_k - \boldsymbol{H}_k\boldsymbol{m}_{j,k|k-1}^{(i)} \\ \boldsymbol{S}_{j,k}^{(i)} = \boldsymbol{H}_k\boldsymbol{P}_{j,k|k-1}^{(i)}\boldsymbol{H}_k^{\mathrm{T}} + \boldsymbol{R}_k \\ \boldsymbol{K}_{j,k}^{(i)} = \boldsymbol{P}_{j,k|k-1}^{(i)}\boldsymbol{H}_k^{\mathrm{T}}(\boldsymbol{S}_{j,k}^{(i)})^{-1} \\ \boldsymbol{m}_{j,k|k}^{(i)} = \boldsymbol{m}_{j,k|k-1}^{(i)} + \boldsymbol{K}_{j,k}^{(i)}\boldsymbol{v}_{j,k}^{(i)} \\ \boldsymbol{P}_{j,k|k}^{(i)} = \boldsymbol{P}_{j,k|k-1}^{(i)} - \boldsymbol{K}_{j,k}^{(i)}\boldsymbol{S}_{j,k}^{(i)}(\boldsymbol{K}_{j,k}^{(i)})^{\mathrm{T}} \end{cases} \tag{4-27}$$

（3）对粒子进行重采样，目标标签矩阵 $\boldsymbol{B}_{k-1}$ 也需要进行重采样。

（4）粒子数据的密度聚类：采用 DBSCAN 算法对所有粒子的目标状态估计结果聚类，获得类簇集合 $\Sigma_k = \{C_{1,k},\cdots,C_{l,k},\cdots,C_{L,k}\}$ 及每个 $C_{l,k}$ 对应粒子标签向量 $\boldsymbol{V}_{l,k}$，计算每个簇的状态均值 $\hat{\boldsymbol{m}}_{l,k}$ ［参考式（4-24）］。

（5）目标编号管理：每个 $\boldsymbol{V}_{l,k}$ 分别与目标标签矩阵 $\boldsymbol{B}_{k-1}$ 相匹配，获取系统目标编号，同时更新 $\boldsymbol{B}_{k-1}$ 获得新的目标标签矩阵 $\boldsymbol{B}_k$。

（6）将每个聚类簇的状态均值和系统目标标签作为当前时刻的跟踪输出，如果跟踪未结束返回步骤（2），否则退出。

5. 基于 C-RBMCDA 算法和 UKF 的主动声呐水下多目标跟踪

主动声呐状态向量和观测向量一般为 $\boldsymbol{x}_k = \begin{bmatrix} x_k & \dot{x}_k & y_k & \dot{y}_k \end{bmatrix}^{\mathrm{T}}$ 和 $\boldsymbol{z}_k = \begin{bmatrix} \theta_k & \boldsymbol{r}_k \end{bmatrix}^{\mathrm{T}}$，观测方程是一个非线性函数。使用标准卡尔曼滤波的 C-RBMCDA 算法将难以用于非线性系统的跟踪，可以采取两种方案：第一个方案是将 θ_k 和 $\boldsymbol{r}_k$ 转为二维平面坐标，使用 KF 滤波，标准的 C-RBMCDA 算法得以适用。由于加性高斯观测噪

声作用在 θ_k 和 $\boldsymbol{r}_k$ 上的，经过非线性函数的转换，作用在二维平面坐标的噪声特性将难以统计，因此跟踪精度较低。第二个方案是使用非线性高斯滤波器 UKF，只需将式（4-26）和式（4-27）替换为 UKF 递推公式。

在实际应用中，新生目标的先验信息一般是不存在的，将观测作为新生目标的起点是合理的。假定新生目标的观测向量在整个观测空间中均匀分布；另外，不指定固定的新生先验 $\boldsymbol{m}_0$ 和 $\boldsymbol{P}_0$，$\boldsymbol{m}_0$ 改为由当前的观测向量解算，状态协方差 $\boldsymbol{P}_0$ 通过经验设定。

4.3 仿真实验

本节设置两个实验验证 C-RBMCDA 算法的跟踪性能，实验 1 主要验证 C-RBMCDA 算法的可行性，实验 2 主要验证在先验参数失配情形下 C-RBMCDA 算法的鲁棒性。两个实验场景设置一致，观测平台位置与目标运动态势如图 4-4 所示。其中观测平台位置在原点，保持静止，观测时间为 1200s，采样间隔为 4s，共 300 个观测周期；目标 1 做近似圆周运动，初始航向角为 135°（大地坐标系：航向与正北方向夹角，顺时针方向为正，范围 0°～360°），速率为 5m/s，可观测时间为 1～1200s；目标 2 保持航向角为 60°的匀速直线运动，速率为 10m/s，可观测时间为 204～800s。目标运动态势图如图 4-4 所示，目标真实方位和距离如图 4-5 所示。

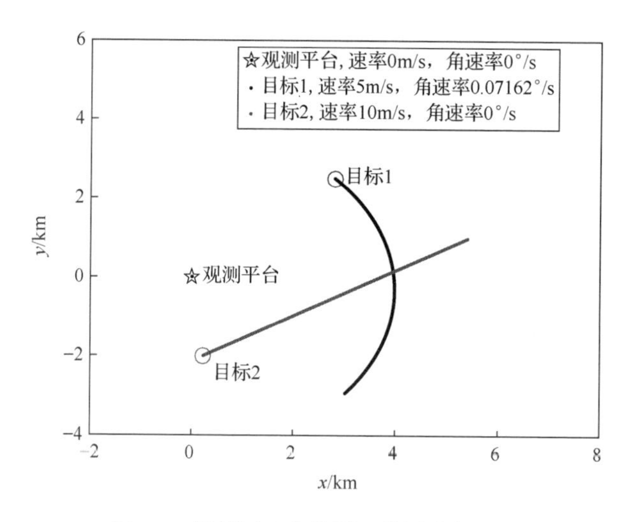

图 4-4　目标运动态势图（彩图附书后）

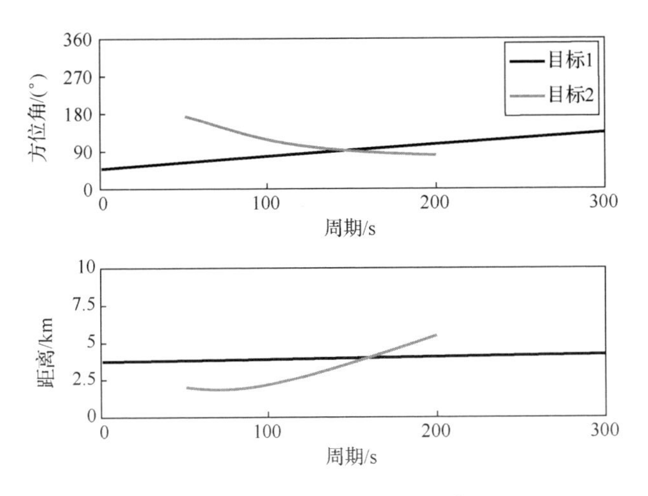

图 4-5　目标真实方位和距离

观测数据由方位角和径向距离组成。其中方位角定义为与 y 轴正向的夹角，顺时针方向为正，角度范围为 0°～360°，方位观测噪声标准差设置为 $\delta_\theta = 2°$；径向距离观测范围为 0～10km，测距噪声标准差设置为 $\delta_R = 20\text{m}$。目标检测概率为 $P_d = 0.9$，按照虚警概率 $P_f = 0.15$ 构造均匀分布的杂波，量测结果如图 4-6 所示。

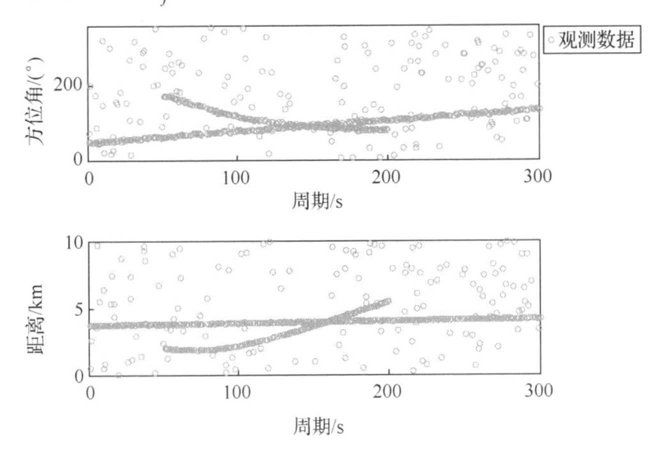

图 4-6　量测结果

目标真实轨迹与观测数据如图 4-7 所示，目标真实坐标与观测坐标如图 4-8 所示。

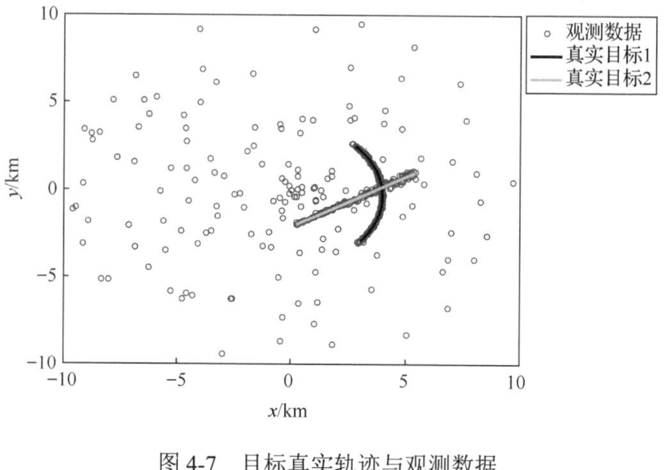

图 4-7　目标真实轨迹与观测数据

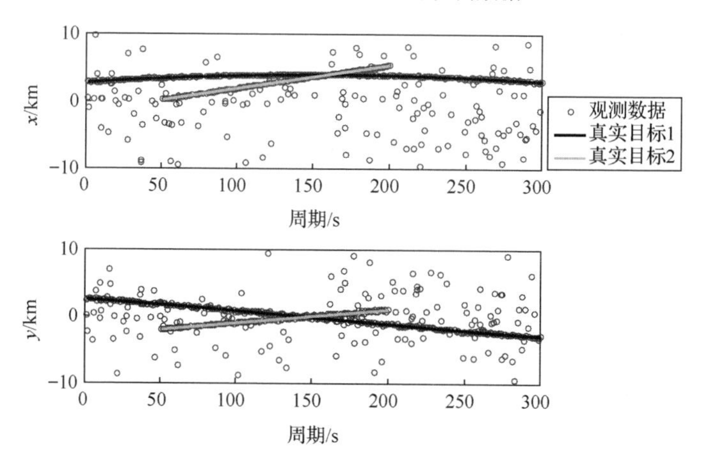

图 4-8　目标真实坐标与观测坐标

4.3.1　实验 1：可行性验证实验

为了验证 C-RBMCDA 算法的实时跟踪性能，本实验给出了三种算法的跟踪结果，分别是 RBMCDA、K-RBMCDA、C-RBMCDA。由于观测数据由方位和距离组成，因此三种算法中使用的滤波方法均为 UKF。在之前已经分析过 RBMCDA 算法是一种批处理算法，只能在跟踪结束时刻给出这一段时间的跟踪结果，是一种非实时的跟踪算法；K-RBMCDA 算法是 RBMCDA 算法的简单实时化实现，即每个时刻输出该时刻权值最优粒子的目标跟踪数据，包括目标状态和目标标签；C-RBMCDA 算法是本书提出的基于密度聚类和 RBMCDA 的实时跟踪算法。

三种算法利用匀速（constant velocity，CV）模型对目标运动进行建模，过程噪声协方差为

$$Q_k = \tilde{Q} \cdot \begin{bmatrix} T^3/3 & T^2/2 & 0 & 0 \\ T^2/2 & T & 0 & 0 \\ 0 & 0 & T^3/3 & T^2/2 \\ 0 & 0 & T^2/2 & T \end{bmatrix}$$

式中，T 为观测周期 4s；$\tilde{Q}$ 设置为 0.1；观测噪声协方差设置为 $\boldsymbol{R}_k = \mathrm{diag}(2.5^2 \quad 25^2)$。三种算法的粒子个数均为 $N = 500$，先验参数设置一致，目标新生先验概率 pb = 0.002，先验位置由观测数据解算，先验协方差为 $\boldsymbol{P}_0 = \mathrm{diag}(50^2 \quad 50^2 \quad 50^2 \quad 50^2)$，野值先验概率 cp = 0.15。特别地，C-RBMCDA 算法需要额外设置密度聚类参数：领域半径 $\varepsilon = 50\mathrm{m}$，$\varepsilon$ 邻域内最低样本个数 $\mathrm{MinPts} = 0.5 \times N = 250$；目标匹配门限 $\theta_{\mathrm{match}} = 0.5$。RBMCDA 算法跟踪结果如图 4-9 所示，K-RBMCDA 算法跟踪结果如图 4-10 所示，C-RBMCDA 算法跟踪结果如图 4-11 所示。

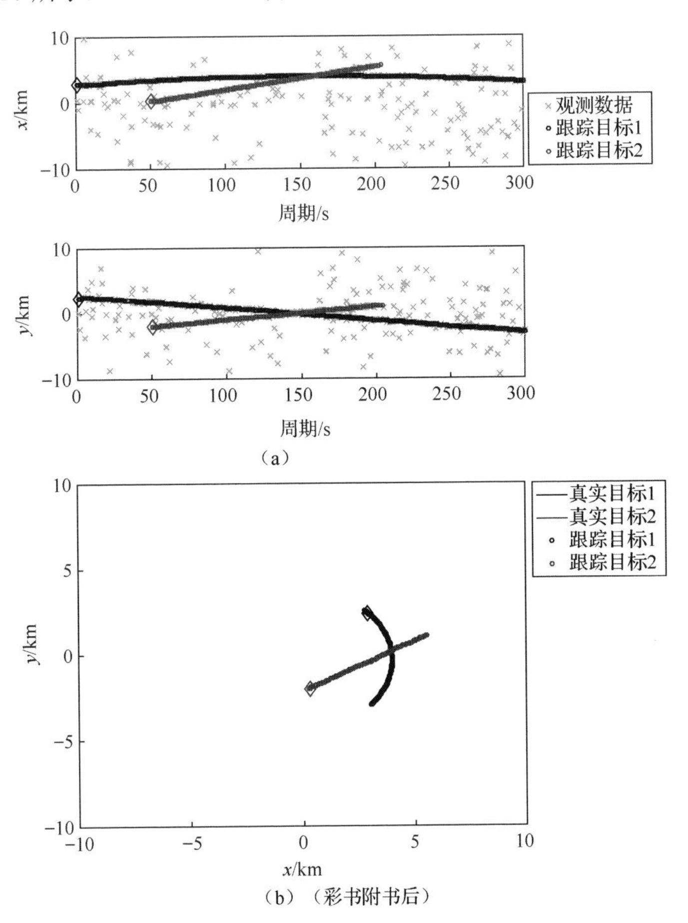

（b）（彩书附书后）

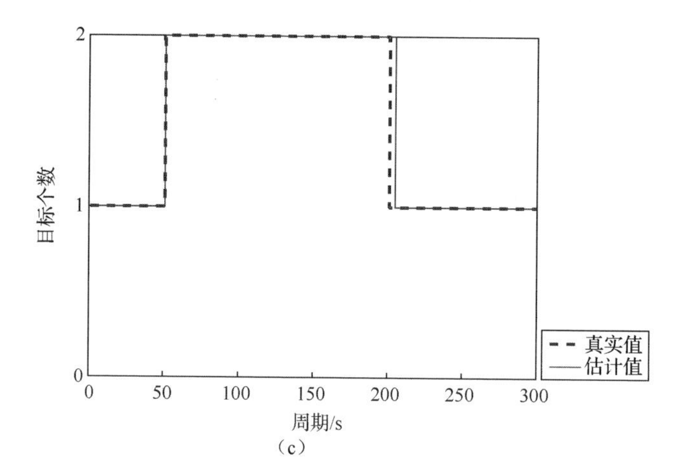

（c）

图 4-9　RBMCDA 算法跟踪结果（pb=0.002）

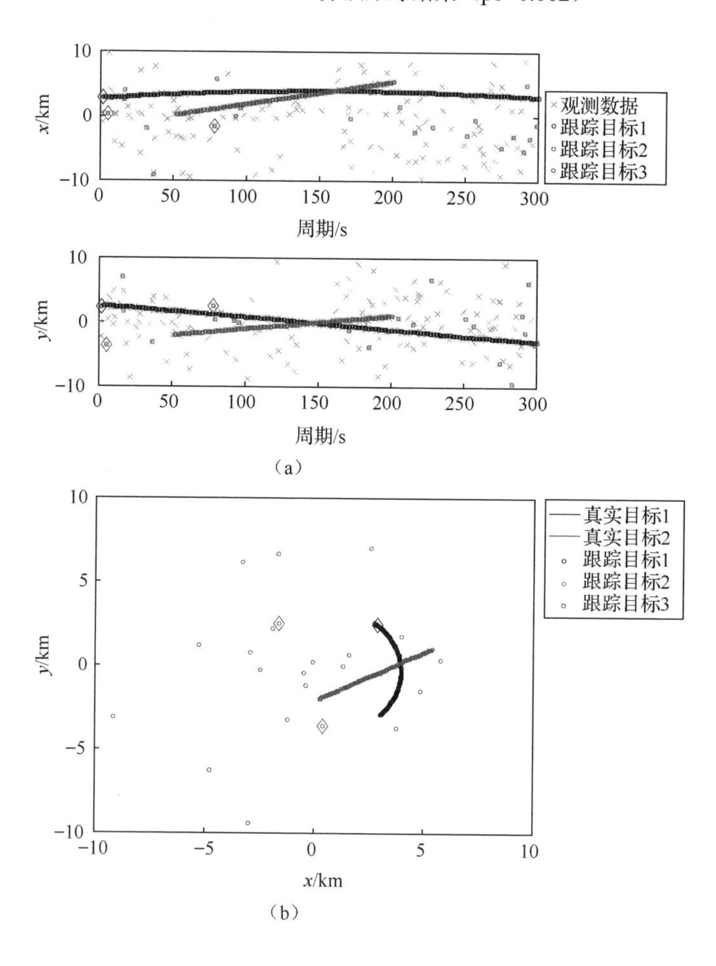

（b）

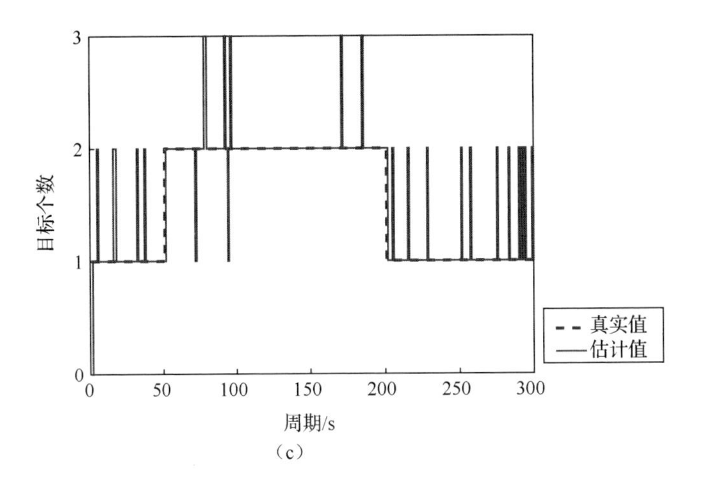

（c）

图 4-10　K-RBMCDA 算法跟踪结果（pb=0.002）（彩图附书后）

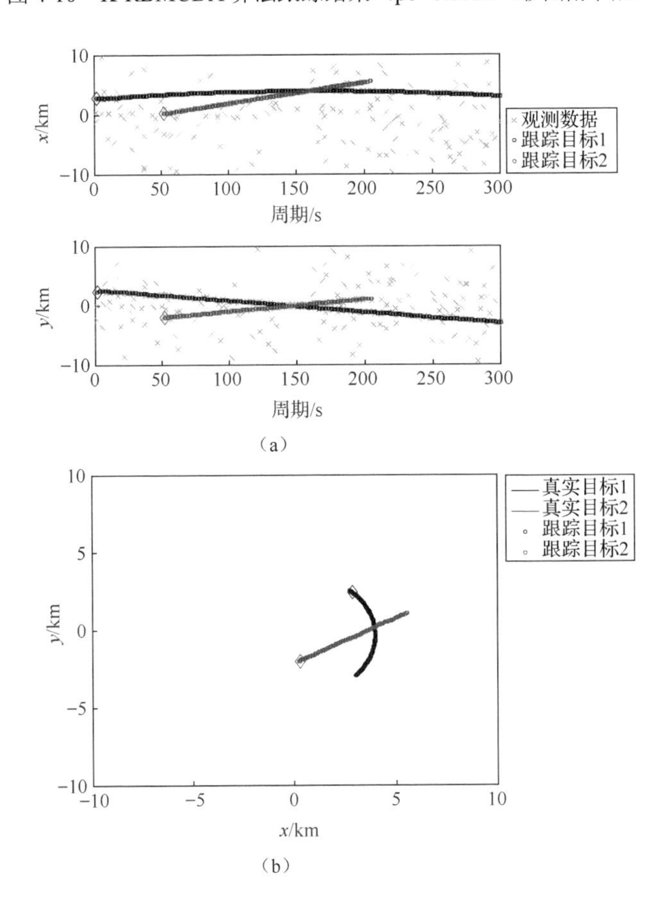

（b）

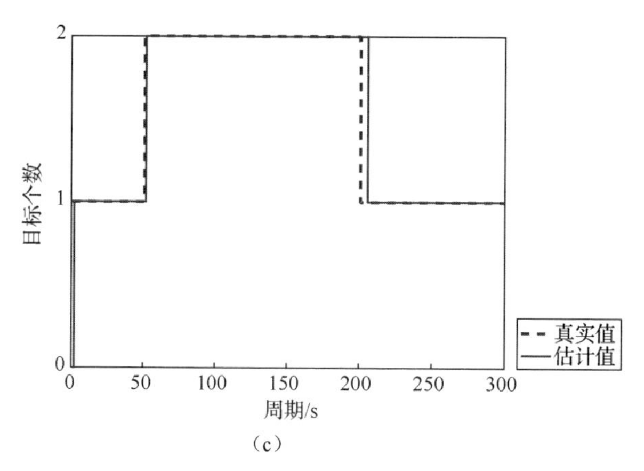

(c)

图 4-11 C-RBMCDA 算法跟踪结果（pb=0.002）（彩图附书后）

图 4-9～图 4-11 中，子图（a）为跟踪目标的 *xy* 坐标，其中菱形为每个目标的出生位置（该标签第一次出现），×符号为观测数据解算的坐标，空心圆点为跟踪结果；子图(b)为跟踪目标的二维平面位置；子图(c)为目标个数估计。RBMCDA 算法跟踪结果是在第 1200s 后给出的，因为该算法无法实时跟踪。从跟踪结果上看，它正确跟踪到了两个目标，目标个数估计也基本准确。在每个目标新生和消亡的时刻，目标估计值和真实值有一定差别，这是由跟踪的延迟判决特性决定的。K-RBMCDA 算法中虽然跟踪到了真实目标，但是出现了跟踪目标 3 这一虚假目标，并且存在很多野值点。子图（c）中，目标估计曲线出现了凹陷和尖刺，凹陷点表明存在目标被错误地判定死亡，尖峰点表明存在杂波被当作目标。因此 K-RBMCDA 算法只能给出大致的跟踪结果，虚警和漏报都比较严重，无法正确估计目标个数。C-RBMCDA 算法实时给出跟踪结果。结果表明，C-RBMCDA 算法能正确跟踪目标，并且得到了和 RBMCDA 算法相似的跟踪结果。为了更加形象地对比三种算法的跟踪性能，图 4-12 给出了三种算法的 OSPA 距离曲线，OSPA 距离越小说明跟踪性能越好。OSPA 距离如图 4-13 所示。跟踪时间内的平均 OSPA 距离如表 4-1 所示。

显然，K-RBMCDA 算法的 OSPA 距离较大，且出现了许多尖刺，主要是由于目标个数估计错误；而 C-RBMCDA 算法与 RBMCDA 算法误差基本相同。表 4-1 给出了三种算法在整个跟踪时间内每个周期的平均 OSPA 距离，具体为 RBMCDA 算法<C-RBMCDA 算法<K-RBMCDA 算法。因此，K-RBMCDA 算法虽然实现了实时给出跟踪结果，但是其跟踪误差很大；C-RBMCDA 算法是对 RBMCDA 算法的良好实时化实现，与 UKF 结合适用于水下多目标实时跟踪。

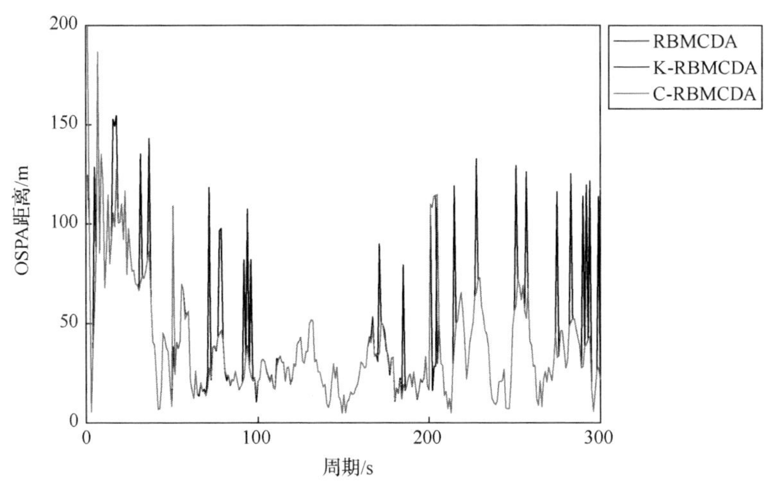

图4-12 三种算法OSPA距离对比（pb=0.002）

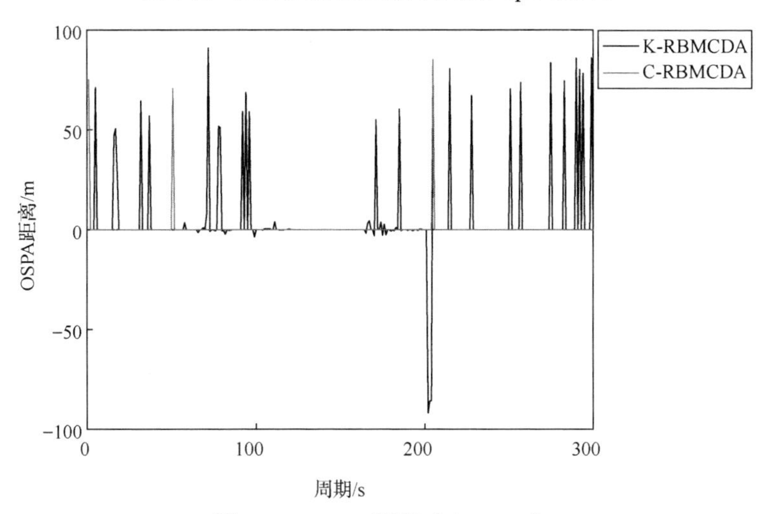

图4-13 OSPA距离（pb=0.002）

表4-1 跟踪时间内的平均OSPA距离（pb=0.002）

	RBMCDA算法	K-RBMCDA算法	C-RBMCDA算法
平均OSPA距离/m	38.64	43.89	39.42

4.3.2 实验2：鲁棒性验证实验

上节通过仿真验证了C-RBMCDA算法具备实时跟踪的功能，并且性能良好，本节将验证C-RBMCDA算法在先验参数失配（仅测试目标新生先验概率失配的情况）下的跟踪稳定性，同时与 RBMCDA 算法和 K-RBMCDA 算法做对比。将目标新生先验概率提高为 $pb = 0.02$，保持其他参数不变，跟踪结果如图 4-14～图 4-16 所示。图 4-17 为三种算法的 OSPA 距离曲线，跟踪时间内的平均 OSPA 距离统计结果由表 4-2 给出。RBMCDA 算法跟踪结果如图 4-14 所示，K-RBMCDA 算法跟踪结果如图 4-15 所示，C-RBMCDA 算法跟踪结果如图 4-16 所示。

表 4-2　跟踪时间内的平均 OSPA 距离（pb=0.02）

	RBMCDA 算法	K-RBMCDA 算法	C-RBMCDA 算法
平均 OSPA 距离/m	40.02	43.77	39.42

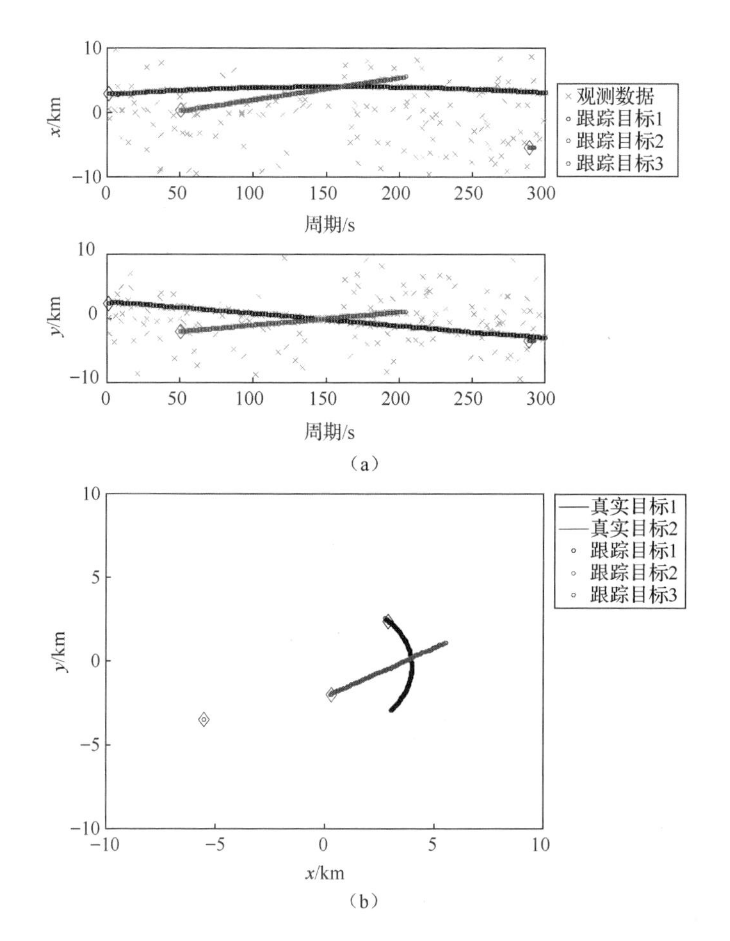

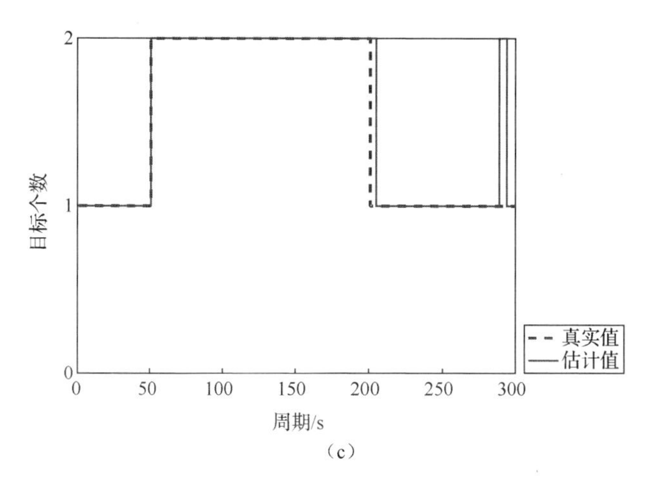

（c）

图 4-14　RBMCDA 算法跟踪结果（pb=0.02）

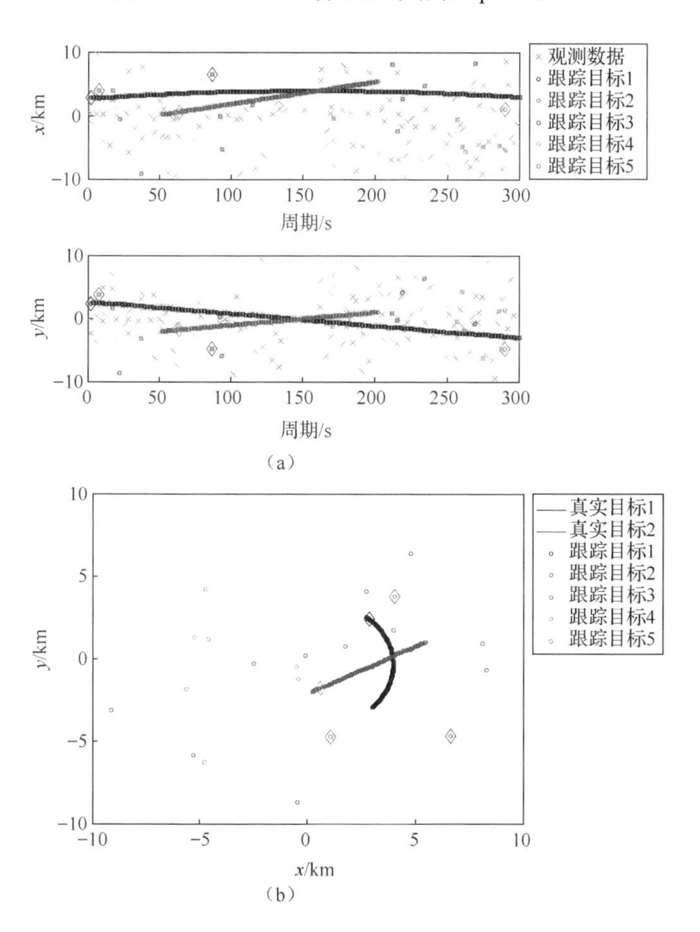

（a）

（b）

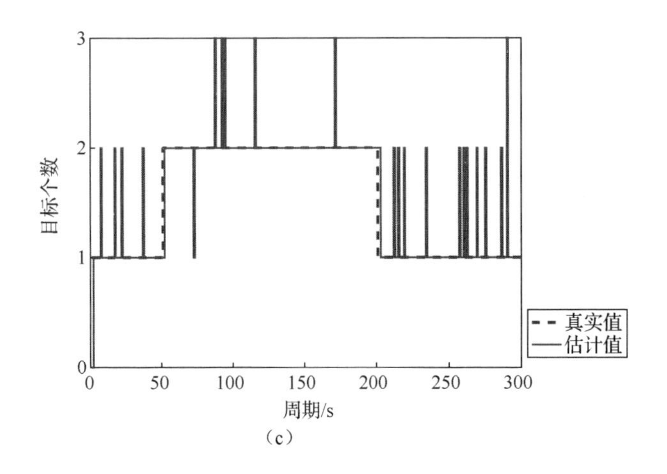

(c)

图 4-15　K-RBMCDA 算法跟踪结果（pb=0.02）（彩图附书后）

从图 4-14 中可以看出，在增大目标新生概率 pb 后，RBMCDA 算法也出现了一个异常的存活时间很短的虚假目标，即历史最优粒子在跟踪过程中也出现了将杂波判定为新生目标的假设。图 4-15 中，K-RBMCDA 算法依旧出现大量的虚假和漏检目标，并且目标 2 中途变更为目标 3，即目标标签发生变更。因为每个粒子对目标标签的标定是不同的，而最优粒子在不停地切换。C-RBMCDA 算法依旧保持了良好的跟踪性能，特别是没有出现将杂波判定为目标的情况。这是因为在密度聚类的作用下，当足够多的粒子均判定有目标新生时，聚类簇才会形成。只有选取正确数据关联假设的粒子权值才会增大，在重采样中这些粒子被大量复制，继而形成聚类簇，这样大大降低了虚警目标出现的概率。从表 4-2 的统计结果可以看出，跟踪性能：C-RBMCDA 算法>RBMCDA 算法>K-RBMCDA 算法。

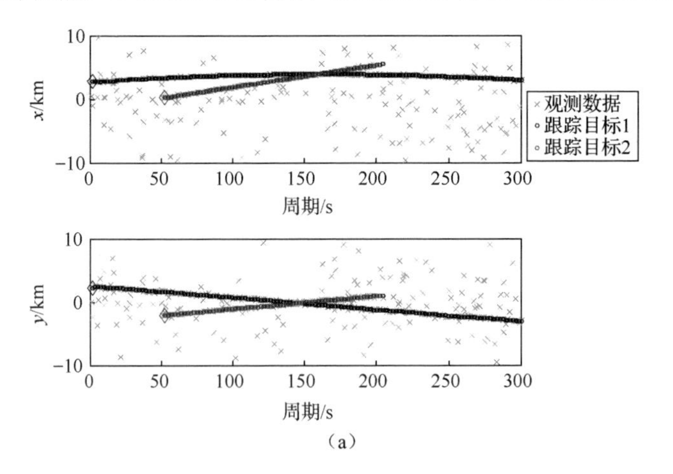

(a)

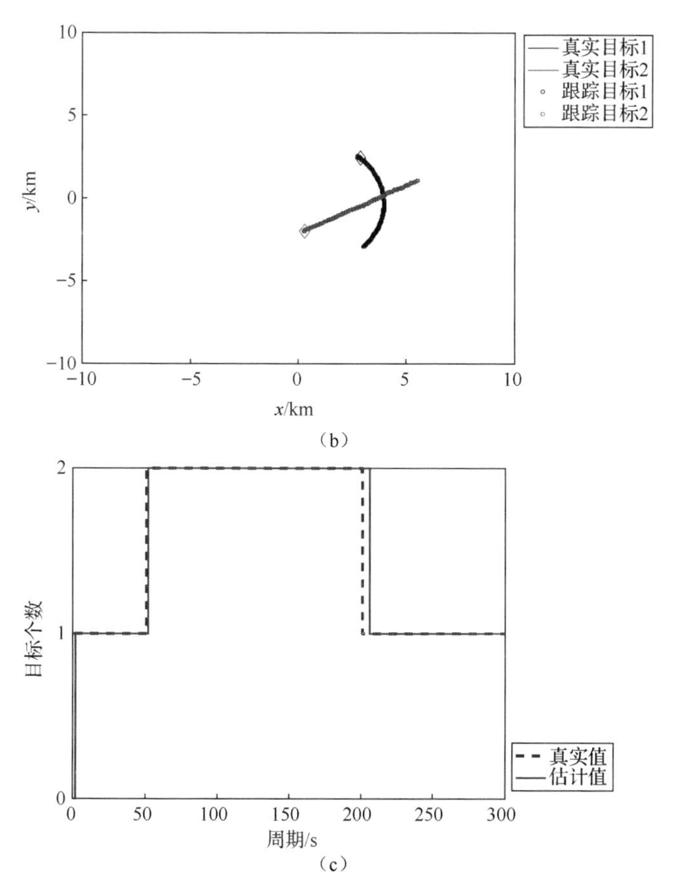

图 4-16　C-RBMCDA 算法跟踪结果（pb=0.02）

三种算法 OSPA 距离对比如图 4-17 所示，OSPA 距离如图 4-18 所示。

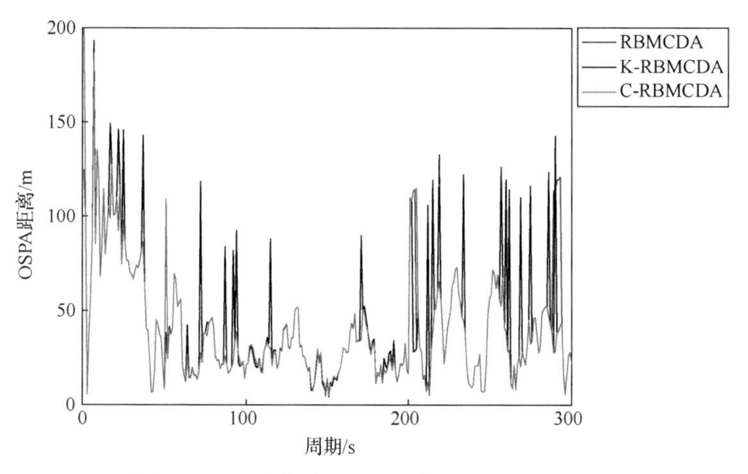

图 4-17　三种算法 OSPA 距离对比（pb=0.02）

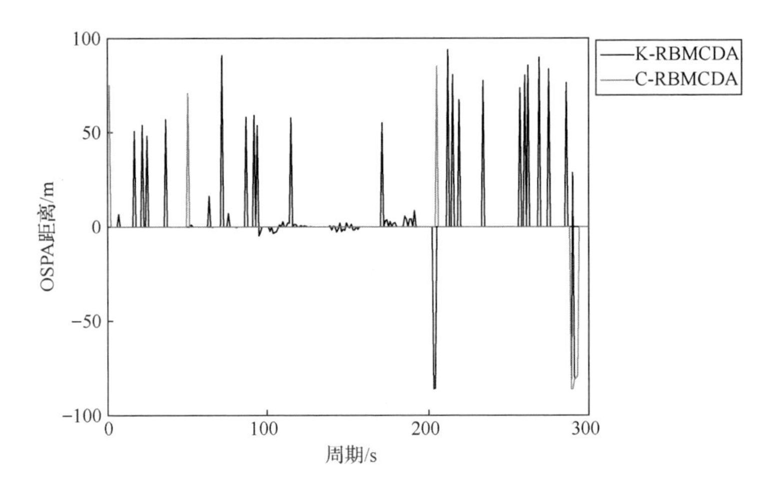

图 4-18　OSPA 距离（pb=0.02）

由上述结果可以看出，C-RBMCDA 算法一方面实现了对 RBMCDA 算法的实时处理，另一方面在跟踪精度上也达到了与 RBMCDA 算法基本一致的水平。同时 C-RBMCDA 算法在一定程度上降低了对先验信息（如 pb）的依赖程度，在参数失配的情况下，其跟踪性能优于 RBMCDA 算法。另外，随着粒子个数的增加，C-RBMCDA 算法的跟踪性能也将更好。

参 考 文 献

[1] Särkkä S, Vehtari A, Lampinen J. Rao-Blackwellized particle filter for multiple target tracking[J]. Information Fusion, 2007, 8(1): 2-15.

[2] 樊姜华. 被动多目标跟踪及定位技术研究[D]. 哈尔滨: 哈尔滨工程大学, 2019.

[3] Doucet A, Freitas N D, Gordon N. Sequential Mote Carlo Methods in Practice[M]. New York: Springer, 2001.

[4] 周志华. 机器学习[M]. 北京: 清华大学出版社, 2016.

[5] Ester M, Kriegel H P, Sander J. A density-based algorithm for discovering clusters in large spatial databases with noise[C]. International Conference on Knowledge Discovery and Data Mining, Portland, Oregon, 1996: 226-231.

[6] Birant D, Kut A. ST-DBSCAN: an algorithm for clustering spatial-temporal data[J]. Data & Knowledge Engineering, 2007, 60(1): 208-221.

第 5 章　基于概率假设密度的多目标跟踪算法

传统的多目标跟踪算法通常将多目标跟踪问题分为航迹起始、航迹维持与终止、数据关联和单目标状态滤波等子问题进行研究，没有建立一个统一的数学理论基础。数据关联与状态滤波之间有明确的界限，状态滤波依赖于数据关联的结果，数据关联存在多种关联组合情况，在目标个数和观测数都很大的时候，不可避免地产生了组合爆炸的弊端。因此，传统的多目标跟踪算法越来越不能满足于目标个数较大、杂波密集等复杂环境。Mahler[1]将数学上的有限集统计学（FISST）应用到多目标跟踪领域，将多目标状态和传感器观测很自然地用随机有限集（RFS）表示，并且对目标新生、分裂、消失以及传感器虚警（杂波）和漏检等做了严格的数学定义，借助于 FISST 理论的计算方法构建多目标马尔可夫密度函数和多目标似然函数，建立了一套完备的基于 RFS 的贝叶斯多目标滤波理论。基于 RFS 的多目标跟踪算法得到了较大的发展，目前已是多目标跟踪的主流研究方向。概率假设密度（PHD）算法是一类杂波密集环境下效果较好的基于 RFS 的多目标跟踪算法，它利用高斯混合近似或序贯蒙特卡罗近似地传递一个概率假设密度函数，巧妙地回避了传统多目标跟踪算法的数据关联组合问题。

5.1　基于随机有限集的多目标跟踪基础

5.1.1　随机有限集的定义

随机有限集在数学上的定义是：设 Ω 为样本空间，$\sigma(\Omega)$ 为 Ω 上的 σ 代数，P 是 $\sigma(\Omega)$ 上的概率测度，则 $\left(\Omega,\sigma(\Omega),P\right)$ 是一个概率空间；对于任意一个完备的、可分的度量空间 E（如欧几里得空间 $E=\mathbf{R}^n$），$F(E)$ 是 E 的所有有限子集组成的集合，则 $F(E)$ 中关于其博雷尔（Borel）集的可测映射 $\varPsi:\Omega\rightarrow F(E)$ 称为 E 的随机有限集。Mahler[1]将随机有限集 Y 定义为：从某基本空间 Y_0 的所有有限子集 Y（包括空集 $\varnothing$）构成的超空间 Y 中抽取的实例 $\varPsi=Y$。

通俗来讲，随机有限集是一种集合形式的随机变量，其元素个数（势）随机（有限）、每个元素取值随机，且各元素之间具有唯一性和无序性。

1. 有限集统计学基础

狭义的贝叶斯理论是针对随机变量的，概率论中给出了其概率密度函数的定义及计算方法。对于 RFS，贝叶斯理论并不能直接进行简单的推广。FISST 理论提供了一系列数学上的方法让 RFS 应用于贝叶斯框架下的多目标跟踪，并给出了严密的概率密度函数计算方法。在本节中，部分约定如下。

（1） Y_0 为基本空间（如 $Y_0=\mathbf{R}^n$ 表示欧几里得空间）。

（2）Y 是 Y_0 所有有限子集（包括空集）构成的超空间，Y 中包含了空集 $Y=\varnothing$ 、势为 $\boldsymbol{n}$ 的集合 $Y=\{\boldsymbol{y}_1,\boldsymbol{y}_2,\cdots,\boldsymbol{y}_n\}$ 等。

（3） S 为基本空间 Y_0 中的闭集区域。

2. 集微积分

令 $f(Y)$ 为有限集 Y 的实值函数，则其在基本空间 Y_0 的某区域 S 内的集积分定义如下：

$$\begin{aligned}\int_S f(Y)\delta Y &\triangleq \sum_{n=0}^{\infty}\frac{1}{n!}\int_{\underbrace{S\times\cdots\times S}_{n}} f(\{\boldsymbol{y}_1,\boldsymbol{y}_2,\cdots,\boldsymbol{y}_n\})\mathrm{d}\boldsymbol{y}_1\cdots\mathrm{d}\boldsymbol{y}_n \\ &= f(\varnothing)+\int_S f(\{\boldsymbol{y}\})\mathrm{d}\boldsymbol{y}+\frac{1}{2}\int_{S\times S} f(\{\boldsymbol{y}_1,\boldsymbol{y}_2\})\mathrm{d}\boldsymbol{y}_1\mathrm{d}\boldsymbol{y}_2+\cdots \end{aligned} \tag{5-1}$$

式中，$\varnothing$ 为空集； $\boldsymbol{y}_n$ 为随机向量。其中， $f(\{\boldsymbol{y}_1,\boldsymbol{y}_2,\cdots,\boldsymbol{y}_n\})$ 与传统的 $\boldsymbol{n}$ 个随机向量的函数 $f(\boldsymbol{y}_1,\boldsymbol{y}_2,\cdots,\boldsymbol{y}_n)$ 的关系为

$$f(\{\boldsymbol{y}_1,\boldsymbol{y}_2,\cdots,\boldsymbol{y}_n\})=\begin{cases} n!\cdot f(\boldsymbol{y}_1,\boldsymbol{y}_2,\cdots,\boldsymbol{y}_n), & \boldsymbol{y}_1,\boldsymbol{y}_2,\cdots,\boldsymbol{y}_n\text{互不相同} \\ 0, & \text{其他} \end{cases} \tag{5-2}$$

给定一个集类函数 $\phi(S)$，其在随机向量 $\boldsymbol{y}$ 处的集导数定义为

$$\frac{\delta\phi}{\delta\boldsymbol{y}}(S)\triangleq\lim_{|E_y|\searrow 0}\frac{\phi(S\cup E_y)-\phi(S)}{|E_y|} \tag{5-3}$$

式中， E_y 为 $\boldsymbol{y}$ 的极小邻域； $|E_y|$ 为超体积。由于 $|E_y|>0$ ，故上式中 $|E_y|\searrow 0$ 表示取右极限。对于有限集 Y ，一般集导数定义：

$$\frac{\delta\phi}{\delta Y}(S)\triangleq\begin{cases} \phi(S), & Y=\varnothing \\ \dfrac{\delta^n\phi}{\delta\boldsymbol{y}_n\cdots\delta\boldsymbol{y}_1}(S), & Y=\{\boldsymbol{y}_1,\boldsymbol{y}_2,\cdots,\boldsymbol{y}_n\},|Y|=n \end{cases} \tag{5-4}$$

式中，迭代集导数定义：

$$\frac{\delta^n \phi}{\delta \boldsymbol{y}_n \cdots \delta \boldsymbol{y}_1}(S) \triangleq \frac{\delta}{\delta \boldsymbol{y}_n} \frac{\delta^{n-1} \phi}{\delta \boldsymbol{y}_{n-1} \cdots \delta \boldsymbol{y}_1}(S) \tag{5-5}$$

集积分和集导数互为逆操作，多目标微积分的基本定理如下：

$$\int_S \frac{\delta \phi}{\delta Y}(\varnothing) \delta Y = \phi(S) \tag{5-6}$$

$$\left[\frac{\delta \phi}{\delta Y} \int_S f(\boldsymbol{W}) \delta \boldsymbol{W}\right]_{S=\varnothing} = f(Y) \tag{5-7}$$

普通微积分建立了许多基本法则以提高其使用效率，微积分也有常数法则、线性法则、单项法则、幂法则、求和法则、乘积法则和链式法则等，详细内容可见参考文献[1]。

3. 多目标概率密度函数

一个多目标密度函数 $f(Y)$ 是关于随机有限集 Y 的实值函数，若对 $\forall Y$，满足 $f(Y) \geqslant 0$，且

$$\int f(Y) \delta Y = 1 \tag{5-8}$$

则其为一个多目标概率密度函数。如果随机有限集 Y 的概率密度函数 $f_Y(Y)$ 存在，则对于所有 S，有

$$\int_S f_Y(Y) \delta Y = \Pr(Y \subseteq S) \tag{5-9}$$

式中，$\Pr(\cdot)$ 表示概率，式（5-9）等号右边表示随机有限集 Y 位于区域 S 内的概率。

4. 信任质量函数

Y 为 Y_0 上的随机有限集的子集，将

$$\beta_Y(S) \triangleq \Pr(Y \subseteq S) \tag{5-10}$$

定义为信任质量函数（belief mass function，BMF）。信任质量函数对于随机有限集概率密度函数的构建至关重要。根据第一拉东-尼可蒂姆（Radon-Nikodym）定理[1]

$$\int_S \frac{\delta \beta_Y}{\delta Y}(\varnothing) \delta Y = \Pr(Y \subseteq S) = \beta_Y(S) \tag{5-11}$$

可以通过对信任质量函数 $\beta_Y(S)$ 求导来构造多目标概率密度函数，即

$$f_Y(Y) = \frac{\delta \beta_Y}{\delta Y}(\varnothing) \tag{5-12}$$

5. 概率生成泛函

概率生成泛函是一种概率密度函数的积分变换。令 $h(\boldsymbol{y})$ 表示向量 $\boldsymbol{y} \in Y_0$ 的无量纲非负实值函数，称为检验函数[1]，通常假定 $0 \leqslant h(\boldsymbol{y}) \leqslant 1$。对于有限集 $Y \subseteq Y_0$，检验函数 h 的 Y 次幂定义为

$$h^Y \triangleq \begin{cases} 1, & Y = \varnothing \\ \prod_{\boldsymbol{y} \in Y} h(\boldsymbol{y}), & \text{其他} \end{cases} \tag{5-13}$$

若 $f_Y(Y)$ 为随机有限集 Ψ 的概率密度函数，则其概率生成泛函定义为

$$\begin{aligned} G_Y[h] &\triangleq \int h^Y \cdot f_Y(Y)\delta Y \\ &= f_Y(\varnothing) + \int h(\boldsymbol{y}) \cdot f_Y(\{\boldsymbol{y}\})\mathrm{d}\boldsymbol{y} + \frac{1}{2}\int h(\boldsymbol{y}_1) \cdot h(\boldsymbol{y}_2) \cdot f_Y(\{\boldsymbol{y}_1, \boldsymbol{y}_2\})\mathrm{d}\boldsymbol{y} + \cdots \end{aligned} \tag{5-14}$$

6. 概率假设密度

多目标系统中，概率假设密度在点过程理论中又被称为一阶矩密度（first moment density）或强度密度（intensity density），通常用 $D(\boldsymbol{x})$ 表示。作为多目标概率密度函数的一阶矩近似统计量，可以极大地降低多目标贝叶斯滤波器的计算复杂度，使得多目标贝叶斯滤波器更加实用。记 $f_Y(X)$ 为随机有限集 Y 的多目标概率密度函数，则其 PHD 定义为

$$D_Y(\boldsymbol{x}) \triangleq E\left[\delta_Y(\boldsymbol{x})\right] = \int \delta_X(\boldsymbol{x}) f_Y(X)\delta X \tag{5-15}$$

式中，$\delta_X(\boldsymbol{x})$ 是集合形式的狄拉克函数，定义为

$$\delta_X(\boldsymbol{x}) \triangleq \begin{cases} 0, & X = \varnothing \\ \sum_{\omega \in X} \delta_{\omega}(x), & X \neq \varnothing \end{cases} \tag{5-16}$$

PHD 的构造方式有三种：利用集积分从多目标概率密度函数构建，利用集导数从信任质量函数构建，利用集导数从概率生成泛函构建。PHD 的集积分形式可以表示为

$$\begin{aligned} D_Y(\boldsymbol{x}) &= \int \delta_X(\boldsymbol{x}) f_Y(X)\delta X \\ &= \int f_Y(\{\boldsymbol{x}\} \cup \boldsymbol{W})\delta \boldsymbol{W} = \int_{\boldsymbol{x} \in X} f_Y(X)\delta X \end{aligned} \tag{5-17}$$

PHD 关于概率生成泛函 $G_Y[h]$ 或者信任质量函数 $\beta_Y(S)$ 的微分形式可以表示为

$$\begin{aligned} D_Y(\boldsymbol{x}) &= \frac{\delta G_Y}{\delta \boldsymbol{x}}[1] = \frac{\delta \beta_Y}{\delta \boldsymbol{x}}[Y_0] \\ &= \frac{\delta \lg G_Y}{\delta \boldsymbol{x}}[1] = \frac{\delta \lg \beta_Y}{\delta \boldsymbol{x}}[Y_0] \end{aligned} \tag{5-18}$$

式中，1 为示性函数，即

$$\frac{\delta\beta_Y}{\delta \boldsymbol{x}}[Y_0]=\frac{\delta\beta_Y}{\delta \boldsymbol{x}}[1_{Y_0}]=\frac{\delta G_Y}{\delta \boldsymbol{x}}[1] \tag{5-19}$$

由 PHD 的定义可知，它是一个在单目标状态空间 $\boldsymbol{x}\in X_0$ 上的密度函数，但不是一个概率密度函数。在给定单目标状态空间 X_0 中的任何区域 S，$D_Y(\boldsymbol{x})$ 的积分表示区域 S 内目标个数的期望值，

$$\int_S D_Y(\boldsymbol{x})\mathrm{d}\boldsymbol{x}=E\left[|S\cap Y|\right] \tag{5-20}$$

式中，$|\cdot|$ 表示某区域内的目标个数。

5.1.2　基于随机有限集的多目标跟踪模型

与传统的多目标跟踪模型类似，基于 RFS 的多目标跟踪模型由多目标动态模型和测量模型构成。记 X 和 Z 为单目标状态基本空间和基本测量空间，$F(X)$ 和 $F(Z)$ 分别为其所有有限子集构成的超空间。RFS 将 k 时刻的目标状态集和测量集描述为

$$X_k=\{\boldsymbol{x}_{k,1},\boldsymbol{x}_{k,2},\cdots,\boldsymbol{x}_{k,N(k)}\}\in F(X) \tag{5-21}$$

$$Z_k=\{\boldsymbol{z}_{k,1},\boldsymbol{z}_{k,2},\cdots,\boldsymbol{z}_{k,M(k)}\}\in F(Z) \tag{5-22}$$

式中，$\boldsymbol{x}_{k,1},\boldsymbol{x}_{k,2},\cdots,\boldsymbol{x}_{k,N(k)}$ 为 k 时刻的 $N(k)$ 个目标状态向量；$\boldsymbol{z}_{k,1},\boldsymbol{z}_{k,2},\cdots,\boldsymbol{z}_{k,M(k)}$ 为 k 时刻的 $M(k)$ 个观测向量。

1. 观测模型

多目标观测集由目标的真实观测和杂波构成，其 RFS 建模为

$$Z_k=\left(\bigcup_{\boldsymbol{x}_k\in X_k}\Theta_k(\boldsymbol{x}_k)\right)\cup K_k \tag{5-23}$$

式中，K_k 为杂波的 RFS；$\Theta_k(\boldsymbol{x}_k)$ 为状态为 $\boldsymbol{x}_k$ 的目标的观测 RFS，集成了传感器对目标的检报与漏报，其定义为

$$\Theta_k(\boldsymbol{x}_k)=\{\eta(\boldsymbol{x}_k,\boldsymbol{v}_k)\}\cap\varnothing^{P_D(\boldsymbol{x}_k)} \tag{5-24}$$

其中，$\varnothing^P$ 是 X 的随机子集（依概率 $1-P$ 取空集），定义为

$$\Pr(\varnothing^P=T)=\begin{cases}1-P, & T=\varnothing\\ P, & T=X\\ 0, & \text{其他}\end{cases} \tag{5-25}$$

因此，$\varnothing^{P_D(\boldsymbol{x}_k)}$ 表示传感器对目标 $\boldsymbol{x}_k$ 按概率 $1-P_D(\boldsymbol{x}_k)$ 漏报，其中 $P_D(\boldsymbol{x}_k)$ 表示状态为 $\boldsymbol{x}_k$ 的目标被传感器检测到的概率，$\eta(\boldsymbol{x}_k,\boldsymbol{v}_k)$ 表示与状态 $\boldsymbol{x}_k$ 有关的传感器噪声模

型，$\boldsymbol{v}_k$ 为观测噪声。

为了得到真实多目标似然函数 $f_k(Z_k \mid X_k)$，首先需要对杂波模型进行构建。通常情况下，假定杂波独立同分布，且与状态无关，记物理分布为 $c(\boldsymbol{z}_{k,i})$。杂波的数量满足参数为 λ（杂波数期望）的泊松分布，即

$$p(n) \triangleq \frac{\mathrm{e}^{-\lambda}\lambda^n}{n!} \tag{5-26}$$

则杂波的 RFS Z_k 满足多目标泊松过程：

$$f_C(Z_k) = \mathrm{e}^{-\lambda} \prod_{\boldsymbol{z}_{k,i} \in Z} \lambda c(\boldsymbol{z}_{k,i}) \tag{5-27}$$

若 $X_k \neq \varnothing$，标准观测模型的真实多目标似然函数为

$$f_k(Z_k \mid X_k) = \begin{cases} f_k(\varnothing \mid X_k) = \mathrm{e}^{-\lambda} \prod\limits_{\boldsymbol{x}_{k,i} \in \boldsymbol{X}_k} (1 - P_D(\boldsymbol{x}_{k,i})), & Z_k = \varnothing \\ \mathrm{e}^{\lambda} f_C(Z_k) \cdot f_k(\varnothing \mid X_k) \cdot \sum\limits_{\theta} \prod\limits_{i:\theta(i)>0} \dfrac{P_D(\boldsymbol{x}_{k,i}) \cdot f_k(\boldsymbol{z}_{\theta(i)} \mid \boldsymbol{x}_{k,i})}{(1 - P_D(\boldsymbol{x}_{k,i})) \cdot \lambda c(\boldsymbol{z}_{k,\theta(i)})}, & Z_k \neq \varnothing \end{cases} \tag{5-28}$$

式中，$f_k(\boldsymbol{z}_{\theta(i)} \mid \boldsymbol{x}_{k,i})$ 为单目标传感器观测似然函数；θ 为数据关联映射，即 $\theta:\{1,\cdots,N(k)\} \to \{0,\cdots,M(k)\}$，其中 $N(k)$ 为存活目标个数，$M(k)$ 为观测向量数，$\theta(i) = 0$ 表示没有观测可与关联目标 $\boldsymbol{x}_{k,i}$ 关联，即目标 $\boldsymbol{x}_{k,i}$ 未被检测到，求和操作将遍历所有数据关联组合。

若 $X_k = \varnothing$，

$$f_k(Z_k \mid X_k) = f_k(Z_k \mid \varnothing) = \begin{cases} \mathrm{e}^{-\lambda}, & Z_k = \varnothing \\ \mathrm{e}^{-\lambda} \prod\limits_{\boldsymbol{z}_{k,i} \in Z} \lambda c(\boldsymbol{z}_{k,i}), & Z_k \neq \varnothing \end{cases} \tag{5-29}$$

2. 多目标动态模型

多目标动态模型集成了目标存活、消失、新生和衍生等过程，目标状态集由三部分组成：存活目标、衍生目标和新生目标。其中存活目标是在观测区域内一直存在的目标，衍生目标是由上一时刻的存活目标分裂而来的目标，新生目标是在观测区域内第一次出现的目标。若 $k-1$ 时刻的多目标状态集为 X_{k-1}，k 时刻的多目标状态集可以表示为

$$X_k = \left[\bigcup_{\boldsymbol{x}_{k-1} \in X_{k-1}} S_{k|k-1}(\boldsymbol{x}_{k-1})\right] \cup \left[\bigcup_{\boldsymbol{x}_{k-1} \in X_{k-1}} B_{k|k-1}(\boldsymbol{x}_{k-1})\right] \cup \varGamma_k \tag{5-30}$$

其中，存活目标建模为

$$S_{k|k-1}(\boldsymbol{x}_{k-1}) = \{\varphi_{k-1}(\boldsymbol{x}_{k-1}, \boldsymbol{\omega}_{k-1})\} \cap \varnothing^{P_S(\boldsymbol{x}_{k-1})} \tag{5-31}$$

$\varnothing^{P_S(\boldsymbol{x}_{k-1})}$ 对目标死亡进行了建模，表示目标 $\boldsymbol{x}_{k-1}$ 按概率 $1-P_S(\boldsymbol{x}_{k-1})$ 消失，其中 $P_S(\boldsymbol{x}_{k-1})$ 为 $k-1$ 时刻、状态为 $\boldsymbol{x}_{k-1}$ 的目标存活至 k 时刻的概率；$\varphi_{k-1}(\boldsymbol{x}_{k-1}, \boldsymbol{\omega}_{k-1})$ 为单目标马尔可夫状态转移过程，$\boldsymbol{\omega}_{k-1}$ 为过程噪声。衍生目标由 $B_{k|k-1}(\boldsymbol{x}_{k-1})$ 建模，它表示状态为 $\boldsymbol{x}_{k-1}$ 的目标在 k 时刻衍生出的目标的 RFS。Γ_k 表示新生目标的 RFS。

多目标马尔可夫概率密度可通过与真实多目标似然函数相似的方法进行构建：①目标消失在数学上等同于漏报；②目标新生在数学上等同于状态无关虚警的产生，即泊松过程，以 μ_0 为新生目标个数的期望值，$b(\boldsymbol{x}_k)$ 为其状态的物理分布；③目标衍生在数学上等同于状态相关虚警的产生，即条件泊松过程，以 $\mu_0(\boldsymbol{x}_{k-1})$ 为 $\boldsymbol{x}_{k-1}$ 衍生目标个数的期望值，$b(\boldsymbol{x}_k \mid \boldsymbol{x}_{k-1})$ 为状态的物理分布[1]。

若不考虑目标衍生，多目标马尔可夫概率密度表达式为

$$\begin{aligned} f_{k|k-1}(X_k \mid X_{k-1}) &= \mathrm{e}^{\mu_0} f_B(X_k) \cdot f_{k|k-1}(\varnothing \mid X_{k-1}) \\ &\quad \cdot \sum_{\theta} \prod_{i:\theta(i)>0} \frac{P_S(\boldsymbol{x}_{k-1,i}) \cdot f_{k|k-1}(\boldsymbol{x}_{k,\theta(i)} \mid \boldsymbol{x}_{k-1,i})}{(1-P_S(\boldsymbol{x}_{k-1,i})) \cdot \mu_0 b(\boldsymbol{x}_{k,\theta(i)})} \end{aligned} \tag{5-32}$$

式中，θ 为目标延续映射，即 $\theta:\{1,\cdots,N(k-1)\} \to \{0,\cdots,N(k)\}$，指明了 k 时刻目标 $\boldsymbol{x}_{k,\theta(i)}$ 是 $k-1$ 时刻目标 $\boldsymbol{x}_{k-1,i}$ 的延续，若 $\theta(i)=0$ 则目标 $\boldsymbol{x}_{k-1,i}$ 消失，k 时刻没有与之对应的状态，求和操作将遍历所有目标延续组合；另外，

$$f_B(X_k) = \mathrm{e}^{-\mu_0} \prod_{\boldsymbol{x}_{k,i} \in X_k} \mu_0 b(\boldsymbol{x}_{k,i}) \tag{5-33}$$

$$f_{k|k-1}(\varnothing \mid X_{k-1}) = \mathrm{e}^{-\mu_0} \prod_{\boldsymbol{x}_{k-1,i} \in X_{k-1}} (1-P_S(\boldsymbol{x}_{k-1,i})) \tag{5-34}$$

若考虑目标衍生，多目标马尔可夫概率密度表达式为

$$\begin{aligned} f_{k|k-1}(X_k \mid X_{k-1}) &= \mathrm{e}^{\mu_0(X_{k-1})} f_{B(X_{k-1})}(X_k) \cdot f_{k|k-1}(\varnothing \mid X_{k-1}) \\ &\quad \cdot \sum_{\theta} \prod_{i:\theta(i)>0} \frac{P_S(\boldsymbol{x}_{k-1,i}) \cdot f_{k+1|k}(\boldsymbol{x}_{\theta(i)} \mid \boldsymbol{x}_{k-1,i})}{(1-P_S(\boldsymbol{x}_{k-1,i})) \cdot \mu_0(\boldsymbol{x}_{k-1,i}) b(\boldsymbol{x}_{\theta(i)} \mid X_{k-1})} \end{aligned} \tag{5-35}$$

式中，

$$f_{k|k-1}(\varnothing \mid X_{k-1}) = \mathrm{e}^{-\mu(X_{k-1})} \prod_{\boldsymbol{x}_{k-1,i} \in X_{k-1}} (1-P_S(\boldsymbol{x}_{k-1,i})) \tag{5-36}$$

$$b(\boldsymbol{x}_{\theta(i)} \mid X_{k-1}) = \frac{\mu_0 \cdot b(\boldsymbol{x}) + \mu_1(\boldsymbol{x}_{k,1}) \cdot b(\boldsymbol{x} \mid \boldsymbol{x}_{k,1}) + \cdots + \mu_{N(k-1)}(\boldsymbol{x}_{k-1,N(k-1)}) \cdot b(\boldsymbol{x} \mid \boldsymbol{x}_{k-1,N(k-1)})}{\mu_0 + \mu_1(\boldsymbol{x}_{k,1}) + \cdots + \mu_{N(k-1)}(\boldsymbol{x}_{k-1,N(k-1)})} \tag{5-37}$$

$$f_{B(X_{k-1})}(X_k) = \mathrm{e}^{-\mu(X_{k-1})} \prod_{\boldsymbol{x}_{k,i} \in X_k} \mu(X_{k-1}) b(\boldsymbol{x}_{k,i} \mid X_{k-1}) \tag{5-38}$$

$$\mu(X_{k-1}) = \mu_0 + \mu_1(\boldsymbol{x}_{k,1}) + \cdots + \mu_{N(k-1)}(\boldsymbol{x}_{k-1,N(k-1)}) \tag{5-39}$$

其中，$\mu_{N(k-1)}(\boldsymbol{x}_{k-1,N(k-1)})$ 指由上一时刻状态为 $\boldsymbol{x}_{k-1,N(k-1)}$ 目标衍生的目标个数期望值。

5.1.3　多目标贝叶斯滤波器

多目标贝叶斯滤波器一般指的是多目标贝叶斯递归滤波器，它包括预测和更新两个步骤，通过序贯递推的形式完成滤波。预测公式和更新公式与单目标贝叶斯滤波器具有相同的形式，唯一不同的是其中的积分是集积分。形式如下[2]：

$$p_{k|k-1}(X_k \mid Z_{1:k-1}) = \int f_{k|k-1}(X_k \mid X_{k-1}) p_{k-1}(X_{k-1} \mid Z_{1:k-1}) \mu(\mathrm{d}X_{k-1}) \tag{5-40}$$

$$p_k(X_k \mid Z_{1:k}) = \frac{g_k(Z_k \mid X_k) p_{k|k-1}(X_k \mid Z_{1:k-1})}{\int g_k(Z_k \mid X_k) p_{k|k-1}(X_k \mid Z_{1:k-1}) \mu(\mathrm{d}X_k)} \tag{5-41}$$

式中，$f_{k|k-1}(\cdot|\cdot)$ 为多目标马尔可夫密度函数；$g_k(\cdot|\cdot)$ 为多目标似然函数；$p_k(\cdot \mid Z_{1:k})$ 为多目标后验概率密度；$\mu(\cdot)$ 为 $F(X)$ 空间上的勒贝格（Lebesgue）测度。在大多数情况下，式（5-40）和式（5-41）没有解析形式，即便具有解析形式，其中的高维积分也是难以计算的，通常需要采取一些近似手段。

5.2　PHD 滤波器

5.2.1　PHD 滤波器原理

多目标系统中，PHD 定义为

$$D_k(\boldsymbol{x}) \triangleq D_k(\boldsymbol{x} \mid Z_{1:k}) \triangleq \int \delta_X(\boldsymbol{x}) p_k(X \mid Z_{1:k}) \delta X \tag{5-42}$$

式中，$\delta_X(\boldsymbol{x})$ 是集合形式的狄拉克函数。可以看出 PHD 是关于多目标后验概率密度函数的集积分，是一个一阶统计矩，其物理意义是积分区域内目标个数的期望值。PHD 是关于单目标状态 $\boldsymbol{x}$ 的向量函数，在真实目标存在的区域，PHD 会形成一个尖峰，因此目标状态估计可以通过提取这些尖峰获取。

PHD 滤波器的传递形式如下：

$$\begin{array}{ccccccc}
\cdots \rightarrow p_{k-1}(X_{k-1} \mid Z_{1:k-1}) & \xrightarrow{\text{预测}} & p_{k|k-1}(X_k \mid Z_{1:k-1}) & \xrightarrow{\text{更新}} & p_k(X_k \mid Z_{1:k}) \rightarrow \cdots \\
\downarrow & & \downarrow & & \downarrow \\
\cdots \rightarrow \quad D_{k-1}(\boldsymbol{x}) & \xrightarrow{\text{预测}} & D_{k|k-1}(\boldsymbol{x}) & \xrightarrow{\text{更新}} & D_k(\boldsymbol{x}) \quad \rightarrow \cdots
\end{array}$$

其中，第 1 行表示多目标贝叶斯滤波器，箭头↓表示多目标后验概率密度向多目标一阶矩的压缩过程，第 2 行为多目标一阶矩滤波器。

PHD 预测方程被称为“伪马尔可夫转移密度”，其表达式为

$$D_{k|k-1}(\boldsymbol{x}) = \int P_{S,k|k-1}(\boldsymbol{x}') f_{k|k-1}(\boldsymbol{x} \mid \boldsymbol{x}') D_{k-1}(\boldsymbol{x}') \mathrm{d}\boldsymbol{x}' + \int \beta_{k|k-1}(\boldsymbol{x} \mid \boldsymbol{x}') D_{k-1}(\boldsymbol{x}') \mathrm{d}\boldsymbol{x}' + \gamma_k(\boldsymbol{x}) \tag{5-43}$$

式中，$P_{S,k|k-1}(\boldsymbol{x}')$表示状态为$\boldsymbol{x}'$的目标存活至$k$时刻的概率；$f_{k|k-1}(\cdot|\cdot)$表示单目标马尔可夫概率密度；$\beta_{k|k-1}(\cdot \mid \boldsymbol{x}')$表示$k-1$时刻状态为$\boldsymbol{x}'$的目标在$k$时刻衍生的目标 RFS $\beta_{k|k-1}(\boldsymbol{x}')$；$\gamma_k(\boldsymbol{x})$表示$k$时刻新生目标 RFS $\varGamma_k$的 PHD。

更新方程为

$$D_k(\boldsymbol{x}) = \left(1 - P_{D,k}(\boldsymbol{x}) + \sum_{z \in Z_k} \frac{P_{D,k}(\boldsymbol{x}) g_k(\boldsymbol{z} \mid \boldsymbol{x}) D_{k|k-1}(\boldsymbol{x})}{\kappa_k(\boldsymbol{z}) + \int P_{D,k}(\boldsymbol{x}') g_k(\boldsymbol{z} \mid \boldsymbol{x}') D_{k|k-1}(\boldsymbol{x}') \mathrm{d}\boldsymbol{x}'}\right) \cdot D_{k|k-1}(\boldsymbol{x}) \tag{5-44}$$

式中，$P_{D,k}(\boldsymbol{x})$表示k时刻状态为$\boldsymbol{x}$的目标的检测概率；$g_k(\cdot|\cdot)$表示单目标似然概率密度；$\kappa_k(\boldsymbol{z})$表示k时刻杂波 RFS K_k的 PHD。在假定杂波与目标状态独立，满足参数为λ、物理分布为$\boldsymbol{c}(\cdot)$的泊松过程条件下，$\kappa_k(\boldsymbol{z})$具有以下形式：

$$\kappa_k(\boldsymbol{z}) = \lambda c(\boldsymbol{z}) \tag{5-45}$$

完成 PHD 更新后，目标个数的估计可以通过对$D_k(\boldsymbol{x})$积分获得，目标状态通过$D_k(\boldsymbol{x})$峰值点提取。

相比于多目标贝叶斯滤波器中 RFS 的高维集积分，PHD 滤波方程中的积分变量是单目标状态向量，并且回避了传统数据关联中的“组合爆炸”难题，具有更低的计算复杂度。

5.2.2　基于序贯蒙特卡罗实现的 PHD 算法

SMC-PHD 算法通过一系列粒子来近似 PHD，由一套状态向量$\boldsymbol{x}_k^{(1)}, \boldsymbol{x}_k^{(2)}, \cdots, \boldsymbol{x}_k^{(L_k)}$和重要性权值$w_k^{(1)}, w_k^{(2)}, \cdots, w_k^{(L_k)}$（$L_k$为$k$时刻粒子个数）组成，对于$\boldsymbol{x}$的任意无量纲函数$\theta(\boldsymbol{x})$，满足

$$\int \theta(\boldsymbol{x}) \cdot D_k(\boldsymbol{x}) \mathrm{d}\boldsymbol{x} \approx \sum_{i=1}^{L_k} w_k^{(i)} \cdot \theta(\boldsymbol{x}_k^{(i)}) \tag{5-46}$$

进而得到目标个数估计值为

$$\tilde{N}_k \approx \sum_{i=1}^{L_k} w_k^{(i)} \tag{5-47}$$

不考虑衍生目标，PHD 的序贯蒙特卡罗递推过程如下。

（1）初始阶段。

在初始时刻 $k=0$，给定一组初始粒子 $\{\boldsymbol{x}_0^{(i)}, w_0^{(i)} : i=1,2,\cdots,L_0\}$，则初始 PHD $D_0(\boldsymbol{x})$ 为

$$D_0(\boldsymbol{x}) \approx \sum_{i=1}^{L_0} w_0^{(i)} \cdot \delta(\boldsymbol{x}-\boldsymbol{x}_0^{(i)}) \tag{5-48}$$

（2）预测阶段。

在已经获得 $k-1$ 时刻的粒子 $\{\boldsymbol{x}_{k-1}^{(i)}, w_{k-1}^{(i)} : i=1,2,\cdots,L_{k-1}\}$ 情况下，k 时刻的粒子状态通过重要性采样获取，由两部分组成，即

$$\tilde{\boldsymbol{x}}_k^{(i)} \sim \begin{cases} q_k(\cdot \mid \boldsymbol{x}_{k-1}^{(i)}, Z_k), & i=1,2,\cdots,L_{k-1} \\ p_k(\cdot \mid Z_k), & i=L_{k-1}+1, L_{k-1}+2,\cdots,L_{k-1}+J_k \end{cases} \tag{5-49}$$

式中，Z_k 为 k 时刻的观测数据集；$q_k(\cdot \mid \boldsymbol{x}_{k-1}^{(i)}, Z_k)$ 和 $p_k(\cdot \mid Z_k)$ 分别为存活粒子和新生粒子的重要性采样函数；J_k 为新生粒子的个数。对应的粒子权值更新方程为

$$\tilde{w}_{k|k-1}^{(i)} \sim \begin{cases} \dfrac{f_{k|k-1}(\tilde{\boldsymbol{x}}_k^{(i)} \mid \boldsymbol{x}_{k-1}^{(i)}) w_{k-1}^{(i)}}{q_k(\tilde{\boldsymbol{x}}_k^{(i)} \mid \boldsymbol{x}_{k-1}^{(i)}, Z_k)}, & i=1,2,\cdots,L_{k-1} \\ \dfrac{\gamma_k(\tilde{\boldsymbol{x}}_k^{(i)})}{J_k p_k(\tilde{\boldsymbol{x}}_k^{(i)} \mid Z_k)}, & i=L_{k-1}+1, L_{k-1}+2,\cdots,L_{k-1}+J_k \end{cases} \tag{5-50}$$

式中，$f_{k|k-1}(\cdot|\cdot)$ 为单目标马尔可夫密度函数；$\gamma_k(\tilde{\boldsymbol{x}}_k^{(i)})$ 为新生目标的 PHD，可以通过先验的新生目标粒子来近似。此时，预测 PHD 可以表示为

$$D_{k|k-1}(\boldsymbol{x}) \approx \sum_{i=1}^{L_{k-1}+J_k} \tilde{w}_{k|k-1}^{(i)} \cdot \delta(\boldsymbol{x}-\tilde{\boldsymbol{x}}_k^{(i)}) \tag{5-51}$$

（3）更新阶段。

更新阶段主要利用观测数据集对粒子权值进行更新，具体为

$$\tilde{w}_k^{(i)} = \left(1 - P_{D,k}(\tilde{\boldsymbol{x}}_k^{(i)}) + \sum_{z \in Z_k} \frac{P_{D,k}(\tilde{\boldsymbol{x}}_k^{(i)}) g_k(\boldsymbol{z} \mid \tilde{\boldsymbol{x}}_k^{(i)})}{\kappa_k(\boldsymbol{z}) + \sum_{j=1}^{L_{k-1}+J_k} P_{D,k}(\tilde{\boldsymbol{x}}_k^{(i)}) g_k(\boldsymbol{z} \mid \tilde{\boldsymbol{x}}_k^{(i)}) \tilde{w}_{k|k-1}^{(i)}} \right) \cdot \tilde{w}_{k|k-1}^{(i)} \tag{5-52}$$

式中，$\kappa_k(\boldsymbol{z})$ 表示 k 时刻杂波 RFS K_k 的 PHD，此时粒子群表述为 $\{\tilde{\boldsymbol{x}}_k^{(i)}, \tilde{w}_k^{(i)} : i = 1,2,\cdots,L_{k-1}+J_k\}$，目标个数的期望值为

$$\tilde{N}_k \approx \sum_{i=1}^{L_{k-1}+J_k} \tilde{w}_k^{(i)} \tag{5-53}$$

通常需要对 $\tilde{N}_k$ 取整获得最终目标个数估计值，即 $\hat{N}_k = \mathrm{round}(\tilde{N}_k)$。

（4）重采样阶段。

重采样的目的是将权值大的粒子分解为多个粒子，舍弃权值小的粒子，以避

免粒子退化现象。具体为对粒子群 $\{\tilde{\boldsymbol{x}}_k^{(i)},\tilde{w}_k^{(i)}:i=1,2,\cdots,L_{k-1}+J_k\}$ 权值等比例缩小 $\tilde{N}_k$ 倍，即 $\tilde{w}_k^{(i)}\to\tilde{w}_k^{(i)}/\tilde{N}_k$，选择一种重采样方法（与粒子滤波中的重采样方法一样），获得重采样粒子群 $\{\boldsymbol{x}_k^{(i)},w_k^{(i)}/\tilde{N}_k:i=1,2,\cdots,L_k\}$，然后将权值等比例放大 $\tilde{N}_k$ 倍，获得 k 时刻最终的粒子群 $\{\boldsymbol{x}_k^{(i)},w_k^{(i)}:i=1,2,\cdots,L_k\}$。

（5）状态提取阶段。

目标个数由 $\tilde{N}_k$ 估计，目标状态可以通过对所有粒子状态 $\boldsymbol{x}_k^{(i)}$ 聚类获得，聚类方法通常选择 k-均值，其中聚类簇个数由 $\tilde{N}_k$ 决定。

5.2.3　基于高斯混合实现的 PHD 算法

GM-PHD 算法通过一组高斯分量来近似 PHD，即

$$D_k(\boldsymbol{x})\approx\sum_{i=1}^{J_k}w_k^{(i)}\cdot N(\boldsymbol{x}\mid\boldsymbol{m}_k^{(i)},\boldsymbol{P}_k^{(i)}) \tag{5-54}$$

式中，$N(\boldsymbol{x}\mid\boldsymbol{m}_k^{(i)},\boldsymbol{P}_k^{(i)})$ 为高斯分量，其权值为 $w_k^{(i)}$，高斯分量总数为 J_k。Clark 等[3]证明了 GM-PHD 算法具有强 L_1 收敛性质，当高斯分量个数趋于无穷时，即使包含高斯分量的合并与剪枝操作，其 PHD 近似误差也将趋于 0。

利用高斯混合来近似 PHD，需要以下几个基本前提[4]。

（1）每个目标都具有线性高斯的动态模型和观测模型，即

$$f_{k|k-1}(\boldsymbol{x}\mid\boldsymbol{\zeta})=N(\boldsymbol{x}\mid\boldsymbol{F}_{k-1}\boldsymbol{\zeta},\boldsymbol{Q}_{k-1}) \tag{5-55}$$

$$g_{k|k-1}(\boldsymbol{z}\mid\boldsymbol{x})=N(\boldsymbol{z}\mid\boldsymbol{H}_k\boldsymbol{x},\boldsymbol{R}_k) \tag{5-56}$$

式中，$\boldsymbol{F}_{k-1}$ 和 $\boldsymbol{H}_k$ 分别为 k 时刻的状态转移矩阵和观测矩阵；$\boldsymbol{Q}_{k-1}$ 和 $\boldsymbol{R}_k$ 分别为零均值过程噪声协方差和观测噪声协方差。

（2）目标存活和检测概率与状态无关：

$$\boldsymbol{P}_{S,k}(\boldsymbol{x})=\boldsymbol{P}_{S,k} \tag{5-57}$$

$$\boldsymbol{P}_{D,k}(\boldsymbol{x})=\boldsymbol{P}_{D,k} \tag{5-58}$$

（3）新生目标和衍生目标的 PHD 具有高斯混合形式，即

$$\gamma_k(\boldsymbol{x})=\sum_{i=1}^{J_{\gamma,k}}w_{\gamma,k}^{(i)}\cdot N(\boldsymbol{x}\mid\boldsymbol{m}_{\gamma,k}^{(i)},\boldsymbol{P}_{\gamma,k}^{(i)}) \tag{5-59}$$

$$\beta_{k|k-1}(\boldsymbol{x}\mid\boldsymbol{\zeta})=\sum_{i=1}^{J_{\beta,k}}w_{\beta,k}^{(i)}\cdot N(\boldsymbol{x}\mid\boldsymbol{F}_{\beta,k-1}^{(i)}\boldsymbol{\zeta}+\boldsymbol{d}_{\beta,k-1}^{(i)},\boldsymbol{Q}_{\beta,k-1}^{(i)}) \tag{5-60}$$

式中，$\boldsymbol{m}_{\gamma,k}^{(i)}$ 和 $\boldsymbol{P}_{\gamma,k}^{(i)}$ 为新生目标的先验状态均值和协方差；$w_{\gamma,k}^{(i)}$ 为高斯分量权值；$N(\boldsymbol{x}\mid\boldsymbol{F}_{\beta,k-1}^{(i)}\boldsymbol{\zeta}+\boldsymbol{d}_{\beta,k-1}^{(i)},\boldsymbol{Q}_{\beta,k-1}^{(i)})$ 描述了衍生目标状态转移过程；$w_{\beta,k}^{(i)}$ 为其权值。这些参数共同构造了新生目标和衍生目标的 PHD 函数。

基于上述三个假设，GM-PHD 算法的递推过程描述如下[4]。

（1）初始阶段。

给定一个由一系列初始高斯分量 $N(\boldsymbol{x}\,|\,\boldsymbol{m}_0^{(i)},\boldsymbol{P}_0^{(i)})$ 和其对应的权值 $w_0^{(i)}$ 组成的初始 PHD：

$$D_0(\boldsymbol{x})=\sum_{i=1}^{J_0} w_0^{(i)}\cdot N(\boldsymbol{x}\,|\,\boldsymbol{m}_0^{(i)},\boldsymbol{P}_0^{(i)}) \tag{5-61}$$

（2）预测阶段。

$k-1$ 时刻 PHD 的高斯混合形式为

$$D_{k-1}(\boldsymbol{x})=\sum_{i=1}^{J_{k-1}} w_{k-1}^{(i)}\cdot N(\boldsymbol{x}\,|\,\boldsymbol{m}_{k-1}^{(i)},\boldsymbol{P}_{k-1}^{(i)}) \tag{5-62}$$

k 时刻的预测 PHD 由三部分组成，分别是存活目标 PHD $D_{S,k|k-1}(\boldsymbol{x})$、衍生目标 PHD $D_{\beta,k|k-1}(\boldsymbol{x})$ 和新生目标 PHD $\gamma_k(\boldsymbol{x})$，表示为

$$D_{k|k-1}(\boldsymbol{x})=D_{S,k|k-1}(\boldsymbol{x})+D_{\beta,k|k-1}(\boldsymbol{x})+\gamma_k(\boldsymbol{x}) \tag{5-63}$$

其中，存活目标 PHD：

$$D_{S,k|k-1}(\boldsymbol{x})=\boldsymbol{P}_{S,k}\cdot\sum_{j=1}^{J_{k-1}} w_{k-1}^{(j)}\cdot N(\boldsymbol{x}\,|\,\boldsymbol{m}_{S,k|k-1}^{(j)},\boldsymbol{P}_{S,k|k-1}^{(j)}) \tag{5-64}$$

$$\boldsymbol{m}_{S,k|k-1}^{(j)}=\boldsymbol{F}_{k-1}\boldsymbol{m}_{k-1}^{(j)} \tag{5-65}$$

$$\boldsymbol{P}_{S,k|k-1}^{(j)}=\boldsymbol{F}_{k-1}\boldsymbol{P}_{k-1}^{(j)}\boldsymbol{F}_{k-1}^{\mathrm{T}}+\boldsymbol{Q}_{k-1} \tag{5-66}$$

衍生目标 PHD：

$$D_{\beta,k|k-1}(\boldsymbol{x})=\sum_{j=1}^{J_{k-1}}\sum_{\ell=1}^{J_{\beta,k}} w_{k-1}^{(j)}\cdot w_{\beta,k}^{(\ell)}\cdot N(\boldsymbol{x}\,|\,\boldsymbol{m}_{\beta,k|k-1}^{(j,\ell)},\boldsymbol{P}_{\beta,k|k-1}^{(j,\ell)}) \tag{5-67}$$

$$\boldsymbol{m}_{\beta,k|k-1}^{(j,\ell)}=\boldsymbol{F}_{\beta,k-1}^{(\ell)}\boldsymbol{m}_{k-1}^{(j)}+\boldsymbol{d}_{\beta,k-1}^{(\ell)} \tag{5-68}$$

$$\boldsymbol{P}_{\beta,k|k-1}^{(j,\ell)}=\boldsymbol{F}_{\beta,k-1}^{(\ell)}\boldsymbol{P}_{k-1}^{(j)}(\boldsymbol{F}_{\beta,k-1}^{(\ell)})^{\mathrm{T}}+\boldsymbol{Q}_{\beta,k-1}^{(\ell)} \tag{5-69}$$

这里，$J_{\beta,k}$ 为每个存活目标的衍生 PHD 的高斯分量数，因此所有衍生目标 PHD 的高斯分量数为 $J_{\beta,k}J_{k-1}$。

新生目标 PHD 由式（5-59）给出。此时，高斯混合形式的预测 PHD 为

$$D_{k|k-1}(\boldsymbol{x})=\sum_{i=1}^{J_{k|k-1}} w_{k|k-1}^{(i)}\cdot N(\boldsymbol{x}\,|\,\boldsymbol{m}_{k|k-1}^{(i)},\boldsymbol{P}_{k|k-1}^{(i)}) \tag{5-70}$$

式中，高斯分量总数为 $J_{k|k-1}=J_{k-1}+J_{\beta,k}J_{k-1}+J_{\gamma,k}$；权值 $w_{k|k-1}^{(i)}$ 和高斯分量 $N(\boldsymbol{x}\,|\,\boldsymbol{m}_{k|k-1}^{(i)},\boldsymbol{P}_{k|k-1}^{(i)})$ 由式（5-64）、式（5-67）和式（5-59）给出。

（3）更新阶段。

更新 PHD $D_k(\boldsymbol{x})$ 由两部分组成，分别对应传感器的检报与漏报。漏报部分使用预测 PHD $D_{k|k-1}(\boldsymbol{x})$ 代替，权值需要乘以漏检概率 $1-P_{D,k}$；检报部分利用每一个观测 $\boldsymbol{z}\in Z_k$ 去更新预测 PHD $D_{k|k-1}(\boldsymbol{x})$ 中的每一个高斯分量。具体形式为

$$D_k(\boldsymbol{x})=(1-\boldsymbol{P}_{D,k})\cdot D_{k|k-1}(\boldsymbol{x})+\sum_{z\in Z_k}D_{D,k}(\boldsymbol{x}\mid\boldsymbol{z}) \tag{5-71}$$

式中，

$$D_{D,k}(\boldsymbol{x}\mid\boldsymbol{z})=\sum_{j=1}^{J_{k|k-1}}w_k^{(j)}(\boldsymbol{z})\cdot N(\boldsymbol{x}\mid\boldsymbol{m}_{k|k}^{(j)}(\boldsymbol{z}),\boldsymbol{P}_{k|k}^{(j)}) \tag{5-72}$$

$$w_k^{(j)}(\boldsymbol{z})=\frac{\boldsymbol{P}_{D,k}w_{k|k-1}^{(j)}\boldsymbol{q}_k^{(j)}(\boldsymbol{z})}{\kappa_k(\boldsymbol{z})+\boldsymbol{P}_{D,k}\sum_{\ell=1}^{J_{k|k-1}}w_{k|k-1}^{(\ell)}\boldsymbol{q}_k^{(\ell)}(\boldsymbol{z})} \tag{5-73}$$

$$\boldsymbol{q}_k^{(\ell)}(\boldsymbol{z})=N(\boldsymbol{z}\mid\boldsymbol{H}_k\boldsymbol{m}_{k|k-1}^{(j)},\boldsymbol{H}_k\boldsymbol{P}_{k|k-1}^{(j)}\boldsymbol{H}_k^{\mathrm{T}}+\boldsymbol{R}_k) \tag{5-74}$$

$$\boldsymbol{m}_{k|k}^{(j)}(\boldsymbol{z})=\boldsymbol{m}_{k|k-1}^{(j)}+\boldsymbol{K}_k^{(j)}(\boldsymbol{z}-\boldsymbol{H}_k\boldsymbol{m}_{k|k-1}^{(j)}) \tag{5-75}$$

$$\boldsymbol{P}_{k|k}^{(j)}=(\boldsymbol{I}-\boldsymbol{K}_k^{(j)}\boldsymbol{H}_k)\boldsymbol{P}_{k|k-1}^{(j)} \tag{5-76}$$

$$\boldsymbol{K}_k^{(j)}=\boldsymbol{P}_{k|k-1}^{(j)}\boldsymbol{H}_k^{\mathrm{T}}(\boldsymbol{H}_k\boldsymbol{P}_{k|k-1}^{(j)}\boldsymbol{H}_k^{\mathrm{T}}+\boldsymbol{R}_k)^{-1} \tag{5-77}$$

由式（5-71）～式（5-77）可以得出，更新 PHD 具有下面的形式：

$$D_k(\boldsymbol{x})=\sum_{i=1}^{J_k}w_k^{(i)}\cdot N(\boldsymbol{x}\mid\boldsymbol{m}_k^{(i)},\boldsymbol{P}_k^{(i)}) \tag{5-78}$$

式中，高斯分量数 $J_k=J_{k|k-1}(|Z_k|+1)$，$|Z_k|$ 为测量集合中元素的个数。

（4）高斯分量剪枝与合并。

经过预测和更新步骤，高斯分量数变为

$$\begin{aligned}J_k&=(J_{k-1}+J_{\beta,k}J_{k-1}+J_{\gamma,k})(|Z_k|+1)\\&=o(J_{k-1}\cdot|Z_k|)\end{aligned} \tag{5-79}$$

即高斯分量在不断增长，如果不加以限制，计算复杂度将无限增大。文献[5]给出了启发式的剪枝与合并技术以限制高斯分量的增长。剪枝操作是将权值较大的高斯分量保留，而删除权值较小的高斯分量；合并操作是将状态相近的高斯分量合并成一个高斯分量。剪枝与合并的伪码由算法 5-1 给出。

（5）多目标状态提取。

高斯分量的权值在一定程度上代表了该高斯分量对目标个数期望值的贡献，根据权值的大小可对多目标状态进行提取。若某个高斯分量的权值大于 0.5，则认为其均值为某目标的状态，该状态的目标个数估计为权值取整，即 $\mathrm{round}(w_k^{(i)})$。GM-PHD 多目标状态提取算法如算法 5-2 所示。

算法 5-1 GM-PHD 高斯分量的剪枝与合并

输入：高斯分量集合$\left\{w_k^{(i)},\boldsymbol{m}_k^{(i)},\boldsymbol{P}_k^{(i)}:i=1,2,\cdots,J_k\right\}$、剪枝阈值$T$、合并阈值$U$、最大高斯分量数$J_{\max}$

过程：

1. 剪枝处理：$I=\{i=1,2,\cdots,J_k \mid w_k^{(i)}>T\}$；
2. $\ell=0$，并重复以下操作直到$I=\varnothing$：

$\ell:=\ell+1$

$j:=\arg\max\limits_{i\in I} w_k^{(i)}$;

$L:=\left\{i\in I \mid (\boldsymbol{m}_k^{(i)}-\boldsymbol{m}_k^{(j)})^{\mathrm{T}}(\boldsymbol{P}_k^{(i)})^{-1}(\boldsymbol{m}_k^{(i)}-\boldsymbol{m}_k^{(j)})\leqslant U\right\}$

$\tilde{w}_k^{(\ell)}=\sum\limits_{i\in L} w_k^{(i)}$

$\tilde{\boldsymbol{m}}_k^{(\ell)}=\dfrac{1}{\tilde{w}_k^{(\ell)}}\sum\limits_{i\in L} w_k^{(i)}\boldsymbol{m}_k^{(i)}$

$\tilde{\boldsymbol{P}}_k^{(\ell)}=\dfrac{1}{\tilde{w}_k^{(\ell)}}\sum\limits_{i\in L} w_k^{(i)}(\boldsymbol{P}_k^{(i)}+(\tilde{\boldsymbol{m}}_k^{(\ell)}-\boldsymbol{m}_k^{(i)})(\tilde{\boldsymbol{m}}_k^{(\ell)}-\boldsymbol{m}_k^{(i)})^{\mathrm{T}})$

$I:=I\setminus L$

3. 若$\ell>J_{\max}$，从$\left\{\tilde{w}_k^{(i)},\tilde{\boldsymbol{m}}_k^{(i)},\tilde{\boldsymbol{P}}_k^{(i)}:i=1,2,\cdots,\ell\right\}$中筛选出权重最大的前$J_{\max}$个高斯分量

输出：高斯分量集合$\left\{\tilde{w}_k^{(i)},\tilde{\boldsymbol{m}}_k^{(i)},\tilde{\boldsymbol{P}}_k^{(i)}:i=1,2,\cdots,\ell\right\}$

算法 5-2 GM-PHD 多目标状态提取

输入：高斯分量集合$\left\{w_k^{(i)},\boldsymbol{m}_k^{(i)},\boldsymbol{P}_k^{(i)}:i=1,2,\cdots,J_k\right\}$

过程：

```
X̂_k = ∅;
for i=1,2,⋯,J_k
    if w_k^(i) > 0.5
        for j=1,2,⋯,round(w_k^(i))
            X̂_k := {X̂_k, m_k^(i)}
        end
    end
end
```

输出：目标状态集合$\hat{X}_k$

本节给出了 GM-PHD 算法完整的递推过程。在线性高斯模型假设下，GM-PHD 算法比 SMC-PHD 算法实现起来更简单，有着直接的闭式解，无须聚类等操作；在相同滤波精度下，GM-PHD 算法具有更低的计算量。如果将递推过程中的卡尔曼预测和更新方程替换为 EKF 或 UKF，也适用于非线性高斯模型。此外，文献[4]指出 GM-PHD 算法也可以扩展到目标存活和检测概率与状态有关的情况。

5.3　基于观测驱动的标签 GM-PHD 算法多目标跟踪

PHD 滤波器存在两个弊端：第一个弊端是需要指定新生目标（本节不考虑衍生目标）的先验分布，SMC-PHD 算法通过一系列新生目标粒子隐式地给出新生目标的先验状态和数量，GM-PHD 算法则用新生目标的高斯分量直接指明。很多时候，特别是水下声呐系统的跟踪，并不具备新生目标的先验信息，新生目标可能从观测区域中的任何位置出现。第二个弊端是 PHD 滤波器只估计了目标状态，并没有显式地加入目标标签的管理，严格来讲它是一种基于随机有限集的多目标滤波器，而非多目标跟踪算法。在大多数应用场景中，多目标跟踪的一个重要作用是对目标航迹划分批次，也即给出目标标签。因此，本节主要工作之一是通过观测驱动目标新生，即不指定新生目标的先验分布，目标新生由观测数据自适应新生；工作之二是在 PHD 滤波器中嵌入目标管理，给出带标签的目标航迹。

为了不指定新生目标先验状态，本书提出了一种简单的观测驱动目标新生的方法。其具体实现过程为：存储 $k-1$ 时刻的观测数据集 Z_{k-1}，对观测方程逆变换，计算每个观测 $\boldsymbol{z}\in Z_{k-1}$ 对应的目标状态 $\boldsymbol{x}$。对于 SMC-PHD 算法，只需将 $\boldsymbol{x}$ 作为 k 时刻新生目标粒子的状态均值，同时设置一个先验的粒子权值即可；对于 GM-PHD 算法，将 $\boldsymbol{x}$ 作为 k 时刻新生目标的高斯分量均值，同时设置一个先验的协方差矩阵 $\boldsymbol{P}_0$ 和高斯分量权值。至此，k 时刻新生目标的先验由 $k-1$ 时刻的观测数据集构造，可以按照常规 SMC-PHD 算法或 GM-PHD 算法流程进行多目标状态滤波。这样的做法是合理的，因为杂波在观测空间是没有规律的，一般假定其服从泊松过程，在观测空间服从均匀分布。而真实目标随时间会在某个地方密集出现，新生目标的高斯分量（或粒子）权值必然会不断增大，最终被确定为正式目标。

为了实现目标航迹管理，让多目标滤波方法 PHD 变为多目标跟踪方法，本书针对 GM-PHD 算法给出了一种基于高斯标签的目标标签管理方法[5]，具体实现方法如下。

在初始化阶段，每一个高斯分量由均值、协方差、权值组成，所有高斯分量用集合表示为 $\{\boldsymbol{m}_0^{(i)},\boldsymbol{P}_0^{(i)},w_0^{(i)}:i=1,2,\cdots,J_0\}$，其 PHD 如式（5-61）所示。为每一个高斯分量添加一个单独的标签 $\tau_0^{(i)}$，所有高斯分量的标签表示为

$$T_0=\left\{\tau_0^{(1)},\tau_0^{(2)},\cdots,\tau_0^{(J_0)}\right\} \tag{5-80}$$

预测阶段，与式（5-63）对应，高斯标签分为三部分，分别对应存活目标、衍生目标和新生目标，即

$$T_{k|k-1}=T_{k-1}\cup\left\{\tau_{\beta,k}^{(1)},\tau_{\beta,k}^{(2)},\cdots,\tau_{\beta,k}^{(J_{\beta,k})}\right\}\cup\left\{\tau_{\gamma,k}^{(1)},\tau_{\gamma,k}^{(2)},\cdots,\tau_{\gamma,k}^{(J_{\gamma,k})}\right\} \tag{5-81}$$

其中，存活目标的高斯标签由 $k-1$ 时刻的标签集 T_{k-1} 继承而来，衍生目标标签 $\tau_{\beta,k}^{(i)}$ 和新生目标标签 $\tau_{\gamma,k}^{(i)}$ 则是新加的与之前不同的标签，并且互不相同。

在更新阶段，每个高斯分量的标签保持与预测阶段的标签一致，即使它被不同的观测 $\boldsymbol{z} \in Z_k$ 更新。

标签 GM-PHD 算法预测和更新过程如图 5-1 所示。由图可知，新的目标标签由预测过程中的衍生目标和新生目标加入，存活目标不改变目标标签，更新阶段目标标签不随观测更新的情况改变。

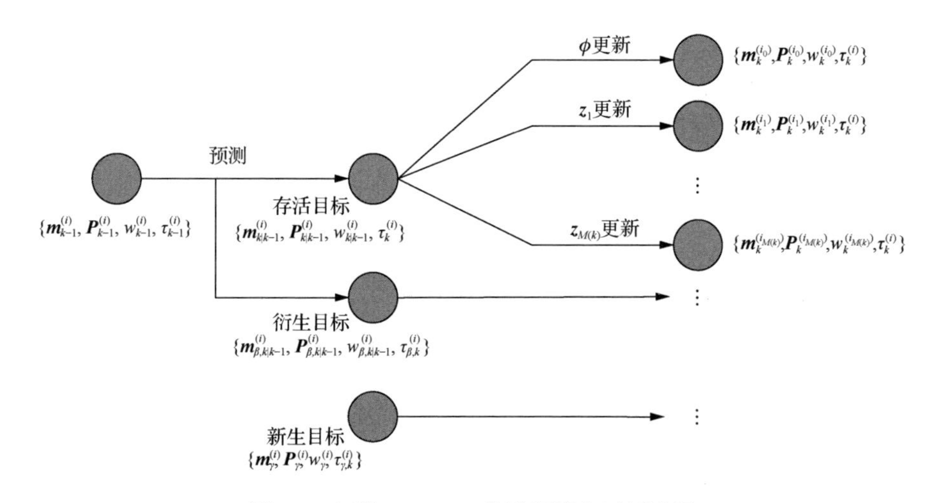

图 5-1　标签 GM-PHD 算法预测和更新过程

在合并的过程中，不同的高斯分量可能有不同的标签，即合并的高斯分量集合中可能包含多个不同的标签。可以提取该集合中权值最大高斯分量的标签作为合并后的高斯分量标签；也可以计算该集合中每个标签对应的高斯分量权值和，将权值和最大的标签作为合并后的高斯分量标签。

在状态提取阶段，提取权值 $w_k^{(i)} > 0.5$ 的高斯分量，将其均值、标签作为当前时刻跟踪轨迹输出。需要注意的是：可能出现一个权值很大的高斯分量，例如 $w_k^{(i)} = 2$，根据状态提取伪码，将输出两个相同状态、相同标签的目标；也可能出现两个权值都很大（满足 $w_k^{(i_1)} > 0.5$，$w_k^{(i_2)} > 0.5$）的高斯分量，并且它们的标签都相同，这样也会输出两个相同状态、相同标签的目标。为了避免这些不合理输出，在输出阶段，每个标签至多输出一个目标状态和其对应的标签。

上述方法可以简单快速地给出连贯的目标标签，在目标轨迹交叉不是很严重的情况下，一般不会出现标签输出混乱的现象。但是由于 PHD 算法只传递了多目标后验概率密度的一阶统计矩，对检测性能（虚警和漏检）很敏感，有可能出现将杂波误认为目标、在连续漏检的时候目标轨迹中断等情况，因此还需要做一些额外的工作以提高跟踪的稳定性。基于观测驱动的标签 GM-PHD 算法如图 5-2 所示。

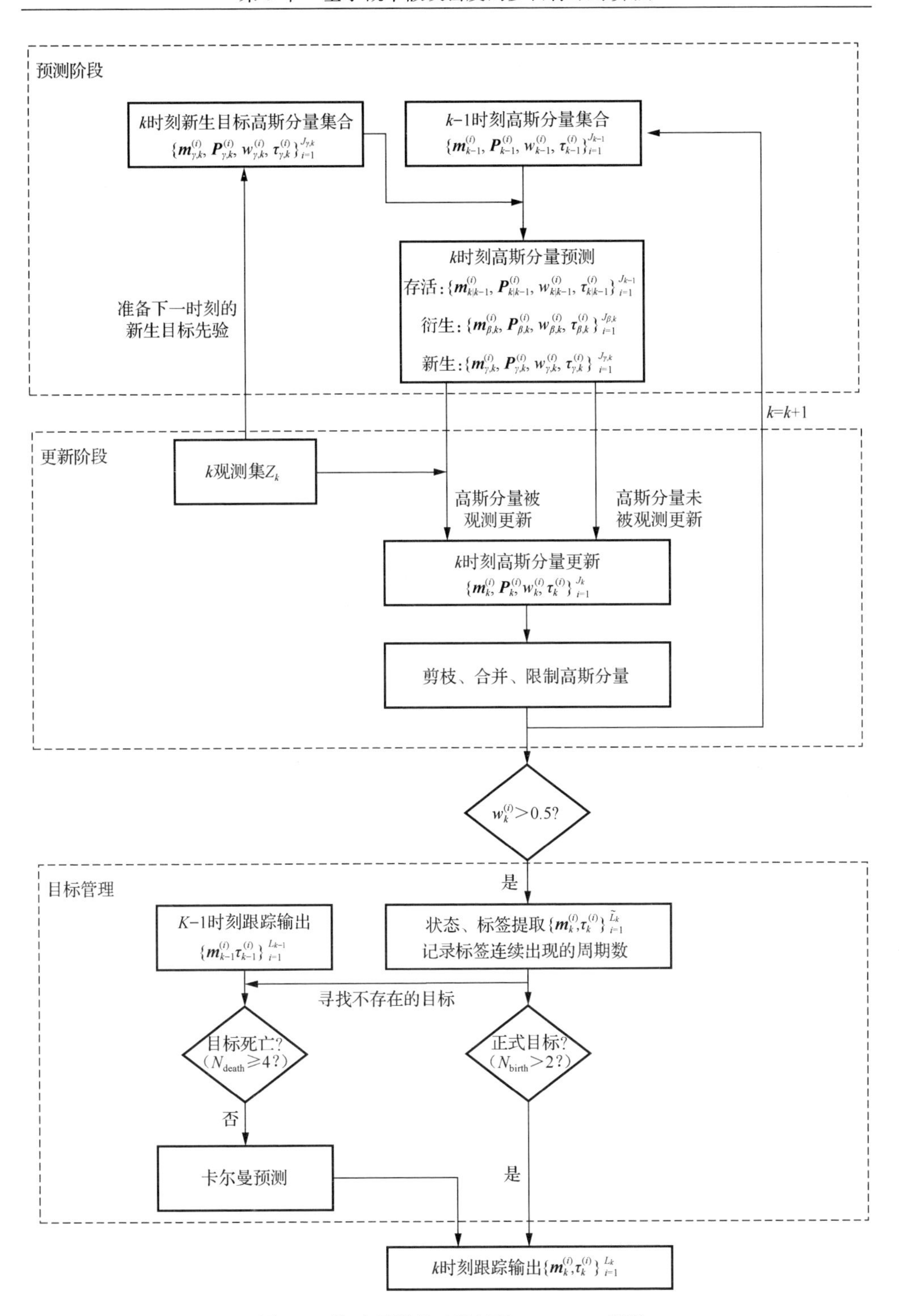

图 5-2　基于观测驱动的标签 GM-PHD 算法

在目标管理的过程中，本书加入了一些额外的操作来避免目标虚报和目标丢失等事件的发生：①记录新生目标连续出现的次数 N_{birth}，只有当 N_{birth} 大于一定门限后才正式确认目标，输出其状态和标签；②记录正式目标的未更新次数 N_{death}，当某个观测周期该目标缺失时，若 N_{death} 小于一定门限，则通过卡尔曼预测状态，将其作为其跟踪状态输出，若 N_{death} 大于一定门限，则判定该目标已经死亡，不再预测其状态。

5.4 仿 真 实 验

5.4.1 实验 1：CV 模型下的多目标跟踪

1. 场景设置

考虑一个水下多目标运动环境，场景中共有 5 个目标，每个目标做匀速直线运动，空心圆点为目标起始位置，多目标真实运动轨迹如图 5-3 所示。考虑到水中目标运动速度较低，一般保持在 5～20m/s，故图中目标速度设定在此范围内。设置观测周期为 $T = 4\text{s}$，总观测时间 400s，共 100 个观测周期。观测点在坐标原点，保持静止。每个目标的初始状态（x 坐标、x 方向速度、y 坐标、y 方向速度、新生和死亡时刻）如表 5-1 所示。

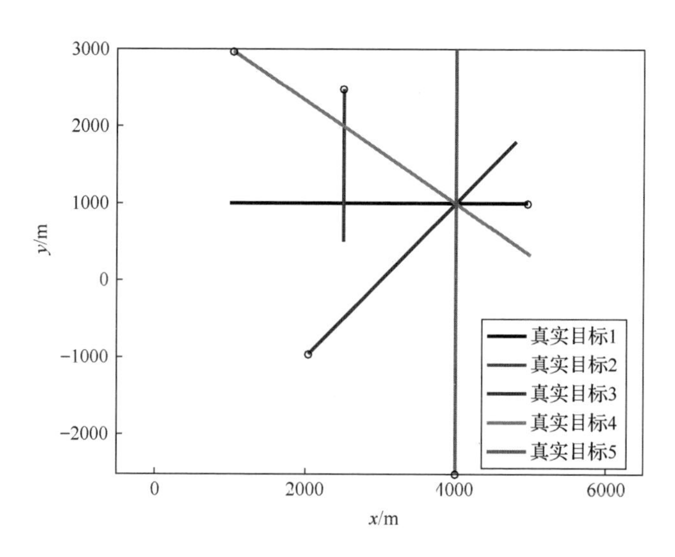

图 5-3 多目标真实运动轨迹（彩图附书后）

表 5-1　目标初始状态、新生和死亡时刻

目标	初始坐标(x,y)/m	速度 v_x, v_y/（m/s）	新生时刻/s	死亡时刻/s
1	(5000, 1000)	(−10, 0)	1	100
2	(2500, 2500)	(0, −5)	1	100
3	(2000, −1000)	(10, 10)	1	70
4	(1000, 3000)	(10, −6.7)	1	100
5	(4000, −2600)	(0, 20)	31	100

观测数据由方位角和距离构成，其中观测方位的范围为 0°～180°，距离观测范围为 0～6km。设置方位观测噪声方差和距离观测噪声方差分别为$\delta_\theta = 2$，$\delta_R = 20$，并且两种噪声互不相关。目标检测概率设置为$P_D = 0.95$，杂波（虚警）在观测空间中满足泊松过程，每个观测周期平均杂波数设置为$\lambda = 5$。观测方位与观测距离如图 5-4 所示，观测数据与真实目标轨迹如图 5-5 所示。

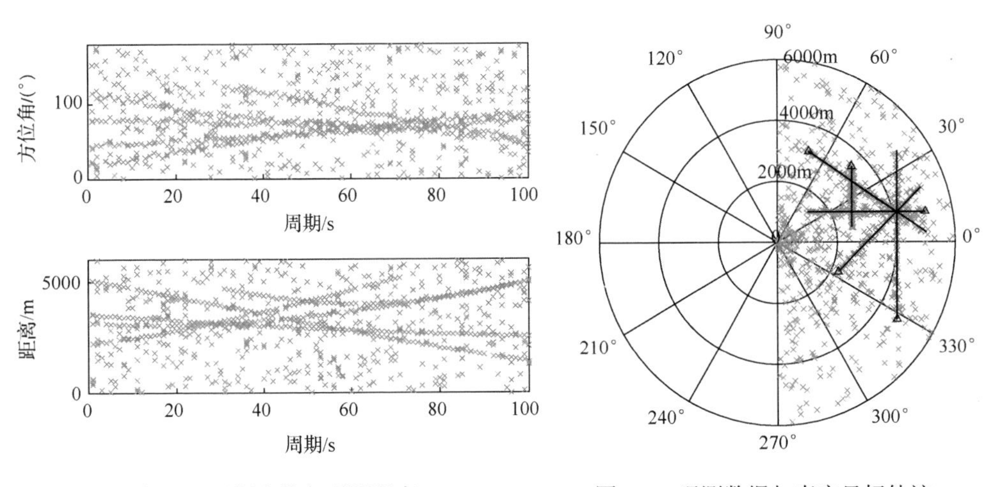

图 5-4　观测方位与观测距离　　　图 5-5　观测数据与真实目标轨迹

在跟踪过程中，将每一个目标的运动模型设置为 CV 模型，观测模型设置为非线性高斯模型。其中，过程噪声协方差和观测噪声协方差分别设置为

$$\boldsymbol{Q}_k = \tilde{Q} \cdot \begin{bmatrix} T^3/3 & T^2/2 & 0 & 0 \\ T^2/2 & T & 0 & 0 \\ 0 & 0 & T^3/3 & T^2/2 \\ 0 & 0 & T^2/2 & T \end{bmatrix}, \quad \boldsymbol{R}_k = \begin{bmatrix} 2^2 & 0 \\ 0 & 20^2 \end{bmatrix}$$

式中，$\tilde{Q} = 1\times10^{-4}$。考虑到观测方程的非线性，将 KF 更换为 UKF。除此之外，

高斯分量剪枝门限和合并门限分别设置为 0.00005 和 4，限制高斯分量数最大为 200 个。每个新生目标位置由上一个时刻的观测计算，速度设置为 0，由此获得新生目标先验状态 $\boldsymbol{m}_{\gamma,k}^{(i)}$。另外，所有新生目标的高斯分量权值设置为 $w_{\gamma,k}^{(i)}=0.005$，协方差设置为 $\boldsymbol{P}_{\gamma,k}^{(i)}=\mathrm{diag}(50^2\ \ 50^2\ \ 50^2\ \ 50^2)$。在目标管理过程中，新目标只有连续 2 个周期以上出现才被判定为正式目标，并输出状态和标签，若一个正式目标超过 4 个周期没有出现，则判定为死亡。

2. 跟踪结果及分析

图 5-6 给出了基于观测驱动的 GM-PHD 算法的滤波结果，在此基础上增加高斯标签和目标管理，得到基于观测驱动的标签 GM-PHD 算法的跟踪结果，如图 5-7 所示，用不同颜色的空心圆圈表示不同标签的跟踪目标，细实线为目标真实轨迹。从滤波结果看，基于观测驱动的 GM-PHD 算法能较好地应对高杂波率环境，并且在一定程度上能够较好地处理轨迹交叉。但是滤波结果中出现了许多漏点和少量的虚警点，说明滤波性能对检测结果比较敏感，特别是对观测数据的漏检敏感。如果观测连续出现漏检，滤波结果很可能丢失目标。总体上跟踪到了全部 5 个目标，并且在多目标交叉过程中未出现目标标签混乱的现象。相比于滤波结果，基于观测驱动的标签 GM-PHD 算法不但给出了目标标签，而且能够去除滤波结果中的虚警点，为滤波漏点补齐数据，进而得到一个连贯且稳定的多目标跟踪结果。

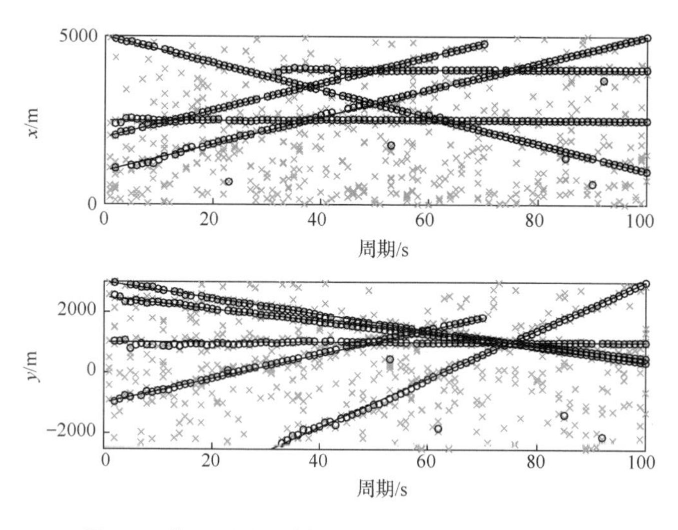

图 5-6　基于观测驱动的 GM-PHD 算法的滤波结果

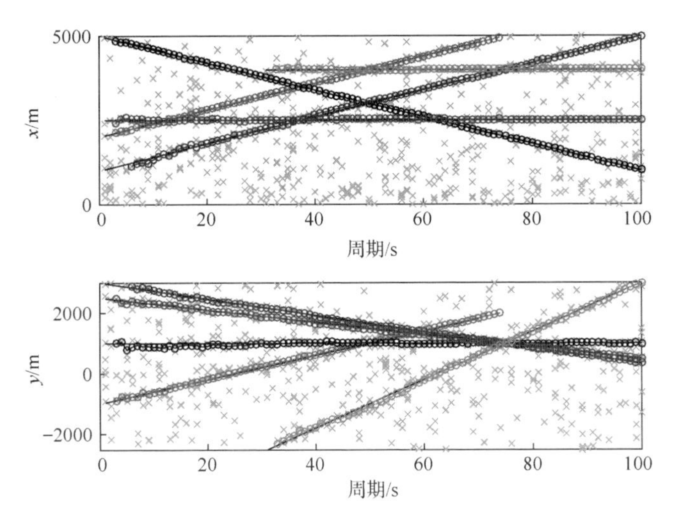

图 5-7　基于观测驱动的标签 GM-PHD 算法的跟踪结果（彩图附书后）

图 5-8 为基于观测驱动的标签 GM-PHD 算法的跟踪结果的 OSPA 距离分析。随着跟踪的进行，OSPA 距离在降低，跟踪结束时的 OSPA 距离低于 20m。图 5-9 给出了目标个数的真实值和估计值。可见目标个数估计基本正确。由于跟踪目标管理的延迟判决特性，在目标新生和死亡的时候目标个数估计存在一定偏差。

在不同杂波个数和检测概率下统计平均 OSPA 距离，每种组合下对观测数据产生不同的随机噪声，进行蒙特卡罗实验 500 次，结果如图 5-10 所示。显然，随着检测概率的降低（或者杂波平均个数增多）OSPA 距离增大。

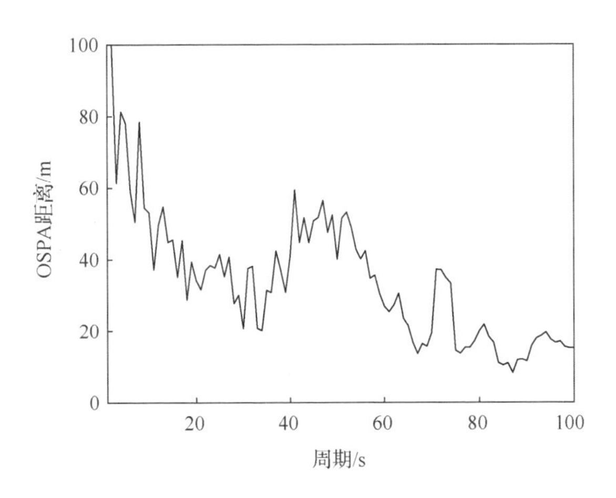

图 5-8　OSPA 距离

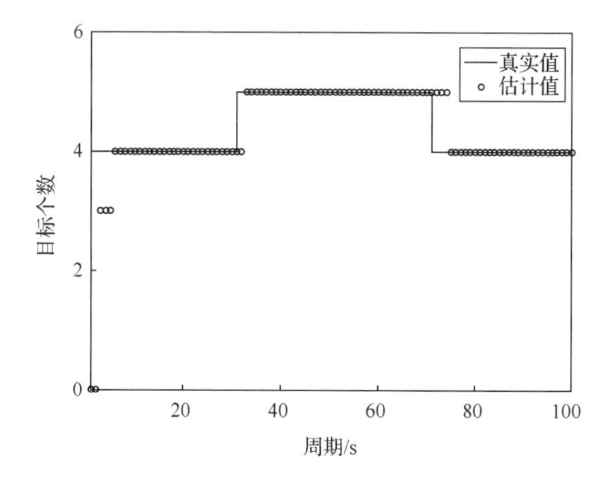

图 5-9　目标个数估计值与真实值

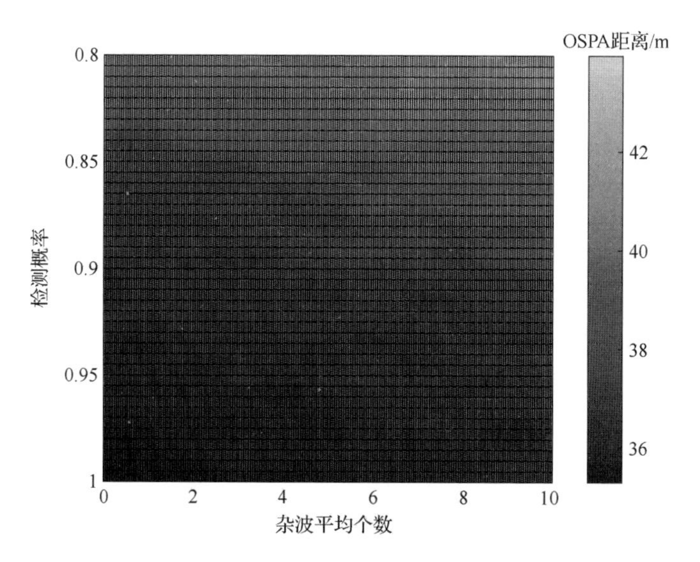

图 5-10　不同杂波个数和检测概率下的 OSPA 距离

3. 算法的性能对比

本节将基于观测驱动的标签 GM-PHD 算法与本书提出的 C-RBMCDA 算法进行性能对比。观测数据的检测概率设置为 0.95，平均杂波个数设置为 5。两种算法使用相同参数的 CV 模型和观测模型对系统建模。C-RBMCDA 算法跟踪参数设置为目标新生先验概率 $pb = 0.002$，野值先验概率 $cp = 0.6$；密度聚类参数设置为领域半径 $\varepsilon = 50\text{m}$，ε 邻域内最低样本个数 $\text{MinPts} = 0.5 \times N$（$N$ 为粒子个数）、目标匹配门限 $\theta_{\text{match}} = 0.5$。

两种算法在 MATLAB2016a 平台运行(CPU 型号为 Intel i5 7500，内存为 DDR4 12GB)，蒙特卡罗实验次数为 200 次，每次对观测数据产生随机噪声、随机漏检和随机杂波。统计基于观测驱动的标签 GM-PHD 算法的平均 OSPA 距离和平均运行时间，统计 C-RBMCDA 算法在不同粒子个数下的平均 OSPA 距离和平均运行时间，其结果如图 5-11 和图 5-12 所示，数值统计结果如表 5-2 所示。

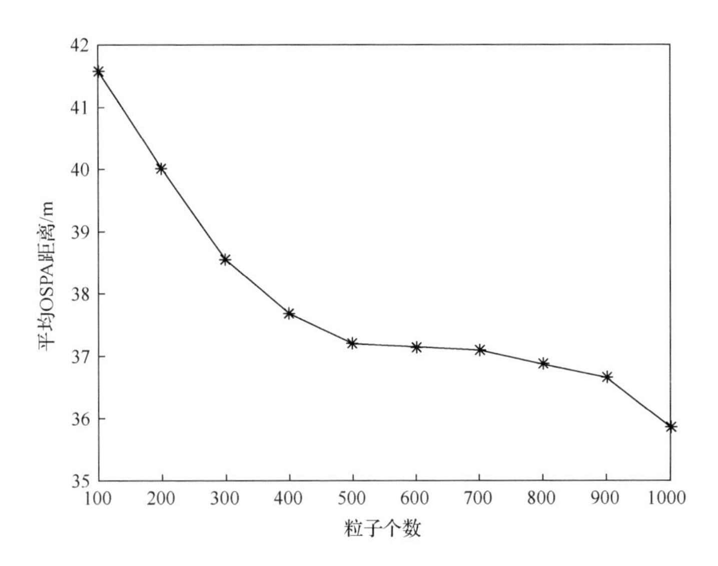

图 5-11　C-RBMCDA 算法平均 OSPA 距离随粒子个数的变化曲线

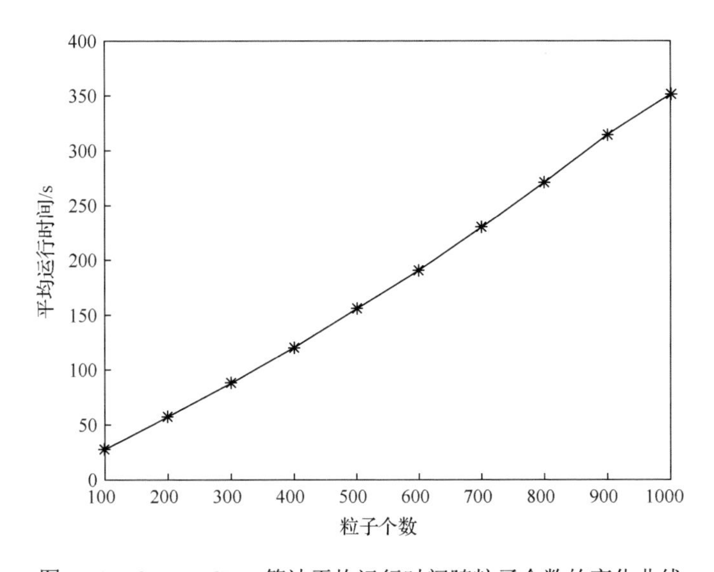

图 5-12　C-RBMCDA 算法平均运行时间随粒子个数的变化曲线

表 5-2 基于观测驱动的标签 GM-PHD 算法与 C-RBMCDA 算法性能对比

算法	粒子个数	平均 OSPA 距离/m	平均运行时间/s
算法 1	100	41.58	27.56
	200	40.01	57.25
	300	38.55	87.70
	400	37.68	120.40
	500	37.20	155.64
	600	37.15	190.80
	700	37.10	229.90
	800	36.87	270.95
	900	36.66	314.34
	1000	35.86	351.11
算法 2	—	37.88	0.82

注：算法 1 为 C-RBMCDA，算法 2 为基于观测驱动的标签 GM-PHD

基于观测驱动的标签 GM-PHD 算法平均 OSPA 距离为 37.88m，平均运行时间为 0.82s。由图 5-11 可知，对于 C-RBMCDA 算法，随着粒子个数增加，其平均 OSPA 距离减小，但是运行时间线性增长。当粒子个数高于 400 时，跟踪性能优于基于观测驱动的标签 GM-PHD 算法（平均 OSPA 距离低于 37.88m），但是运行时间远多于 GM-PHD 算法。总结如下：基于观测驱动的标签 GM-PHD 算法运算量小，跟踪精度良好，适用于对运行时间要求高的环境；C-RBMCDA 算法运算时间长，但是可以通过增加粒子个数来提高跟踪性能，适用于对跟踪精度要求高、对运行时间要求不高的环境。

5.4.2 实验 2：机动目标的跟踪

本节验证基于观测驱动的标签 GM-PHD 算法在目标机动情况下的跟踪性能。机动多目标真实运动轨迹如图 5-13 所示，图中共有 4 个目标：目标 1 保持静止；目标 2 和目标 3 分别保持速率 5m/s 和 10m/s、角速度 0.5°/s 机动；目标 4 做 10m/s 匀速直线运动。总观测时间为 1600s，观测周期为 $T=4\text{s}$，总计 400 个周期。观测数据中限制观测方位的范围为 0°～180°，距离观测范围为 0～8km，设置方位观测噪声方差和距离观测噪声方差分别为 $\delta_\theta=2$，$\delta_R=20$，目标检测概率为 $P_D=0.95$，杂波在观测空间中满足泊松过程，每个观测周期的杂波数均值为 $\lambda=5$。观测方位与观测距离如图 5-14 所示，基于观测驱动的标签 GM-PHD 算法的跟踪结果如图 5-15 所示，OSPA 距离如图 5-16 所示，目标个数估计值与真实值如图 5-17 所示。

跟踪过程使用 CV 模型对目标运动建模，过程噪声协方差系数更改为 $\tilde{Q}=0.2$。跟踪结果如图 5-15 所示，四个目标均被准确地持续跟踪。OSPA 距离统计结果如图 5-16 所示，每个周期平均 OSPA 距离为 48.8m。图 5-17 给出了目标个数估计的结果，除了目标新生和死亡的时刻出现短暂的目标个数估计错误外，其他时刻均正确估计目标个数，这是目标新生和死亡的延迟判决导致的。基于观测驱动的标签 GM-PHD 算法适用于机动目标跟踪，并且保持较好的性能。为了保证不丢失目标，需要将过程噪声协方差系数 $\tilde{Q}$ 增大，这样可以将目标轨迹的机动归结为过程噪声的结果，滤波才不会发散。但是增大 $\tilde{Q}$ 会导致跟踪更易受观测数据影响，轨迹波动较大、不平滑。

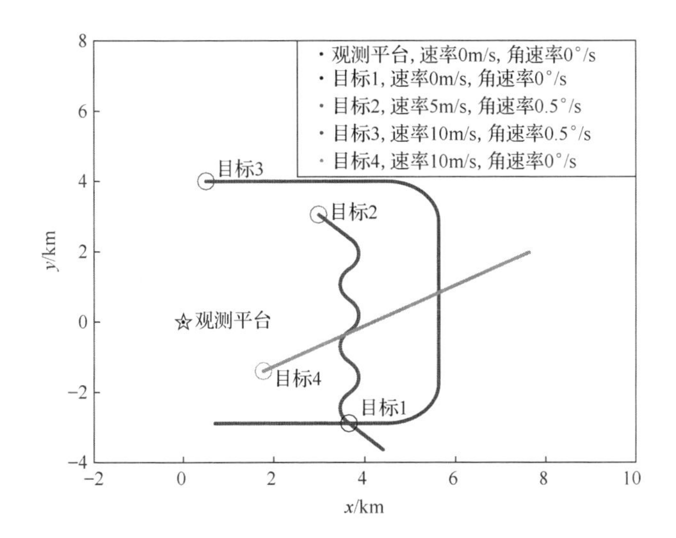

图 5-13　机动多目标真实运动轨迹

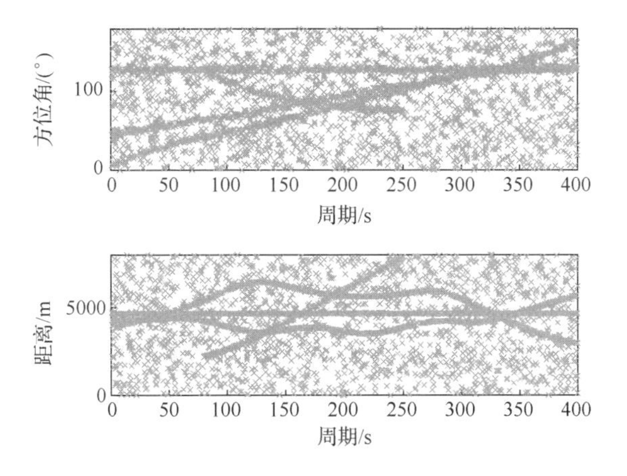

图 5-14　观测方位与观测距离

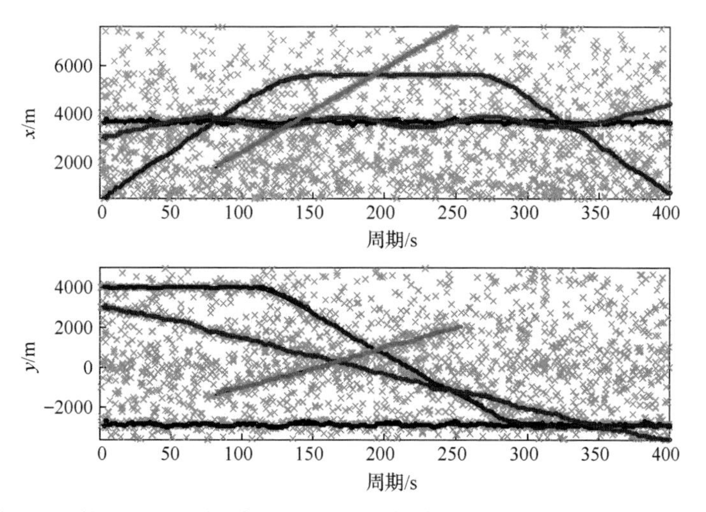

图 5-15　基于观测驱动的标签 GM-PHD 算法的跟踪结果（彩图附书后）

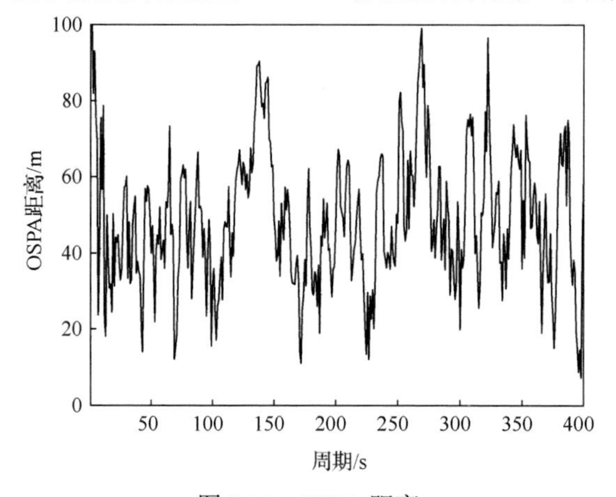

图 5-16　OSPA 距离

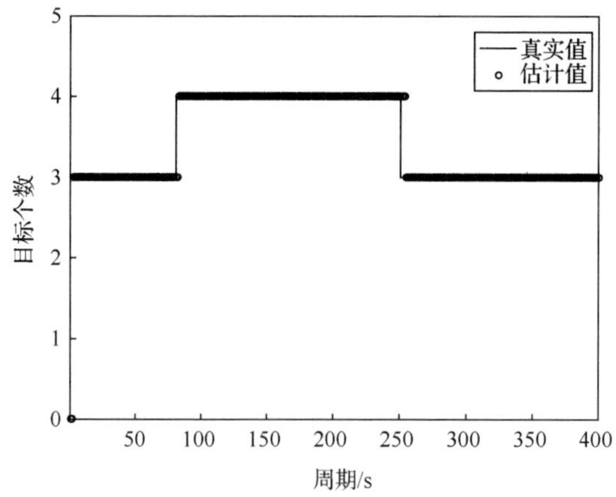

图 5-17　目标个数估计值与真实值

参 考 文 献

[1] Mahler R P S. Statistical Multisource-Multitarget Information Fusion[M]. Norwood: Artech House, 2007.

[2] Vo B N, Singh S, Doucet A. Sequential Monte Carlo methods for multi-target filtering with random finite sets[J]. IEEE Transactions on Aerospace and Electronic Systems, 2005, 41(4): 1224-1245.

[3] Clark D E, Vo B N. Convergence analysis of the Gaussian mixture PHD filter[J]. IEEE Transactions on Signal Processing, 2007, 55(4): 1204-1212.

[4] Vo B N, Ma W K. The Gaussian mixture probability hypothesis density filter[J]. IEEE Transactions on Signal Processing, 2006, 54(11): 4091-4104.

[5] Panta K, Clark D E, Vo B N. Data association and track management for the Gaussian mixture probability hypothesis density filter[J]. IEEE Transactions on Aerospace and Electronic Systems, 2009, 45(3): 1003-1016.

第 6 章　基于粒子滤波的检测前跟踪算法

相比单个水听器，现代水听器阵列的空间分辨率更高、信号空间增益更大并且控制波束更灵活，因此通常现代声呐系统的实现都需要依靠阵列信号处理。本章首先阐述被动声呐线列阵信号模型，然后介绍普适的目标跟踪框架，在此基础上，给出检测前跟踪算法的概念及结构，最后对粒子滤波理论进行介绍。

6.1　水声阵列信号检测前跟踪基本理论

6.1.1　声呐线列阵信号模型

根据水听器排列方式不同可将声呐阵列分为线列阵、方阵、圆阵等。其中，线列阵是一种被广泛使用的类型，图 6-1 为被动拖曳线列阵声呐系统示意图。

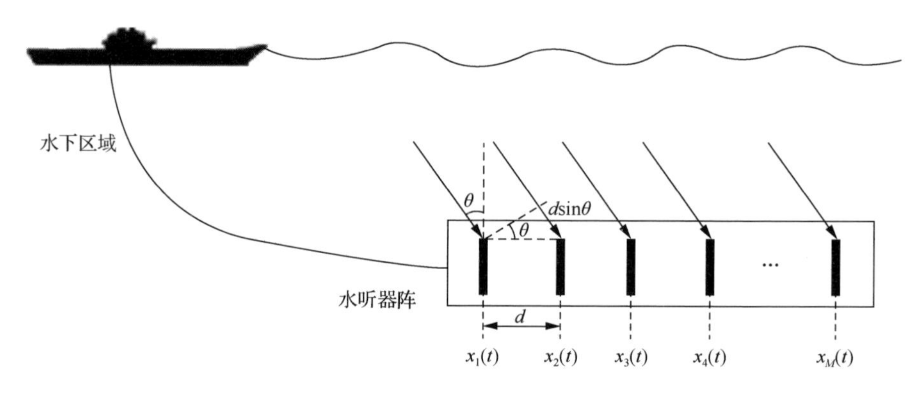

图 6-1　被动拖曳线列阵声呐系统示意图

若入射信号为远场信号，且相对其中心频率，带宽很小，为窄带信号，可将其表示为

$$s_i(t) = u_i(t)\mathrm{e}^{\mathrm{j}(\omega_0 t + \varphi_i(t))} \tag{6-1}$$

$$s_i(t+\tau) = u_i(t+\tau)\mathrm{e}^{\mathrm{j}(\omega_0(t+\tau) + \varphi_i(t+\tau))} \tag{6-2}$$

式中，$u_i(t)$ 和 $\varphi_i(t)$ 分别表示 t 时刻 i 阵元接收信号的幅度和相位；ω_0 表示中心角

频率；τ 表示信号的延迟时间。由于窄带信号的幅度和相位随时间变化较缓慢，因此有

$$u_i(t+\tau) \approx u_i(t) \tag{6-3}$$

$$\varphi_i(t+\tau) \approx \varphi_i(t) \tag{6-4}$$

根据上式可得

$$s_i(t+\tau) \approx s_i(t)\mathrm{e}^{\mathrm{j}\omega_0\tau}, \quad i=1,2,\cdots,K \tag{6-5}$$

若有一入射方向角为 θ_1 的远场平稳信号 $s_1(t)$，则阵元一 t 时刻接收的信号为

$$x_{11}(t) = s_1(t) + n_1(t) \tag{6-6}$$

阵元二 t 时刻接收到的信号为

$$x_{21}(t) = x_{11}(t+\tau_{12}) = s_1(t)\mathrm{e}^{\mathrm{j}\frac{2\pi}{\lambda}d\sin\theta_1} + n_2(t) \tag{6-7}$$

式中，$\tau_{12} = d\sin\theta_1 / c$，$d$ 是相邻元间距。若阵元数为 M，可得到 M 个阵元 t 时刻接收信号矩阵为

$$\begin{bmatrix} x_{11}(t) \\ x_{21}(t) \\ \vdots \\ x_{M1}(t) \end{bmatrix} = \begin{bmatrix} 1 \\ \mathrm{e}^{\mathrm{j}2\pi\frac{d}{\lambda}\sin\theta_1} \\ \vdots \\ \mathrm{e}^{\mathrm{j}(M-1)2\pi\frac{d}{\lambda}\sin\theta_1} \end{bmatrix} s_1(t) + \begin{bmatrix} n_1(t) \\ n_2(t) \\ \vdots \\ n_M(t) \end{bmatrix} \tag{6-8}$$

若有 K 个目标，其中目标 i 的入射方向为 θ_i，入射信号为 $s_i(t)$，则 t 时刻，M 个阵元阵列接收到目标 i 的信号为

$$\begin{bmatrix} x_{1i}(t) \\ x_{2i}(t) \\ \vdots \\ x_{Mi}(t) \end{bmatrix} = \begin{bmatrix} 1 \\ \mathrm{e}^{\mathrm{j}2\pi\frac{d}{\lambda}\sin\theta_i} \\ \vdots \\ \mathrm{e}^{\mathrm{j}(M-1)2\pi\frac{d}{\lambda}\sin\theta_i} \end{bmatrix} s_i(t) \tag{6-9}$$

式中，$i=1,2,\cdots,K$。则 t 时刻，阵列接收信号为 $\boldsymbol{x}(t) = [x_1(t) \quad x_2(t) \quad \cdots \quad x_M(t)]^{\mathrm{T}}$，考虑各阵元自身位置处的噪声，则阵列的输入信号为

$$\boldsymbol{x}(t) = \begin{bmatrix} 1 & 1 & \cdots & 1 \\ \mathrm{e}^{\mathrm{j}2\pi\frac{d}{\lambda}\sin\theta_1} & \mathrm{e}^{\mathrm{j}2\pi\frac{d}{\lambda}\sin\theta_2} & \cdots & \mathrm{e}^{\mathrm{j}2\pi\frac{d}{\lambda}\sin\theta_K} \\ \vdots & \vdots & & \vdots \\ \mathrm{e}^{\mathrm{j}(M-1)2\pi\frac{d}{\lambda}\sin\theta_1} & \mathrm{e}^{\mathrm{j}(M-1)2\pi\frac{d}{\lambda}\sin\theta_2} & \cdots & \mathrm{e}^{\mathrm{j}(M-1)2\pi\frac{d}{\lambda}\sin\theta_K} \end{bmatrix} \begin{bmatrix} s_1(t) \\ s_2(t) \\ \vdots \\ s_K(t) \end{bmatrix} + \begin{bmatrix} n_1(t) \\ n_2(t) \\ \vdots \\ n_M(t) \end{bmatrix} \tag{6-10}$$

若令

$$\boldsymbol{A}=\begin{bmatrix} 1 & 1 & \cdots & 1 \\ \mathrm{e}^{\mathrm{j}2\pi\frac{d}{\lambda}\sin\theta_1} & \mathrm{e}^{\mathrm{j}2\pi\frac{d}{\lambda}\sin\theta_2} & \cdots & \mathrm{e}^{\mathrm{j}2\pi\frac{d}{\lambda}\sin\theta_K} \\ \vdots & \vdots & & \vdots \\ \mathrm{e}^{\mathrm{j}(M-1)2\pi\frac{d}{\lambda}\sin\theta_1} & \mathrm{e}^{\mathrm{j}(M-1)2\pi\frac{d}{\lambda}\sin\theta_2} & \cdots & \mathrm{e}^{\mathrm{j}(M-1)2\pi\frac{d}{\lambda}\sin\theta_K} \end{bmatrix}=\left[\boldsymbol{a}(\theta_1) \quad \boldsymbol{a}(\theta_2) \quad \cdots \quad \boldsymbol{a}(\theta_K)\right] \tag{6-11}$$

$$\boldsymbol{s}(t)=\left[s_1(t) \quad s_2(t) \quad \cdots \quad s_K(t)\right]^{\mathrm{T}}, \quad \boldsymbol{n}(t)=\left[n_1(t) \quad n_2(t) \quad \cdots \quad n_M(t)\right]^{\mathrm{T}}$$

则式（6-10）可表示为

$$\boldsymbol{x}(t)=\boldsymbol{A}\boldsymbol{s}(t)+\boldsymbol{n}(t) \tag{6-12}$$

式（6-12）即为多目标接收信号的向量形式。

6.1.2 基于贝叶斯估计的目标跟踪框架

贝叶斯估计理论为处理具有随机序贯特性的量测数据提供了合理的框架，在此框架下，目标的状态可以描述为一个概率分布。以目标速度为例，某时刻目标的速度可以看作目标不同速度的概率，而目标在不同速度上的概率就构成目标速度的后验概率分布。得到后验概率分布后，就可以估计出目标的状态。可以说，其实质上就是求解目标的后验概率分布。

一般来说，系统无法直接获取状态信息，但是能够得到量测信息，通常贝叶斯框架需要建立运动模型和量测模型对目标进行描述。其中，运动模型是描述了目标状态随时间的转移模型，目标的状态可以包括目标的方位信息、角速度信息或者其他特征参数；而量测模型是估计目标状态的基础，反映了目标的状态和其对应的量测的统计关系。

根据以上贝叶斯估计理论的介绍，令 $\boldsymbol{x}_k$ 表示 k 时刻目标的状态，则表示目标状态随时间转移的运动模型为

$$\boldsymbol{x}_k=f(\boldsymbol{x}_{k-1},\boldsymbol{w}_{k-1}) \tag{6-13}$$

式中，$f(\cdot)$ 表示 $\boldsymbol{x}_{k-1}$ 和 $\boldsymbol{w}_{k-1}$ 的函数，称为系统的运动方程；$\boldsymbol{w}_{k-1}$ 表示 $k-1$ 时刻目标运动中的干扰，称为过程噪声。根据贝叶斯估计理论，跟踪的目的就是通过量测信息来估计目标状态 $\boldsymbol{x}_k$。若定义 k 时刻的量测值为 $\boldsymbol{z}_k$，那么量测模型可表示为

$$\boldsymbol{z}_k=h(\boldsymbol{x}_k,\boldsymbol{v}_k) \tag{6-14}$$

式中，$h(\cdot)$ 表示 $\boldsymbol{x}_{k-1}$ 和 $\boldsymbol{v}_k$ 的函数，也就是量测方程；$\boldsymbol{v}_k$ 表示 k 时刻的量测噪声，是对目标进行观测过程中不可消除的噪声。这里将初始时刻到 k 时刻的量测序列

表示为

$$z_{1:k}=\{z_i,i=1,2,\cdots,k\} \tag{6-15}$$

根据贝叶斯估计理论，目标跟踪问题的实质就是求解当前时刻的目标后验概率密度 $p(\boldsymbol{x}_k \mid z_{1:k})$。假设前一时刻的目标后验概率密度 $p(\boldsymbol{x}_{k-1} \mid z_{1:k-1})$ 已知，则利用目标状态方程和 Chapman-Kolmogorov 公式可以计算出预测后验概率密度函数：

$$\begin{aligned}p(\boldsymbol{x}_k \mid z_{1:k-1}) &= \int p(\boldsymbol{x}_k,\boldsymbol{x}_{k-1} \mid z_{1:k-1})\mathrm{d}\boldsymbol{x}_{k-1}\\&=\int p(\boldsymbol{x}_k \mid z_{1:k-1},\boldsymbol{x}_{k-1})p(\boldsymbol{x}_{k-1} \mid z_{1:k-1})\mathrm{d}\boldsymbol{x}_{k-1}\\&=\int p(\boldsymbol{x}_k \mid \boldsymbol{x}_{k-1})p(\boldsymbol{x}_{k-1} \mid z_{1:k-1})\mathrm{d}\boldsymbol{x}_{k-1}\end{aligned} \tag{6-16}$$

式中，$p(\boldsymbol{x}_k \mid z_{1:k-1})$ 是基于 $k-1$ 时刻的后验概率密度的目标预测概率密度；$p(\boldsymbol{x}_k \mid \boldsymbol{x}_{k-1})$ 是目标的状态转移概率。

在 k 时刻，可以得到一组新的量测值 z_k，在贝叶斯估计的更新过程中，结合 k 时刻的量测值 z_k，可以对目标预测概率密度进行更新，得到携带量测值 z_k 信息的后验概率密度函数：

$$\begin{aligned}p(\boldsymbol{x}_k \mid z_{1:k}) &= \frac{p(\boldsymbol{x}_k,z_{1:k})}{p(z_{1:k})}\\&=\frac{p(z_k \mid z_{1:k-1},\boldsymbol{x}_k)p(z_{1:k-1},\boldsymbol{x}_k)}{p(z_{1:k})}\\&=\frac{p(z_k \mid z_{1:k-1},\boldsymbol{x}_k)p(\boldsymbol{x}_k \mid z_{1:k-1})p(z_{1:k-1})}{p(z_{1:k})}\\&=\frac{p(z_k \mid \boldsymbol{x}_k)p(\boldsymbol{x}_k \mid z_{1:k-1})}{p(z_k \mid z_{1:k-1})}\end{aligned} \tag{6-17}$$

式中，

$$\begin{aligned}p(z_k \mid z_{1:k-1}) &= \int p(z_k,\boldsymbol{x}_k \mid z_{1:k-1})\mathrm{d}\boldsymbol{x}_k\\&=\int p(z_k \mid z_{1:k-1},\boldsymbol{x}_k)p(\boldsymbol{x}_k \mid z_{1:k-1})\mathrm{d}\boldsymbol{x}_k\\&=\int p(z_k \mid \boldsymbol{x}_k)p(\boldsymbol{x}_k \mid z_{1:k-1})\mathrm{d}\boldsymbol{x}_k\end{aligned} \tag{6-18}$$

卡尔曼滤波器其实就是在理想的线性高斯情况下贝叶斯估计的最优解，然而这是一种理想条件下的解决方案，而在实际的问题中，许多动态系统是非线性的。在这种情况下，式（6-16）和式（6-17）的积分运算无法得到解析解，常用的解决方法为将积分离散化处理，利用采样的方法实现对式（6-16）和式（6-17）的求解，粒子滤波算法就是基于这种思想。

6.1.3　检测前跟踪算法

上一节介绍了跟踪算法的基本框架：贝叶斯估计理论。当系统的运动模型和量测模型有所改变时，基于贝叶斯估计理论的跟踪算法的信号形式也会相应改变。

传统的跟踪算法需要对原始基带数据进行门限检测处理，将经门限检测处理后的点迹数据作为跟踪算法的量测数据。这种传统的检测跟踪算法结构也被称为先检测后跟踪结构。随着跟踪技术不断发展，一种不需要对原始数据进行门限处理，而是直接在原始基带数据上进行跟踪和检测处理[1]的算法结构被提出，即检测前跟踪算法，这种算法可充分利用原始输入数据，具有更好的检测和跟踪性能。

1. 先检测后跟踪算法分析

传统先检测后跟踪算法结构图如图 6-2 所示。

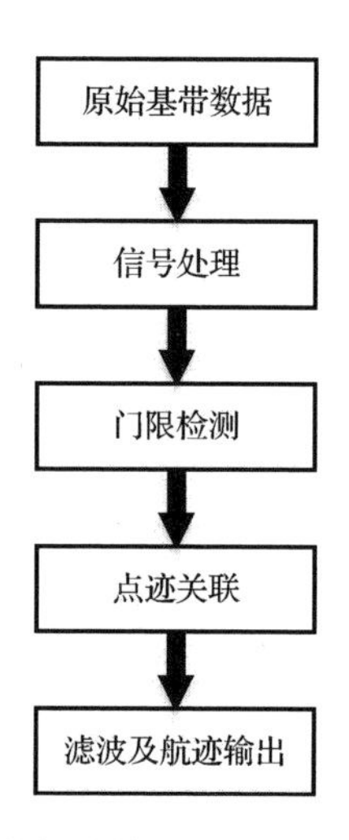

图 6-2　传统先检测后跟踪算法结构图

在传统的检测跟踪算法结构中，跟踪系统的量测数据是经门限处理过程后的点迹数据。门限检测之后的数据关联、贝叶斯滤波及航迹输出等步骤为跟踪问题。这种结构也是为了求解目标后验概率密度函数。由于这种结构的量测一般为经过门限检测后的点迹信息，若假设跟踪问题是一个纯方位跟踪问题，那么 k 时刻的量测模型如下：

$$\boldsymbol{z}_k = \boldsymbol{H}_k \boldsymbol{x}_k + \boldsymbol{v}_k \tag{6-19}$$

式中，

$$H_k = [1 \quad 0] \tag{6-20}$$

为量测矩阵；$\boldsymbol{v}_k$ 为量测噪声。

传统的跟踪算法结构由于经过门限处理，仅保留大于门限的方位信息，数据量大大减少。另外，大多传统跟踪算法将幅度信息舍弃，使得计算量进一步减少，这是传统跟踪算法的一大优势。但是，在低信噪比环境中，可能出现目标不能通过门限检测的情况，导致目标被漏检。另一种情况是在低信干比环境中，常常导致点迹关联的计算量比较大，严重时甚至可导致关联错误。为了解决这两大难题，检测前跟踪算法被提出。

2. 检测前跟踪算法分析

与上面分析的传统跟踪算法结构不同，图 6-3 为检测前跟踪算法结构图。检测前跟踪算法不需要进行门限检测或者设置远远低于传统跟踪算法设置的门限，这也使得它的原始量测数据不但保留了方位信息，还保留了幅度信息。除此之外，不同于传统的跟踪算法通过单帧数据给出检测结果和航迹，检测前跟踪算法通过多帧数据处理后才给出结果和航迹。

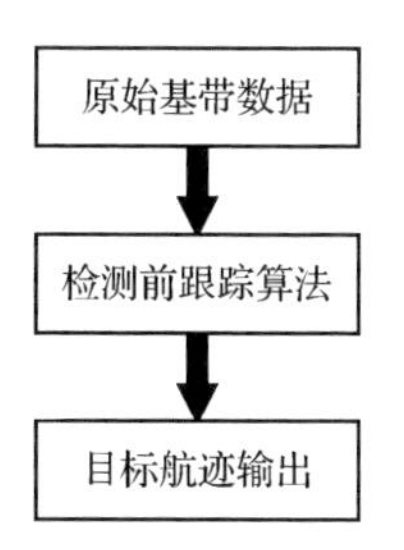

图 6-3　检测前跟踪算法结构图

和传统跟踪算法的目的相同，检测前跟踪算法也是为了求解目标的后验概率密度函数，实现对目标的跟踪。不同于传统跟踪算法，量测值一般为原始基带数据，包括方位信息、幅度信息等。

由于检测前跟踪算法不经过门限检测或只经过非常低的门限，因此，它可以保留更多的目标信息，不会出现传统跟踪算法中由于目标不能通过门限而导致目标被漏检或目标丢失的问题，使得其在低信噪比环境下更有优势。此外，检测前跟踪算法通过多帧数据处理之后再进行判决，可以很好地利用目标在连续几帧的运动相关性减小杂波干扰。因此，相比于传统跟踪算法，检测前跟踪算法在低信噪比、低信干比的环境中具有更好的性能。但检测前跟踪算法也具有更大的计算量，不过随着处理器运算速度不断提升，检测前跟踪算法的应用越来越广泛，也越来越受重视。目前，检测前跟踪算法大致可分为迭代处理和批处理两种方法，相比于批处理算法，迭代处理中的 PF-TBD 算法对存储量和计算量的要求更低。因此，本书主要研究 PF-TBD 算法，下面将介绍粒子滤波相关理论。

6.1.4 粒子滤波算法相关理论

粒子滤波是基于贝叶斯估计的一种序贯处理方法，通过在已知分布中采样获得一组粒子，并依据似然函数赋予粒子相应的权值，利用这些粒子来近似目标的后验概率密度，从而实现对目标状态的估计。由大数定律可知，采样粒子个数越多，估计的结果就越近似于目标真实的后验概率密度。

1. 序贯重要性采样

虽然有多种粒子滤波算法，但大多都是以序贯重要性采样为基础。若想利用蒙特卡罗方法对随机变量 x 进行估计，其中 $x \sim p(x)$，有时无法直接从 $p(x)$ 中进行采样，但是从某个“重要”密度函数 $q(x)$ 中采样可能比较容易。因此，可以引入“重要”密度函数 $q(x)$，则期望的估计为

$$E[h(x)] = \int h(x)p(x)\mathrm{d}x = \int h(x)\frac{p(x)}{q(x)}q(x)\mathrm{d}x = \int h(x)w(x)q(x)\mathrm{d}x \tag{6-21}$$

式中，$w(x) = \dfrac{p(x)}{q(x)}$，称为“重要”权值。若令 $x^1, x^2, \cdots, x^n$ 是从 $q(x)$ 中采样得到的样本，则上式可以近似为

$$E[h(x)] \cong \frac{1}{n}\sum_{j=1}^{n} h(x^j)w(x^j) \tag{6-22}$$

在跟踪问题中，当我们计算目标后验概率密度 $p(x_{0:k}^j \mid z_{1:k})$ 时，权重可以表示为

$$w_k^j = \frac{p(x_{0:k}^j \mid z_{1:k})}{q(x_{0:k}^j \mid z_{1:k})} \tag{6-23}$$

由 Chapman - Kolmogorov 方程、量测模型以及贝叶斯公式对后验概率密度 $p(x_{0:k}^j \mid z_{1:k})$ 展开：

$$\begin{aligned} p(x_{0:k}^j \mid z_{1:k}) &= \frac{p(x_{0:k}^j, z_{1:k})}{p(z_{1:k})} \\ &= \frac{p(z_k \mid x_{0:k}^j, z_{1:k-1})p(x_{0:k}^j, z_{1:k-1})}{p(z_{1:k})} \end{aligned}$$

$$
\begin{aligned}
&= \frac{p(z_k \mid x_{0:k}^j, z_{1:k-1}) p(x_k^j \mid x_{0:k-1}^j, z_{1:k-1}) p(x_{0:k-1}^j \mid z_{1:k-1}) p(z_{1:k-1})}{p(z_{1:k})} \\
&= \frac{p(z_k \mid x_k^j) p(x_k^j \mid x_{k-1}^j) p(x_{0:k-1}^j \mid z_{1:k-1}) p(z_{1:k-1})}{p(z_{1:k})} \\
&= \frac{p(z_k \mid x_k^j) p(x_k^j \mid x_{k-1}^j) p(x_{0:k-1}^j \mid z_{1:k-1})}{p(z_k \mid z_{1:k-1})} \\
&\propto p(z_k \mid x_k^j) p(x_k^j \mid x_{k-1}^j) p(x_{0:k-1}^j \mid z_{1:k-1})
\end{aligned}
\tag{6-24}
$$

假设“重要”密度函数可分解为

$$
q(x_{0:k}^j \mid z_{1:k}) = q(x_k^j \mid x_{0:k-1}^j, z_{1:k}) q(x_{0:k-1}^j \mid z_{1:k-1}) \tag{6-25}
$$

将式（6-24）、式（6-25）代入式（6-23）中，可以得到“重要”权值更新公式为

$$
w_k^j \propto \frac{p(z_k \mid x_k^j) p(x_k^j \mid x_{k-1}^j) p(x_{0:k-1}^j \mid z_{1:k-1})}{q(x_k^j \mid x_{0:k-1}^j, z_{1:k}) q(x_{0:k-1}^j \mid z_{1:k-1})} w_{k-1}^j \tag{6-26}
$$

当选取一个合适的“重要”密度函数之后，粒子的状态采样和权值计算公式就会确定。不同粒子滤波算法本质的区别就是“重要”密度函数，其中应用最多的、最简洁的方法就是选取概率密度转移函数作为“重要”密度函数，即

$$
q(x_k^j \mid x_{0:k-1}^j, z_{1:k}) = p(x_k^j \mid x_{k-1}^j) \tag{6-27}
$$

这时权值更新公式为

$$
w_k^j \propto \frac{p(z_k \mid x_k^j) p(x_k^j \mid x_{k-1}^j) p(x_{0:k-1}^j \mid z_{1:k-1})}{p(x_k^j \mid_{k-1}^j) p(x_{0:k-1}^j \mid z_{1:k-1})} w_{k-1}^j = p(z_k \mid x_k^j) w_{k-1}^j \tag{6-28}
$$

将权值归一化，即

$$
w_k^j = w_k^j \Big/ \sum_{j=1}^{n} w_k^j \tag{6-29}
$$

后验概率密度 $p(x_{0:k}^j \mid z_{1:k})$ 可以表示为

$$
p(x_{0:k}^j \mid z_{1:k}) \approx \sum_{j=1}^{n} w_k^j \delta(x_k - x_k^j) \tag{6-30}
$$

由大数定理可知，当 $n \to \infty$ 时，真实的目标后验概率密度 $p(x_{0:k}^j \mid z_{1:k})$ 可用式（6-30）近似。

2. 重采样技术

虽然 SIS 算法可以实现对目标后验概率密度的估计，但随着算法的不断迭代，

会导致粒子的方差不断增大[2]，大多数的粒子具有较低的“重要”权值，只有少数粒子具有较高的“重要”权值，因此算法的结果仅取决于少数粒子，将导致估算的目标后验概率密度不准确。重采样技术就是针对这个问题被提出的[3]，其基本思想是依据粒子的“重要”权值对粒子进行相应数量的复制，“重要”权值越大，复制的次数越多。若以粒子的大小表示“重要”权值的大小，下方的粒子表示重采样后的粒子，假设粒子个数为 N，重采样后所有粒子的权值都相等，且为 $1/N$，如图 6-4 所示。

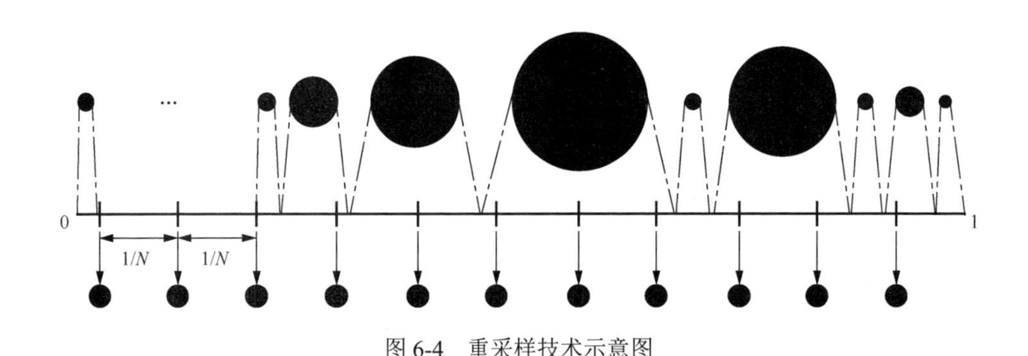

图 6-4　重采样技术示意图

粒子的退化程度可以通过近似有效粒子个数 N_{eff} 来描述，其定义为

$$N_{\text{eff}} = N / (1 + \text{var}(v_k^i)) \tag{6-31}$$

式中，v_k^i 被称为真实权值（true weight），$v_k^i = p(x_k^i \mid z_{1:k}) / q(x_k^i \mid x_{k-1}^i, z_{1:k})$。一般 N_{eff} 的具体数值无法计算，但可通过下式近似估计：

$$\hat{N}_{\text{eff}} = \frac{1}{\sum_{i=1}^{N} (w_k^i)^2} \tag{6-32}$$

式中，w_k^i 为归一化权重。因此，可设置有效粒子门限 $\varLambda_N$，若有效粒子个数 N_{eff} 小于 $\varLambda_N$，则进行重采样，否则不进行，即

$$N_{\text{eff}} \underset{H_0}{\overset{H_1}{\lessgtr}} \varLambda_N \tag{6-33}$$

式中，H_1 表示进行重采样；H_0 表示不进行重采样。

虽然重采样技术可以减弱粒子退化问题，但随着重采样的进行，不但有许多重复粒子，还有许多粒子被舍弃，这会导致粒子多样性降低。重采样算法有许多种，本书选取一种比较简单的重采样方法[4]，算法流程图如图 6-5 所示。

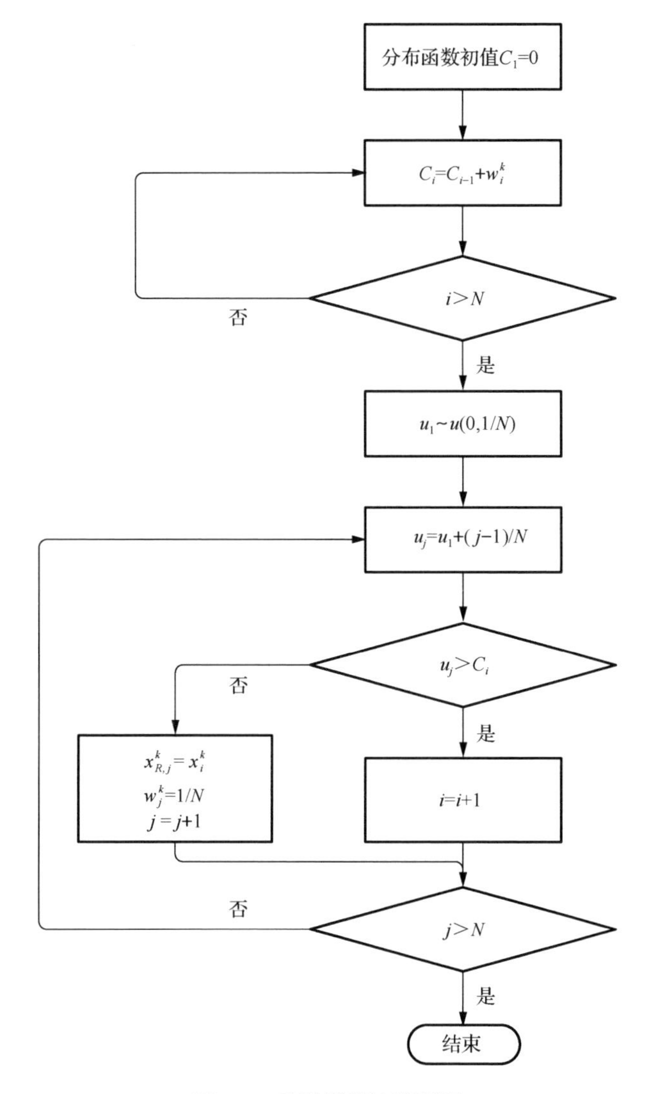

图6-5　重采样算法流程图

这种重采样算法的思想实质上是将重采样前的权重和重采样后的权重都看成一个概率密度函数，并计算分布函数，其中用 C 表示重采样前的分布函数，u 表示重采样后的分布函数。若 $u_j > C_i$ 成立，说明粒子 i 权重较小，或权重虽然较大，但已达到应复制次数，因此考虑下一个粒子。若 $u_j > C_i$ 不成立，则说明粒子 i 权重较大，并对其进行复制。

SIS 算法实现了对目标后验概率密度的估计，结合重采样技术，就是 SIR 粒子滤波算法。标准的 SIR 粒子滤波算法归纳如下。

（1）利用先验概率 $p(x_0)$ 生成初始时刻的粒子 $\{x_0^i\}_{i=1}^N$，并赋予粒子相同的权值，均为$1/N$。

（2）k时刻，通过预测和更新实现对后验概率密度的估计计算。

第一，预测。通过概率密度转移函数$p(x_k \mid x_{k-1})$采样k时刻所有粒子的状态样本。

第二，更新。利用权值更新公式更新粒子权值：

$$w_k^i = p(z_k \mid x_k^i) w_{k-1}^i \tag{6-34}$$

归一化：

$$w_k^i = w_k^i \Big/ \sum_{i=1}^{N} w_k^i \tag{6-35}$$

估计目标的状态x_k：

$$\hat{x}_k \approx \sum_{i=1}^{N} w_k^i \hat{x}_k^i \tag{6-36}$$

第三，用上小节方法对粒子进行重采样。

（3）时刻$k = k+1$，转为步骤（2）。

6.2　基于被动声呐的粒子滤波单目标检测前跟踪算法

被动声呐接收信号具有低信噪比、低信干比的特点，许多跟踪算法难以实现有效的跟踪，而 PF-TBD 算法是一种针对低信噪比、低信干比目标的有效检测跟踪方法，已经广泛应用到了多个领域。在雷达领域中，相关数据起伏模型研究充分，但在声呐领域，现存相关的检测前跟踪算法研究稀少。因此，将检测前跟踪算法引入被动声呐领域中十分必要。

本节首先介绍被动声呐目标信号源的具体形式，然后结合声呐系统具体模型，选择空间谱信息作为被动声呐检测前跟踪算法的原始量测，在此基础上，基于 CV 距离准则得到可以描述空间谱起伏特性的似然模型，最后仿真验证并分析算法的性能。

6.2.1　被动声呐目标信号源模型的建立

首先根据被动声呐应用场景确定目标信号源，本节主要研究舰船辐射噪声源，对其进行适当的建模，并将仿真生成的舰船辐射噪声作为被动声呐跟踪系统目标信号源，为检测前跟踪算法的实现提供输入信号。

1. 舰船辐射噪声源

被动声呐的信号源与主动声呐的不同，被动声呐的接收信号都是来自跟踪目标自身发出或经反射后的噪声和海洋中的背景噪声。因此，需要确定接收信号的具体信号形式并进行仿真设计。

舰船辐射噪声是水下目标的重要特征，携带着大量舰船航行状态信息，是水下被动目标检测及跟踪重要的目标信号。根据其来源，可分为三类：机械噪声、螺旋桨噪声以及水动力噪声[5]。

（1）机械噪声。舰船中机械设备的振动由其他部件传至船体引起振动后形成的噪声称为机械噪声。机械噪声和舰船类型有关，主要受航行状态、舰船动力特征等影响。机械噪声的频谱主要集中在低频段，一般包括线谱和连续谱。其中线谱噪声多为周期性运动的机械部件振动所产生；而连续谱噪声则主要是机械部件摩擦引起振动产生的非周期噪声。

（2）螺旋桨噪声。螺旋桨噪声的频谱特性也比较复杂。一般认为其主要包括由螺旋桨自身旋转产生的空化噪声和其切割水体引起水体振动产生的螺旋桨“唱音”以及螺旋桨叶片速率谱噪声[6]。

（3）水动力噪声。船体在航行时，引起水体表面振动产生的噪声称为水动力噪声。相比螺旋桨噪声和机械噪声，舰船的水动力噪声强度一般比较小，所以经常被其他两种噪声所掩盖。

2. 舰船辐射噪声频谱特性

通过上面的分析可知，在频域，舰船辐射噪声主要是由非周期噪声部分的连续谱和周期性噪声部分的线谱混合形成的混合谱噪声[7]。根据大量研究分析，连续谱噪声和线谱噪声受多种因素影响，但一般都分布在低频段范围，而且连续谱噪声一般有一个分布在100～1000Hz的峰值。

3. 被动声呐目标信号源仿真设计

本书选择舰船辐射噪声中的连续谱噪声作为目标信号形式。根据舰船辐射噪声中连续谱噪声的频谱特性，其峰值一般都分布在约100～1000Hz。因此，选择频域滤波的方法：首先生成一个高斯白噪声，让其通过特定的频域滤波器，这样可以得到和连续谱噪声相似的频谱特性，最后利用傅里叶逆变换进行处理就可以获得被动声呐目标信号源。

6.2.2 被动声呐量测模型的建立

被动声呐跟踪系统一般采用纯方位跟踪方式对目标进行跟踪，本书也采用这种方式。为了实现纯方位被动声呐 PF-TBD 算法，必须建立适合被动声呐纯方位特性的量测模型，并且将通过此模型得到的量测数据作为被动声呐 PF-TBD 算法的原始量测。下面将首先介绍雷达跟踪系统量测模型，然后模仿雷达跟踪系统量测模型，结合被动声呐纯方位跟踪特性，最终被动声呐 PF-TBD 算法的原始量测选择依据方位划分的离散空间谱。

1. 雷达跟踪系统量测模型

雷达系统中的跟踪问题一般主要关注目标在直角坐标系中的位置信息 (x, y) 和速度信息 $(\dot{x}, \dot{y})$，假设当前时刻为 k，则 k 时刻的目标状态向量可以描述为 $\boldsymbol{x}_k = [x_k \quad \dot{x}_k \quad y_k \quad \dot{y}_k \quad I_k]^{\mathrm{T}}$，其中，$I_k$ 表示 k 时刻目标回波功率。选取 CV 模型，则 k 时刻目标的运动方程为

$$\boldsymbol{x}_k = \boldsymbol{F}\boldsymbol{x}_{k-1} + \boldsymbol{w}_k \tag{6-37}$$

式中，$\boldsymbol{w}_k$ 为 k 时刻的过程噪声；$\boldsymbol{F}$ 为状态转移矩阵。若令 $\mathrm{d}t$ 为时间间隔，则 $\boldsymbol{F}$ 为

$$\boldsymbol{F} = \begin{bmatrix} 1 & \mathrm{d}t & 0 & 0 & 0 \\ 0 & 1 & 0 & 0 & 0 \\ 0 & 0 & 1 & \mathrm{d}t & 0 \\ 0 & 0 & 0 & 1 & 0 \\ 0 & 0 & 0 & 0 & 1 \end{bmatrix} \tag{6-38}$$

在目标运动过程中，其协方差矩阵 $\boldsymbol{Q}$ 可以表示为

$$\boldsymbol{Q} = \begin{bmatrix} q_1\mathrm{d}t^3/3 & q_1\mathrm{d}t^2/2 & 0 & 0 & 0 \\ q_1\mathrm{d}t^2/2 & q_1\mathrm{d}t & 0 & 0 & 0 \\ 0 & 0 & q_1\mathrm{d}t^3/3 & q_1\mathrm{d}t^2/2 & 0 \\ 0 & 0 & q_1\mathrm{d}t^2/2 & q_1\mathrm{d}t & 0 \\ 0 & 0 & 0 & 0 & q_2\mathrm{d}t \end{bmatrix} \tag{6-39}$$

式中，q_1、q_2 分别表示过程噪声加速度和目标回波信号能量变换速度的功率谱密度。检测前跟踪算法的量测值通常是以直角坐标系划分的离散像素化点迹平面，通过将 x 轴、y 轴以等间距划分，最终将平面划分为若干分辨单元。雷达检测前跟踪分辨单元划分示意图如图 6-6 所示。

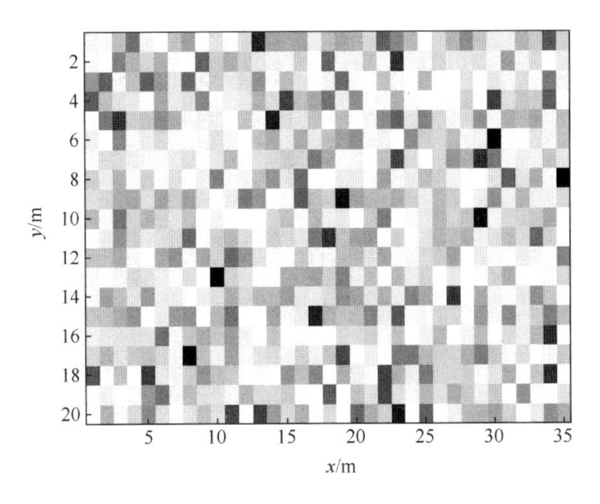

图6-6　雷达检测前跟踪分辨单元划分示意图

若图 6-6 为k时刻的分辨单元，则每个分辨单元内的值组合在一起就是k时刻的量测。用E_k表示k时刻有目标存在或目标不存在两个状态：$E_k=1$代表k时刻目标存在，而$E_k=0$代表k时刻目标不存在。因此，可将目标存在时和不存在时的似然比（likelihood ratio）表示为

$$L(z_k \mid x_k, E_k)=\frac{p(z_k \mid x_k, E_k=1)}{p(z_k \mid x_k, E_k=0)} \tag{6-40}$$

2. 被动声呐跟踪系统量测模型

与雷达跟踪系统不同的是，声呐跟踪系统一般为纯方位角跟踪。类似雷达中量测值是以直角坐标系划分的离散像素化点迹平面，本书声呐中量测值是以方位角划分的离散的分辨单元。因此，采用波束形成技术得到舰船辐射噪声的空间谱，从而得到以角度划分的离散的分辨单元。各个分辨单元内的空间谱能量幅值即为被动声呐检测前跟踪算法的量测信息。被动声呐分辨单元划分示意图如图6-7所示。

为了符合空间谱量测模型，需要对运动模型及量测模型进行改进，则k时刻被动声呐系统的状态向量可表示为$\boldsymbol{x}_k=\begin{bmatrix}\theta_k & \dot{\theta}_k\end{bmatrix}^{\mathrm{T}}$，其中$\theta_k$、$\dot{\theta}_k$分别表示目标所处的方位角和具有的角速度。若选取匀速运动作为目标的运动模型，则k时刻目标的运动方程可以表示为

$$\boldsymbol{x}_k=\boldsymbol{F}\boldsymbol{x}_{k-1}+\boldsymbol{w}_k \tag{6-41}$$

式中，$\boldsymbol{F}$是状态转移矩阵，

$$\boldsymbol{F}=\begin{bmatrix}1 & \mathrm{d}t \\ 0 & 1\end{bmatrix} \tag{6-42}$$

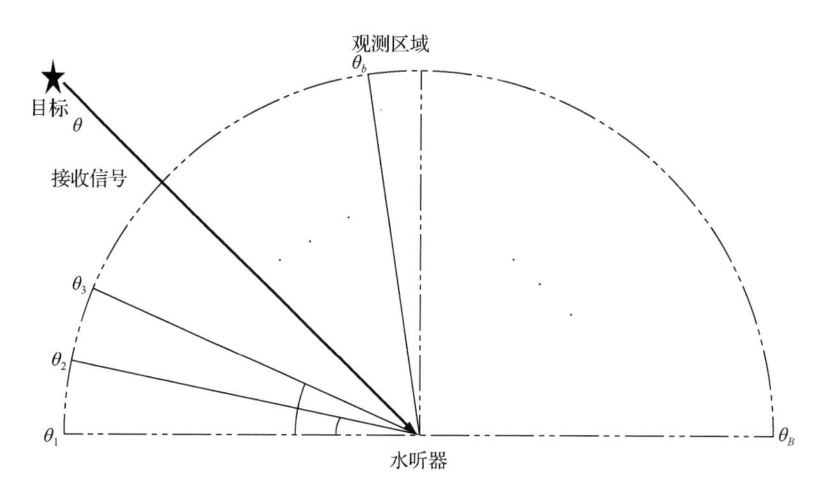

图 6-7　被动声呐分辨单元划分示意图

其中，dt 为两个连续时刻之间的时间间隔；$\boldsymbol{w}_k$ 表示 k 时刻的过程噪声。目标运动过程中的协方差矩阵为

$$\boldsymbol{Q} = q \times \begin{bmatrix} \mathrm{d}t^3/3 & \mathrm{d}t^2/2 \\ \mathrm{d}t^2/2 & \mathrm{d}t \end{bmatrix} \tag{6-43}$$

式中，q 表示过程噪声的功率谱密度。

如图 6-7 所示，将方位角划分为 $[\theta_1,\theta_2,\cdots,\theta_B]$，则 k 时刻量测可以表示为 $[z_1^k,z_2^k,\cdots,z_B^k]$，$k$ 时刻第 b 个分辨单元的量测信息可表示为 z_b^k。本书中方位角范围为 $[0.5°,180°]$，分辨单元步进单元为 $0.5°$。因此，目标入射角度 θ 与分辨单元编号 b 的关系可表示为

$$b = \mathrm{ceil}(2\theta), \quad \theta \in [0.5°,180°] \tag{6-44}$$

式中，$\mathrm{ceil}(\cdot)$ 为向上取整函数。

3. 被动声呐系统方位历程图

前面已经建立了被动声呐跟踪系统量测模型，但还需具体波束形成算法得到空间谱。本书利用常规波束形成（conventional beamforming，CBF）算法对舰船辐射噪声进行处理，从而得到空间谱。CBF 算法根据各阵元接收信号时延不同，对其进行相应补偿从而获得空间增益。若线列阵有 M 个阵元，输入信号为 $\boldsymbol{x}(t) = [x_1(t) \quad x_2(t) \quad \cdots \quad x_M(t)]^{\mathrm{T}}$，则输出信号 $y(t)$ 可表示为

$$y(t) = \boldsymbol{w}_{\mathrm{CBF}}^{\mathrm{H}} \boldsymbol{x}(t) \tag{6-45}$$

式中，$\boldsymbol{w}_{\mathrm{CBF}}^{\mathrm{H}}$ 为权向量，

$$\boldsymbol{w}_{\mathrm{CBF}}=\frac{1}{M}\begin{bmatrix}1 & \mathrm{e}^{\mathrm{j}2\pi\frac{d}{\lambda}\sin\theta} & \cdots & \mathrm{e}^{\mathrm{j}(M-1)2\pi\frac{d}{\lambda}\sin\theta}\end{bmatrix}^{\mathrm{T}} \tag{6-46}$$

其中，θ 为所要观测的角度。计算输出信号的功率为

$$P_{\mathrm{CBF}}(\theta)=\left|\boldsymbol{w}_{\mathrm{CBF}}^{\mathrm{H}}(\theta)\boldsymbol{x}(t_l)\right|^2 \tag{6-47}$$

$P_{\mathrm{CBF}}(\theta)$ 即为 θ 方向的空间能量谱。将观测范围划分为若干角度分辨单元，利用此方法对每个角度分辨单元进行处理，就可得到各角度分辨单元的输出功率，组合起来就得到了空间谱。令 L 表示快拍总次数，则输出功率为

$$\begin{aligned}P_{\mathrm{CBF}}(\theta)&=\sum_{l=1}^{L}\left|\boldsymbol{w}_{\mathrm{CBF}}^{\mathrm{H}}(\theta)\boldsymbol{x}(t_l)\right|^2\\&=\sum_{l=1}^{L}\boldsymbol{w}_{\mathrm{CBF}}^{\mathrm{H}}(\theta)\boldsymbol{x}(t_l)\boldsymbol{x}^{\mathrm{H}}(t_l)\boldsymbol{w}_{\mathrm{CBF}}(\theta)\\&=\boldsymbol{w}_{\mathrm{CBF}}^{\mathrm{H}}(\theta)\left(\sum_{l=1}^{L}\boldsymbol{x}(t_l)\boldsymbol{x}^{\mathrm{H}}(t_l)\right)\boldsymbol{w}_{\mathrm{CBF}}(\theta)\end{aligned} \tag{6-48}$$

式中，$\boldsymbol{x}(t_l)$ 表示第 l 次快拍的接收数据。

虽然可利用 CBF 算法获取量测，由于被动声呐的接收信号通常为舰船辐射噪声，一般是宽带信号，但是 CBF 算法有效的前提是信号为窄带信号，因此，还需要建立宽带信号模型。

在频域，宽带信号可以视为多个不重叠窄带分量的叠加，因此，可对宽带信号进行傅里叶变换。将其频域划分为多个窄带分量后，对每个窄带分量进行 CBF 算法处理，即可得到每个窄带分量的空间谱。在此基础上，将各窄带分量对应空间谱组合即可得到原宽带信号空间谱。将不同时刻宽带 CBF 算法得到的空间谱按时间顺序组合，就得到了方位历程图。

4. 水声弱目标定义

图 6-8 展示了极低信噪比与高信噪比空间谱，其中目标位于第 59 个分辨单元。两图对比，高信噪比情况下可以清楚发现目标位于第 59 个分辨单元，而极低信噪比情况下根本无法区分目标和杂波。在这种极其恶劣的跟踪场景下，几乎没有跟踪算法可以实现对目标的检测和跟踪。因此，需要给弱目标一个更合理的定义。本书中所有的水声弱目标定义如下：波束形成后，空间谱的目标幅值与杂波幅值之比小于 4dB 的目标。这里的信噪比指的是空间谱的信噪比，与波束形成算法无关。

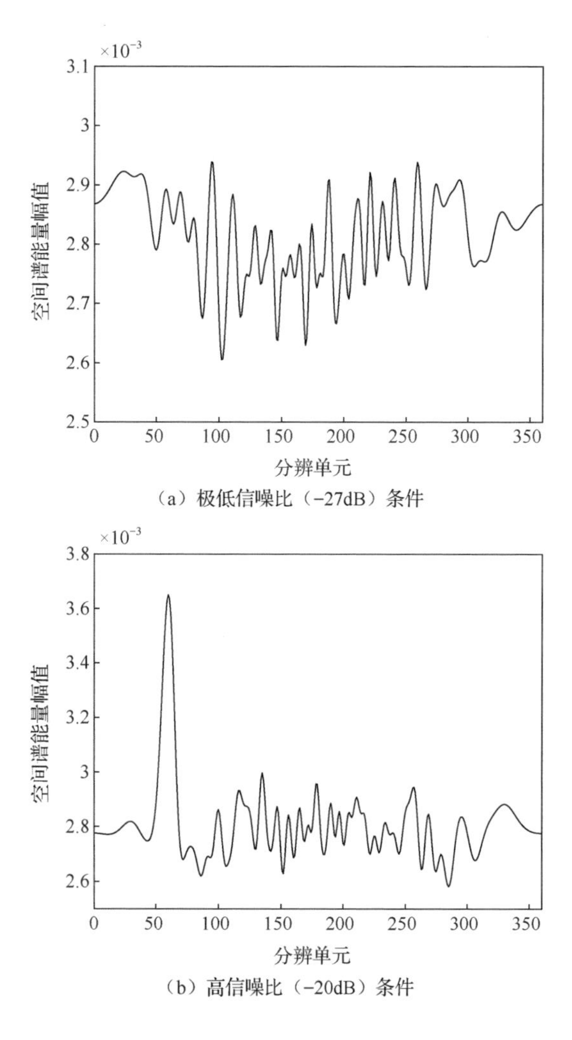

（a）极低信噪比（−27dB）条件

（b）高信噪比（−20dB）条件

图 6-8　极低信噪比与高信噪比空间谱对比

6.2.3　空间谱量测似然函数模型

根据被动声呐信号源建立相关模型，然后利用宽带 CBF 算法处理被动声呐目标信号得到被动声呐 PF-TBD 算法的量测值。但是若想将空间谱量测应用到被动声呐 PF-TBD 算法中，还需构建空间谱量测的似然模型。通过第 2 章对粒子滤波算法的阐述，可以知道粒子权重的更新离不开似然模型，因此，只有得到可描述空间谱起伏特性的似然模型，才能将空间谱作为被动声呐 PF-TBD 算法的量测。

1. CV 距离

为了确定空间谱量测的似然模型，需知道量测数据样本服从的概率分布模型。针对以上问题，本书引用了最小 CV 距离准则的似然函数拟合实验方法[8]：CV 距离可以反映标准概率分布模型和样本的经验概率分布模型之间的偏差，表达式为

$$d_{\mathrm{cv}}=\sqrt{N\int_{0}^{\infty}\left|F(s)-\hat{F}(s)\right|^{2}\mathrm{d}F(s)} \tag{6-49}$$

式中，N 为样本数；$F(s)$ 为所选概率分布模型的标准分布函数；$\hat{F}(s)$ 为样本的经验分布函数，

$$\hat{F}(s)=\frac{1}{N}\sum_{i=1}^{N}1_{s}(s_{i}) \tag{6-50}$$

其中，$1_{s}(s_{i})$ 为指示函数，

$$1_{s}(s_{i})=\begin{cases}1, & s_{i}\leqslant s\\ 0, & \text{其他}\end{cases} \tag{6-51}$$

在实际中，式（6-49）可用下面公式进行近似计算[9]：

$$d_{\mathrm{cv}}=\sqrt{\frac{1}{12N}+\sum_{i=1}^{N}\left|F(s_{(i)})-\frac{2i-1}{2N}\right|^{2}} \tag{6-52}$$

式中，$s_{(i)}$ 表示将样本从小到大排序后的第 i 个样本。将选择好的概率分布模型的标准概率分布函数代入 $F(\cdot)$ 就可以计算出样本经验概率密度分布与标准概率密度分布之间的 CV 距离。因此，可选取几个能描述噪声数据起伏特性的概率分布模型，并比较用舰船辐射噪声生成的空间谱样本的经验概率密度分布与它们之间的 CV 距离。在此基础上，选择 CV 距离最小的概率分布模型作为描述空间谱起伏特性的似然函数模型。

2. 基于最小 CV 距离的空间谱似然函数模型

在雷达和声呐信号处理领域中，有许多可以描述数据起伏特性的概率模型，本书主要研究以下常见的四种。

（1）瑞利（Rayleigh）分布常常用来描述噪声数据起伏特性，其累积分布函数（cumulative distribution function，CDF）公式如下：

$$F(s)=1-\mathrm{e}^{-s^{2}/(2\lambda^{2})} \tag{6-53}$$

式中，λ 为描述数据的能量强度。在实际应用中，主要由信噪比参数所决定。它的标准概率密度函数为

$$f(s)=\frac{s}{\lambda^2}\mathrm{e}^{-\frac{s^2}{2\lambda^2}},\quad s>0 \tag{6-54}$$

（2）韦布尔（Weibull）分布是常用于描述雷达量测数据起伏的概率分布模型，它有两个可调整参数，因此可以更好地描述量测数据，其 CDF 公式如下：

$$F(s)=1-\mathrm{e}^{-\left(\frac{s}{\lambda}\right)^k},\quad s\geqslant 0 \tag{6-55}$$

PDF 公式为

$$f(s)=\frac{k}{\lambda}\left(\frac{s}{\lambda}\right)^{k-1}\mathrm{e}^{-\left(\frac{s}{\lambda}\right)^k},\quad s\geqslant 0 \tag{6-56}$$

式中，λ 表示尺度参数；k 表示形状参数。

（3）正态（normal）分布是常用的一种概率分布模型，通常用来描述噪声的起伏。其 CDF 公式如下：

$$F(s)=\frac{1}{\sqrt{2\pi}\sigma}\int_{-\infty}^{s}\mathrm{e}^{-\frac{(s-u)^2}{2\sigma^2}}\mathrm{d}s,\quad -\infty<s<+\infty \tag{6-57}$$

PDF 公式为

$$f(s)=\frac{1}{\sqrt{2\pi}\sigma}\mathrm{e}^{-\frac{(s-u)^2}{2\sigma^2}},\quad -\infty<s<+\infty \tag{6-58}$$

式中，u 和 σ 分别为均值参数和方差参数。

（4）对数正态（lognormal）分布是一种双参数的概率分布模型，前面虽然也介绍了双参数概率分布模型，但它的概率模型分布特性更加可控，更适合描述一些特殊模型的起伏特性。其 CDF 公式如下：

$$F(s)=\Phi\left(\frac{\ln s-u}{\sigma}\right) \tag{6-59}$$

式中，u 和 σ 分别为均值参数和方差参数；$\Phi(\cdot)$ 是标准正态分布的 CDF，

$$\Phi(t)=\frac{1}{\sqrt{2\pi}}\int_{-\infty}^{t}\mathrm{e}^{-\frac{t^2}{2}}\mathrm{d}t \tag{6-60}$$

它的 PDF 公式为

$$f(s)=\frac{1}{s\sigma\sqrt{2\pi}}\mathrm{e}^{-\frac{(\ln s-u)^2}{2\sigma^2}} \tag{6-61}$$

假设已经生成了 N 个空间谱样本 $\{s_1,s_2,\cdots,s_N\}$，为了通过式（6-52）计算空间谱样本的经验概率分布与所选分布模型的标准概率分布的 CV 距离，需先计算出空间谱样本在各概率分布模型下的最优参数。

设置阵元数目 M=40，阵元间距 d=0.5 倍中心频率波长，仿真生成 10800 个目标空间谱样本和噪声空间谱样本，以噪声样本为例，这里将不存在目标的分辨单元经 10800 次快拍得到的 10800 个样本作为所需的噪声空间谱样本。图 6-9 为生成的噪声空间谱样本的 PDF 和 CDF 分布直方图。

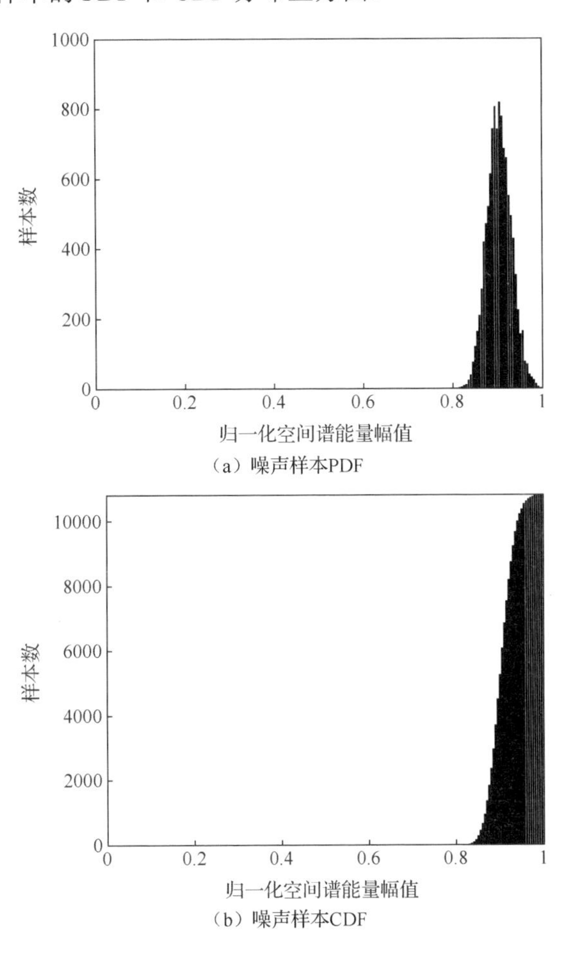

图 6-9　噪声空间谱样本 PDF 与 CDF 分布直方图

对得到的空间谱样本分别求得四种概率分布模型的最优参数，具体见表 6-1。其中，瑞利分布的能量强度参数为 λ；韦布尔分布的尺度参数为 λ，形状参数为 k；正态分布的均值参数为 μ，方差参数为 σ；对数正态分布的均值参数为 μ，方差参数为 σ。

表 6-1　空间谱样本各概率分布模型最优参数

模型	杂波	目标
瑞利	$\lambda = 0.637$	$\lambda = 0.532$
韦布尔	$\lambda = 0.914, k = 33.570$	$\lambda = 0.775, k = 18.937$
正态	$\mu = 0.901, \sigma = 0.027$	$\mu = 0.750, \sigma = 0.072$
对数正态	$\mu = -0.104, \sigma=0.030$	$\mu = -0.294, \sigma = 0.111$

目标空间谱样本的先验概率密度函数（empirical probability density function，EPDF）和先验累积分布函数（empirical cumulative distribution function，ECDF）曲线与最优估计参数下各概率分布模型的 PDF 和 CDF 曲线如图 6-10 所示。

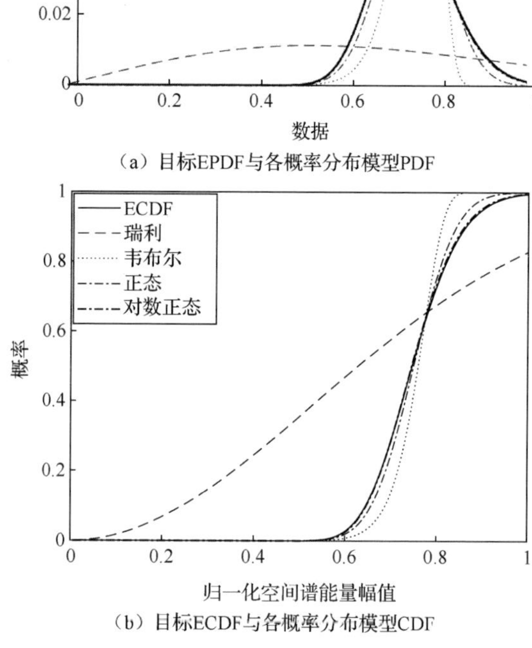

（a）目标EPDF与各概率分布模型PDF

（b）目标ECDF与各概率分布模型CDF

图 6-10　目标空间谱样本统计特性曲线

杂波空间谱样本的 EPDF 和 ECDF 曲线与最优估计参数下各概率分布模型的 PDF 和 CDF 曲线如图 6-11 所示。

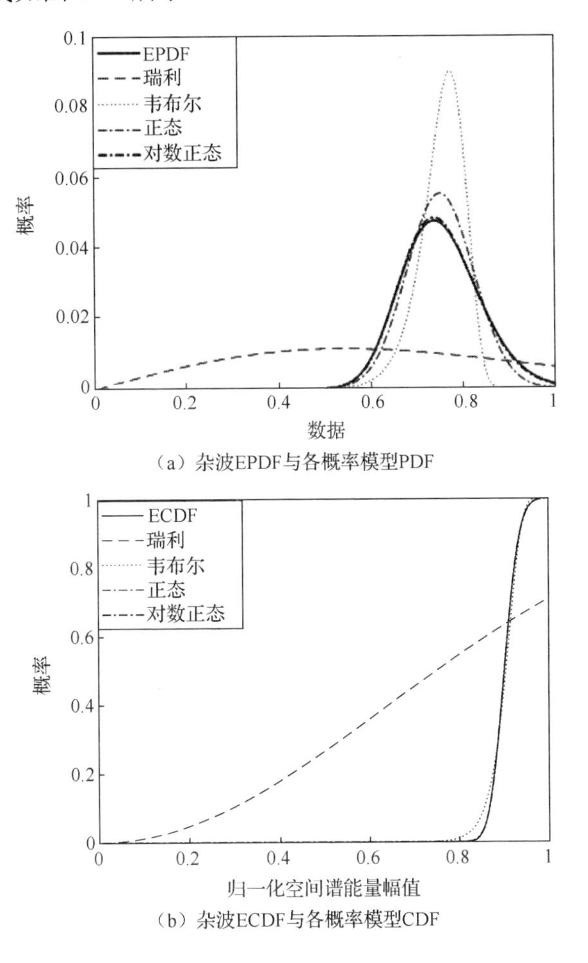

（a）杂波EPDF与各概率模型PDF

（b）杂波ECDF与各概率模型CDF

图 6-11　杂波空间谱样本统计特性曲线

得到最优参数后，就可以利用式（6-52）分别计算目标空间谱样本和杂波空间谱样本的经验分布函数与四种概率分布模型的标准分布函数之间的 CV 距离，具体可见表 6-2。可以看到，在对数正态分布下，杂波和目标空间谱样本具有较低的 CV 距离。可以得到结论：被动声呐信号源经宽带波束形成后得到的空间谱是符合概率模型分布的。本书选取对数正态分布作为描述空间谱起伏特性的似然函数模型。

表 6-2 四种概率分布模型的 CV 距离

	瑞利	韦布尔	正态	对数正态
杂波	956.9501	16.2053	534.2574	2.6341
目标	20.897	3.4508	15.5587	2.8172

虽然已经得到了似然函数，但在实际的被动声呐 PF-TBD 算法中只能利用数据估计信噪比，而且实际工作中，目标的自身特性和与观测平台的距离都会影响接收信噪比，很少有接收目标信噪比相同的情况。对此，利用不同空间谱能量幅值的噪声样本和目标样本进行拟合，得到不同空间谱能量幅值下分布模型的参数。在此基础上，通过将参数与空间谱能量幅值进行拟合，可以得到一个分布模型参数关于空间谱能量幅值的函数，通过这个函数根据实际空间谱能量幅值来调整似然函数的参数，使其可区分一定能量幅值范围内的目标空间谱和杂波空间谱，称为普适的被动声呐 PF-TBD 算法空间谱似然函数。

6.2.4 仿真实现

1. 变量含义

在接下来的仿真部分，用 f_0 表示工作频段，V_n 表示背景噪声幅度，f_s 表示采样率，N 表示采样点数，M 表示被动声呐阵元数，d 表示各阵元间距，λ 表示中心频率波长，θ_{CBF} 表示 CBF 算法观测范围，d_θ 表示角度分辨率，T 表示观测时间，n 表示目标个数，N_p 表示粒子个数，E 表示目标存在时刻，SNR 表示信噪比，m 表示蒙特卡罗实验次数。

2. 仿真试验

仿真一：被动声呐目标信号源模型仿真。

仿真目的：验证被动声呐系统信号源模型的有效性。

仿真参数：$f_0 = 100\sim1000\text{Hz}$，$V_n = 5\text{V}$，$f_s = 4000\text{Hz}$，$N = 4000$。

仿真方法：采用频域滤波的方法得到仿真接收的信号，首先生成一个高斯白噪声信号，然后将高斯白噪声信号通过带通 100～1000Hz 滤波器后得到频谱特性符合要求的频域信号，再通过傅里叶逆变换就得到了时域信号，也就是所需的舰船辐射噪声源，供被动声呐接收。

仿真结果：高斯白噪声频谱仿真效果如图 6-12 所示。连续谱频谱仿真效果如图 6-13 所示。

仿真结论：从仿真结果可以看出，对高斯白噪声进行频域滤波处理后，频谱主要集中在 100～1000Hz 范围，符合舰船辐射噪声连续谱频谱特性，可将此信号作为被动声呐目标信号源。

仿真二：被动声呐系统空间谱生成。

仿真目的：验证宽带 CBF 算法。

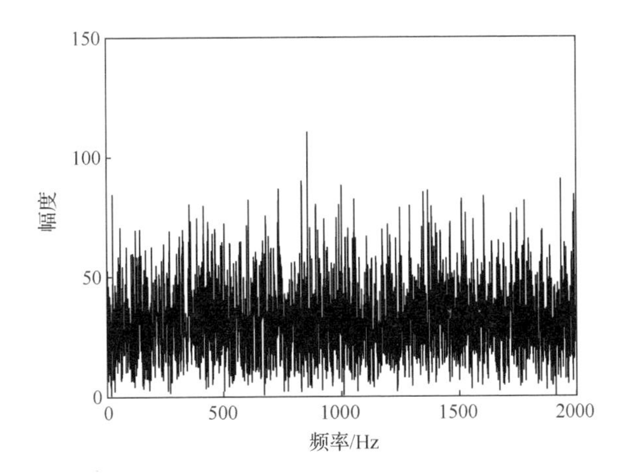

图 6-12　高斯白噪声频谱仿真效果

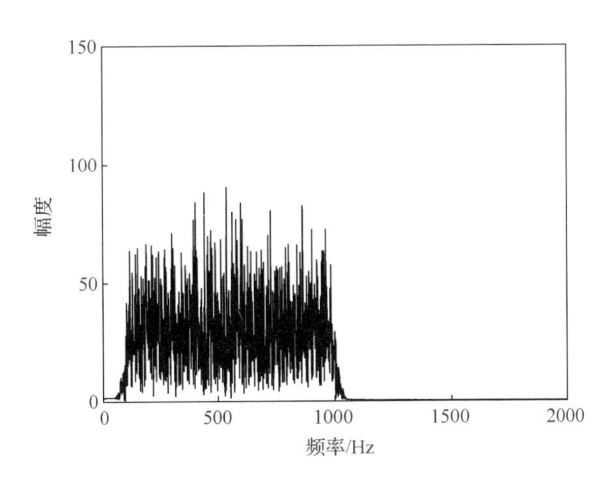

图 6-13　连续谱频谱仿真效果

仿真参数：$M=40$，$d=0.5\lambda$，$\theta_{\text{CBF}}=[0.5°,180°]$，$d_\theta=0.5°$，单目标 $T=40\text{s}$，多目标 $T=50\text{s}$， $n=5$ 。

仿真方法：将前面生成的舰船辐射连续谱噪声作为被动声呐系统接收信号，然后利用宽带波束形成算法处理接收信号，生成空间谱。图中信噪比均为波束形成前的信噪比（接收信号信噪比），目标位于第 59 个分辨单元，即入射角度为 29.5°。

仿真结果：不同信噪比空间谱如图 6-14 所示。

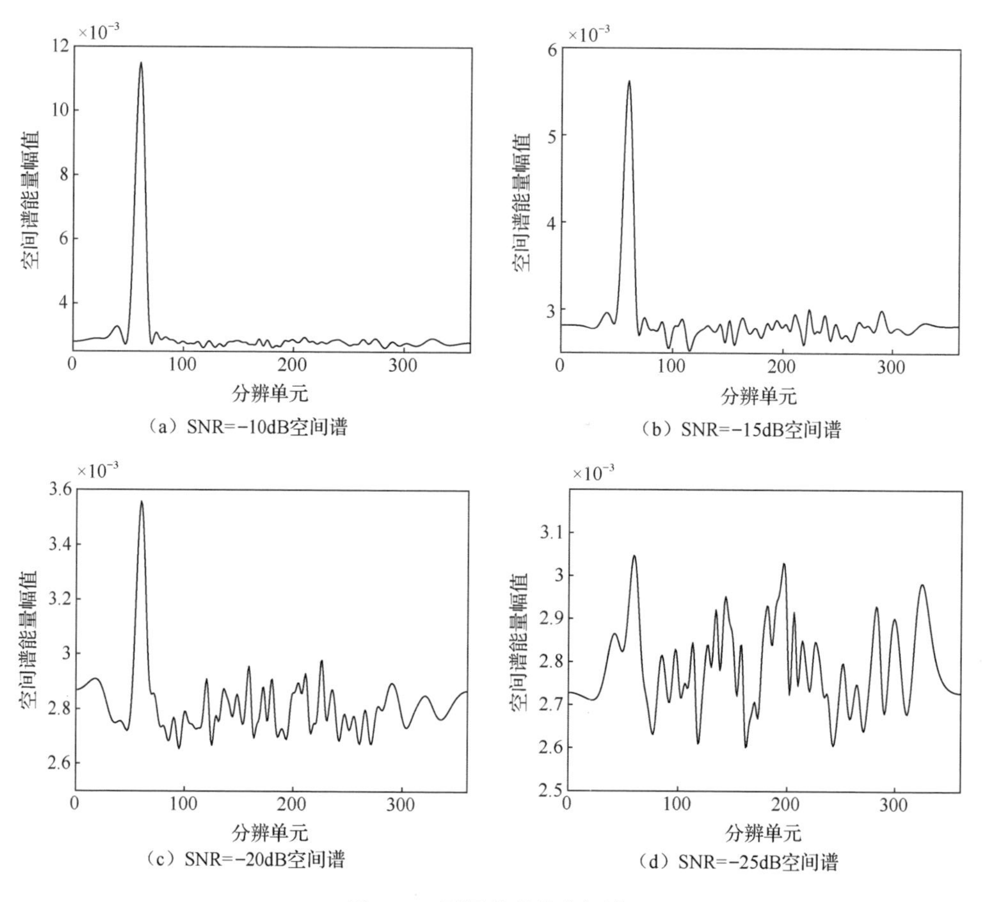

（a）SNR=−10dB空间谱

（b）SNR=−15dB空间谱

（c）SNR=−20dB空间谱

（d）SNR=−25dB空间谱

图 6-14　不同信噪比空间谱

仿真结论：如图 6-14 所示，在接收信噪比较高（−10dB、−15dB、−20dB）时，很容易看出目标入射角度为 29.5°，但接收信噪比较低（−25dB）时，目标入射角度不容易确定。可知 CBF 算法可以对仿真生成的被动声呐信号源进行处理，生成携带方位角信息的空间谱量测，且受信噪比影响较大。

通过观测平台与目标运动态势图（图 6-15）可得到目标航迹（图 6-16），对目标航迹中每一帧的方位都进行宽带波束形成，将得到的连续空间谱组合起来就得到了方位历程图，如图 6-17 所示。

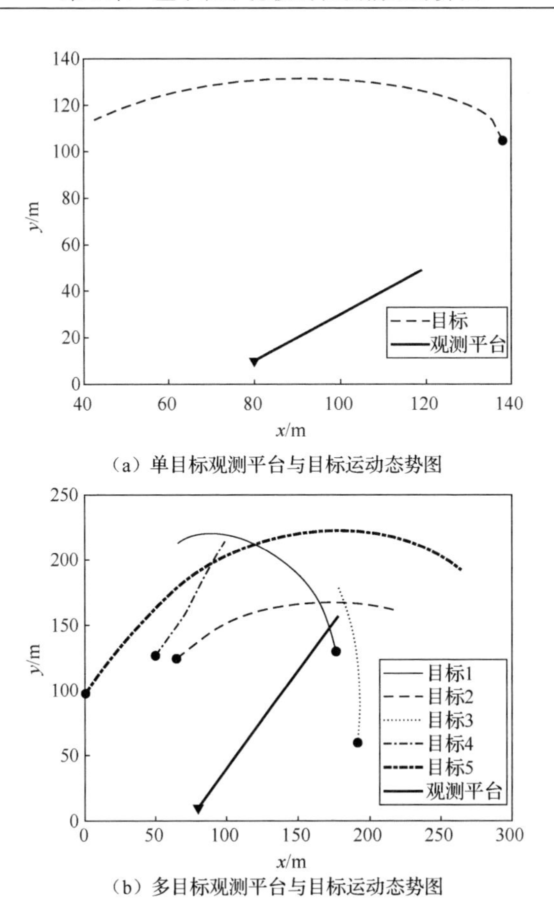

（a）单目标观测平台与目标运动态势图

（b）多目标观测平台与目标运动态势图

图 6-15　观测平台与目标运动态势图

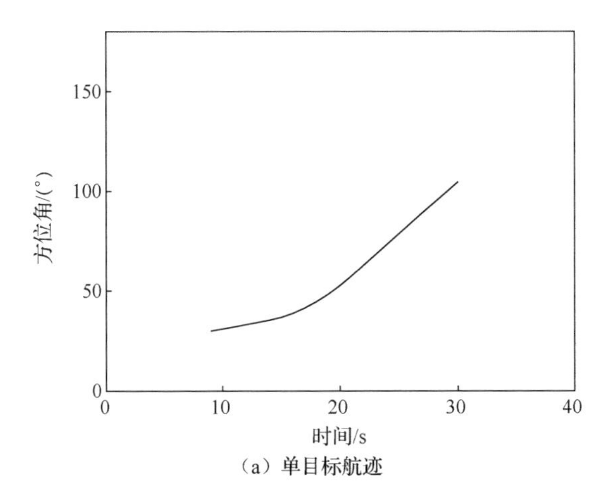

（a）单目标航迹

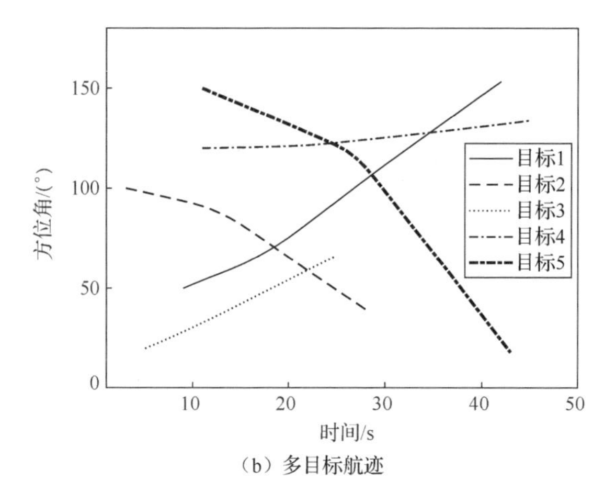

（b）多目标航迹

图 6-16　目标航迹

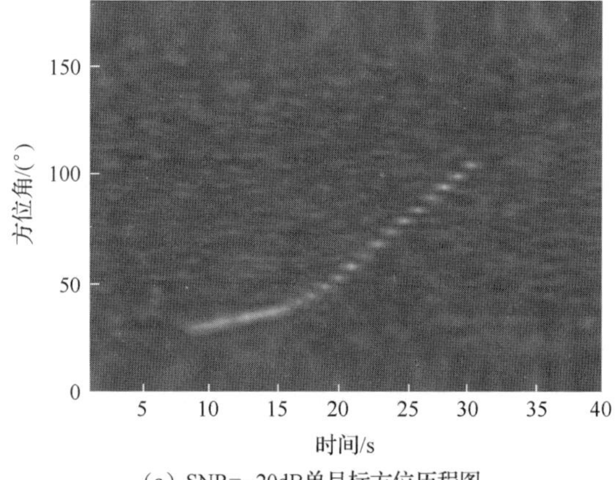

（a）SNR=−20dB单目标方位历程图

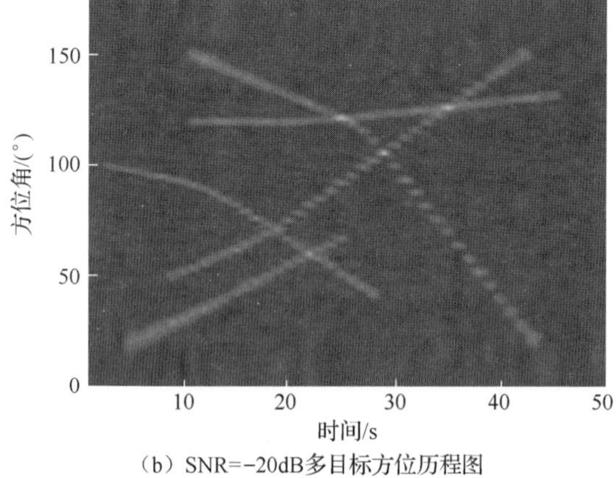

（b）SNR=−20dB多目标方位历程图

图 6-17　方位历程图

仿真三：被动声呐单目标检测前跟踪算法（多模型粒子滤波算法）。

仿真目的：以仿真一、仿真二生成的数据作为被动声呐检测前跟踪算法的数据支撑，验证算法的有效性，并与 DBT 算法对比，验证本算法精度。

仿真参数：$M=40$，$d=0.5\lambda$，$\theta_{\mathrm{CBF}}=[0.5°,180°]$，$d_\theta=0.5°$，$N_p=10000$，$m=100$，$T=40$，其中 9～14 帧做匀角速度转弯运动，15～21 帧做匀角加速度转弯运动，22～30 帧做匀角速度转弯运动，DBT 算法先验参数多次调整，选取适当值。

仿真方法：将仿真一生成的舰船辐射连续谱噪声作为被动声呐系统接收信号，利用仿真二宽带波束形成方法处理接收信号，生成空间谱，将空间谱作为 TBD 算法的量测信息，得到跟踪结果，算法流程如图 6-18 所示。将各时刻空间谱能量幅

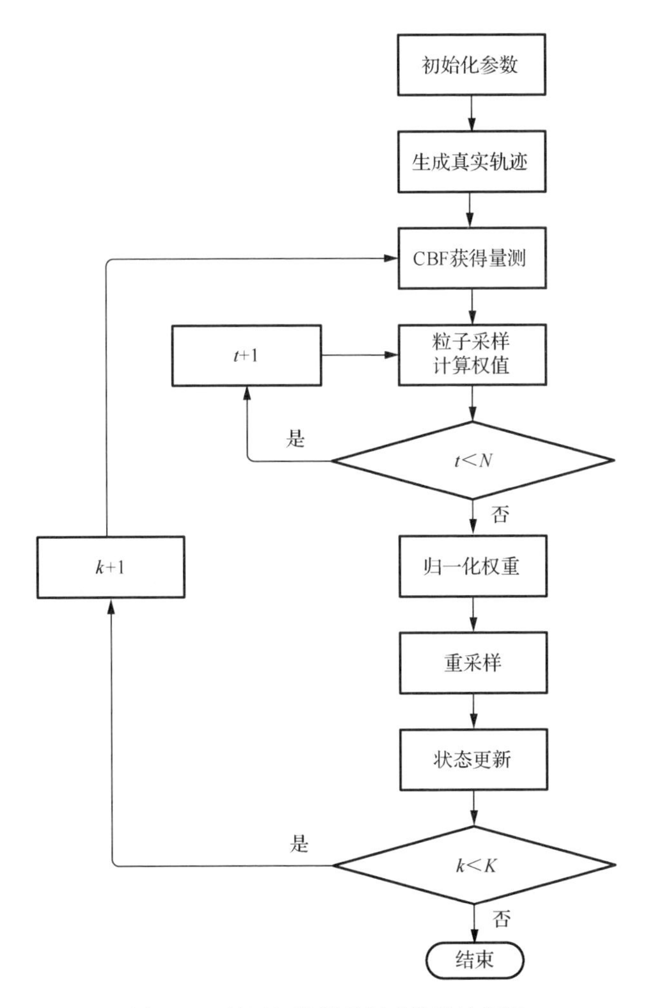

图 6-18　单目标检测前跟踪算法流程图

值最大值所在的方位作为 DBT 算法的量测信息，得到 DBT 算法的跟踪结果。在蒙特卡罗实验次数 100 次的条件下，比较不同信噪比下两种算法的跟踪精度（由于 DBT 算法只能估计某时刻目标具体数目，所以不对检测概率进行对比）。

仿真结果：SNR=−20dB 的跟踪结果如图 6-19 所示。跟踪误差与检测概率如图 6-20 所示。

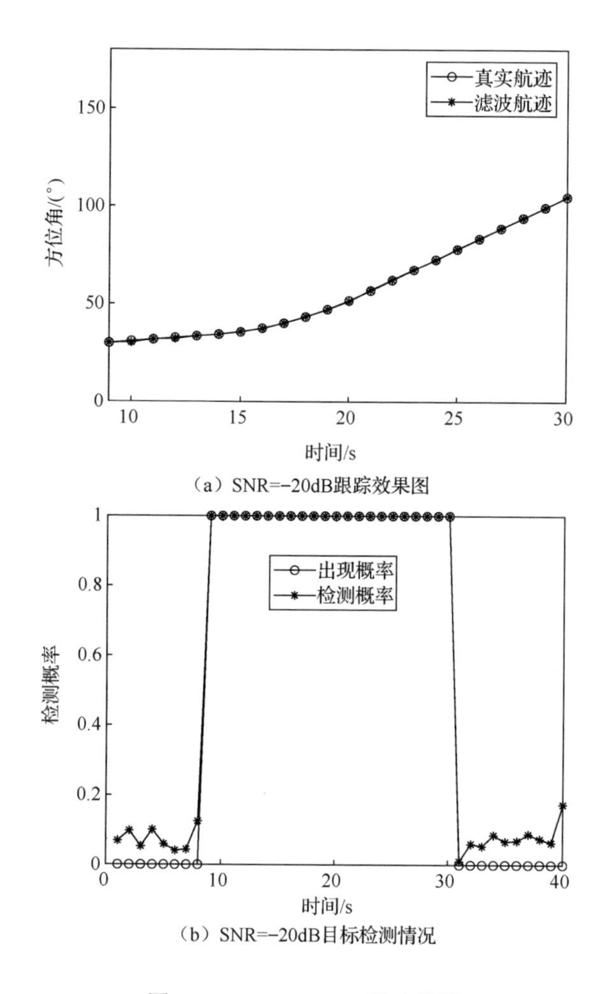

图 6-19　SNR=−20dB 跟踪结果

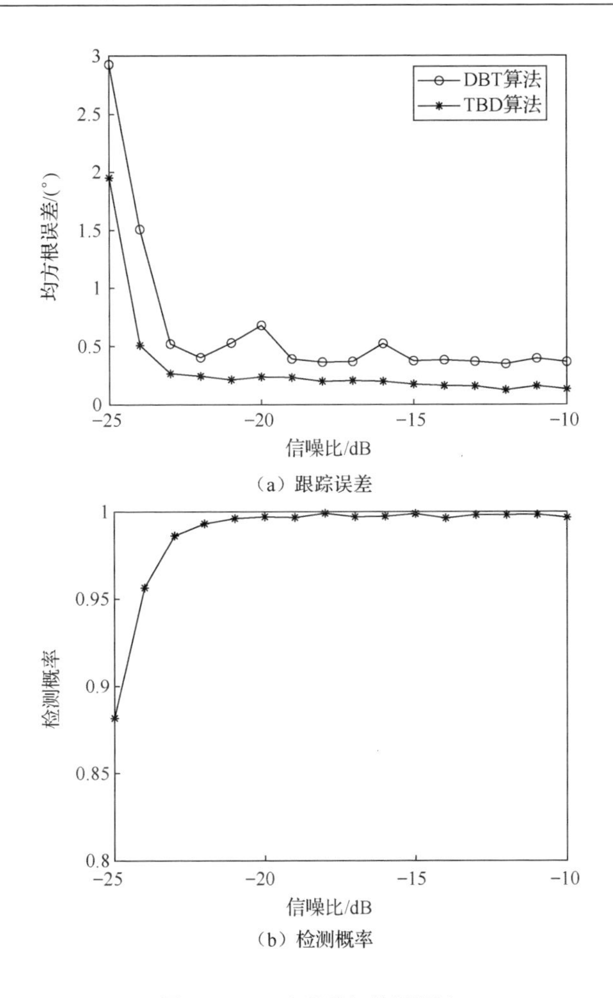

（a）跟踪误差

（b）检测概率

图 6-20　跟踪误差与检测概率

仿真结论：

（1）在信噪比-20dB 的条件下，本算法得到的滤波方位轨迹与真实方位轨迹基本重合，跟踪性能较好。当没有目标出现时，检测概率在 0.1 附近，当目标出现时，检测概率迅速增大至 1 附近，检测性能较好。在不同信噪比条件下，TBD 算法跟踪精度均高于 DBT 算法，尤其在信噪比-23dB 以下时，TBD 算法优势更明显。TBD 算法检测概率高，在-24dB 检测概率就可达到 0.9。因此可知，基于粒子滤波的被动声呐检测前跟踪算法可以有效对单个目标进行检测和跟踪。

（2）本算法可以实现对水声弱目标的跟踪，在波束形成前信噪比-25dB 的情况下，经过波束形成后，空间谱信噪比大约为 1.5dB，远小于 4dB 以下的水声弱目标定义。

6.3　基于被动声呐的粒子滤波多目标检测前跟踪算法

在实际跟踪过程中，被动声呐系统还有更为复杂的问题需要解决。检测前跟踪算法是一个序贯处理过程，但被动声呐跟踪目标是非合作目标，在跟踪过程中随时可能出现或消失，而且目标个数很可能为多个，即被动声呐系统的目标先验未知，目标个数随时可能发生变化。因此，被动声呐检测前跟踪算法必须具有跟踪多个时变目标的能力。针对这些问题，本章通过引用独立分区多目标粒子滤波算法将被动声呐单目标 PF-TBD 算法引入多目标场景中，针对此算法邻近目标性能下降的问题，引用此算法的改进算法——并行分区多目标粒子滤波算法，提高邻近目标跟踪性能。通过多帧联合权值假设检验方法实现对目标新生、消失的判决。最终实现了在目标个数未知、存在时间未知的场景下的多目标检测前跟踪，并进行相关仿真和性能分析。

6.3.1　独立分区粒子滤波算法

被动声呐单目标 PF-TBD 算法虽然可以成功跟踪单个目标，但若想将其应用到多目标场景中，还存在计算量与目标个数呈指数关系的问题，导致计算量过大，很难满足实时性。本节将通过分析多目标和单目标粒子滤波算法中粒子模型的不同来详细分析这个问题，并引用独立分区多目标粒子滤波算法来降低计算量。

1. 多目标场景下的粒子滤波算法

在多目标场景下，需要采样每个目标的状态，计算每个目标的权值，最后根据其状态和权值来估计当前时刻跟踪区域内所有目标的后验概率分布。那么相比于单目标粒子滤波中的粒子模型，多目标粒子滤波中的多目标粒子模型应该包含当前时刻所有目标的权值和状态。

若 k 时刻跟踪区域内有 T 个目标，则 k 时刻第 i 个多目标粒子 $\boldsymbol{X}_i$ 包含 T 个子粒子 $x_{i,1},x_{i,2},\cdots,x_{i,T}$，分别对应 k 时刻 $1,2,\cdots,T$ 个目标，并且分别包含每个目标的采样状态和权值信息，将分区内表示单个目标的分区子粒子权值称为一阶权值，而整个多目标粒子的权值称为二阶权值。多目标粒子滤波算法的目的是求解所有目标的后验概率分布，考虑马尔可夫过程，式（6-30）在多目标粒子滤波算法中为

$$p(\boldsymbol{X}^k \mid Z^k) \approx \sum_{i=1}^{N} W_i^k \delta(\boldsymbol{X}^k - \boldsymbol{X}_i^k) \tag{6-62}$$

式中，$\boldsymbol{X}_i^k$ 表示第 i 个多目标粒子 k 时刻的状态；W_i^k 表示这个多目标粒子对应的二

阶权值。当“重要”密度函数选取为 $p(\boldsymbol{X}^k \mid \boldsymbol{X}^{k-1})$ 时，计算式如下：

$$W_i^k \propto W_i^{k-1} \times p(Z^k \mid \boldsymbol{X}_i^k) \tag{6-63}$$

式（6-62）、式（6-63）构成了多目标粒子滤波算法的核心，再结合重采样技术，就构成了完整的 SIR 多目标粒子滤波算法。

2. 独立分区粒子滤波

SIR 多目标粒子滤波算法可实现多目标跟踪，但存在算法所需粒子个数和目标个数呈指数关系的问题。假设 k 时刻有 T 个目标，分别对应多目标粒子的 T 个子粒子。若子粒子采样后状态良好的概率为 $a\%$，那么多目标粒子中的 T 个子粒子采样后状态都良好的概率就为 $(a\%)^T$ 。如果假设单目标粒子滤波算法所需粒子个数为 n，那么为了保证多目标粒子滤波算法采样后有足够数量的优质多目标粒子，粒子个数就应该设置为 n^T，也就是算法所需粒子个数和目标个数呈指数关系。在目标较少时，SIR 粒子滤波算法还可以设置多一些的粒子个数，以保证算法的实时性，但当目标个数较多时，为了保证跟踪精度，其粒子个数巨大，难以保证实时性。

本书引用了一种独立分区粒子滤波（independent partition particle filtering，IP-PF）算法[10-12]解决此问题。IP-PF 算法与 SIR-PF 算法的主要区别在于 IP-PF 算法通过一种独立分区交叉重采样方法来提高分区采样状态，而 SIR-PF 算法则是通过增加粒子个数来提高分区采样状态。

IP-PF 算法的核心思想是：为了保证每个分区子粒子采样完成后都有较好的采样状态，即分区子粒子具有较高的一阶权值，当采样完所有分区子粒子的状态并计算一阶权值后，依据一阶权值对每个分区子粒子都单独进行独立分区交叉重采样，从而获得采样状态较好的分区子粒子。由这些分区子粒子组成的多目标粒子就是所需要的优质粒子，具有较高的二阶权值。若用粒子直径表示其分区子粒子一阶权值大小，且假设当前时刻目标个数为 3 个，则独立分区交叉重采样示意图如图 6-21 所示。

使用独立分区交叉重采样方法，要保证每个目标在所有多目标粒子中都具有相同的分区编号，否则将出现匹配错误，产生较大跟踪误差。当不同目标间的距离较远时，IP-PF 算法将高维多目标跟踪问题降维，转换为多个独立的一维单目标跟踪问题，所需粒子个数仅和目标个数成正比。假设 k 时刻目标个数 $j=1,2,\cdots,T$，粒子个数 $i=1,2,\cdots,N$，多目标粒子表示为 $\boldsymbol{X}$，子粒子表示为 x，则 IP-PF 算法的主要步骤如下。

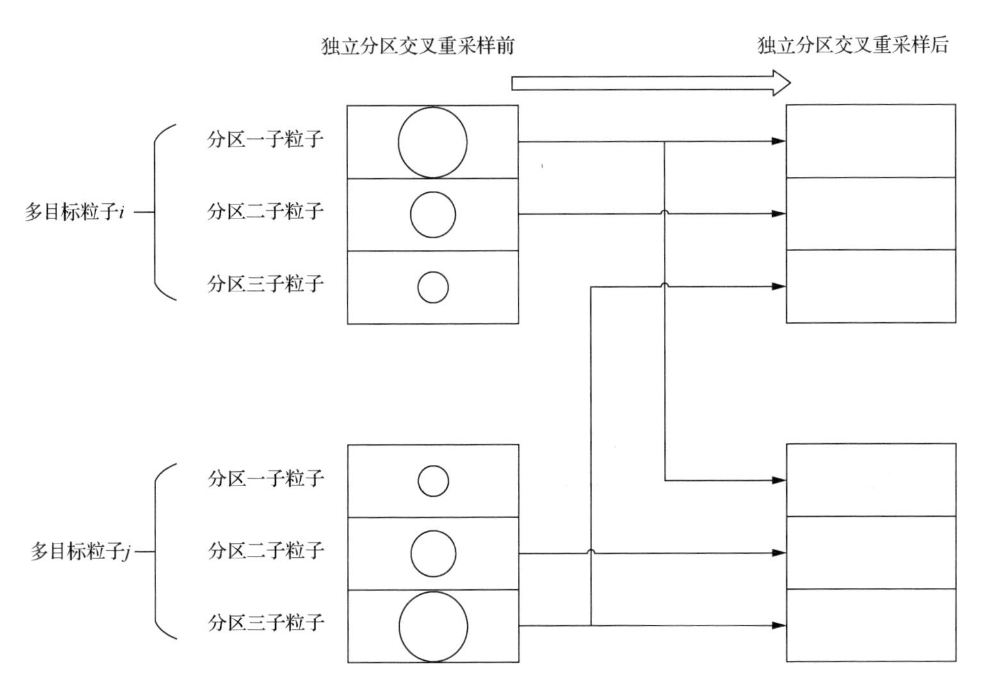

图 6-21　独立分区交叉重采样示意图

（1）参数初始化。

（2）采样 j 分区子粒子状态并计算一阶权值：

第一，通过概率密度转移函数 $p(x_{ij}^k \mid x_{ij}^{k-1})$ 采样 k 时刻 j 分区第 i 个粒子状态。

第二，通过 j 分区似然函数 $p(z^k \mid x_j^k)$，计算第 i 个 j 分区子粒子的一阶权值 $w_{ij} = p(z^k \mid x_{ij}^k)$。

第三，重复前两个步骤，完成 j 分区内所有粒子的采样并计算一阶权值。

第四，归一化 j 分区的一阶权值。

第五，对 j 分区进行独立分区交叉重采样。

（3）重复步骤（2），完成所有分区的独立分区交叉重采样。

（4）计算二阶权值：$W_i^k = W_i^{k-1} \times \dfrac{p\left(z_k \middle| \boldsymbol{X}_i^k\right)}{\prod\limits_{j=1}^{T} w_{ij}^k}, i = 1, 2, \cdots, N$，其中 w_{ij}^k 代表一阶权值。

（5）完成多目标粒子重采样。

（6）估计所有目标状态。

“重要”密度函数为不同粒子滤波算法之间的本质区别，根据 IP-PF 算法步骤（4）可知，IP-PF 算法的“重要”密度函数为

$$q(\boldsymbol{x}^k \mid \boldsymbol{x}^{k-1}, \boldsymbol{z}^k) = \prod_{j=1}^{T} w_j^k \times p(\boldsymbol{X}^k \mid \boldsymbol{X}^{k-1}) \tag{6-64}$$

3. 邻近目标干扰

独立分区算法虽然可大幅度减少所需粒子个数，但独立分区假设是建立在目标相互独立、互不干扰的情况下，而当目标相互邻近，甚至交叉时，独立分区假设不成立，这将导致 IP-PF 算法性能下降。

6.3.2 并行分区粒子滤波算法

针对邻近目标干扰问题，本节引入基于 IP-PF 的改进算法：并行分区粒子滤波（parallel partition particle filter，PP-PF）算法[13]。PP-PF 算法并没有完全舍弃独立分区的假设，而是单独考虑独立分区假设不成立的情况，以计算量小幅度增加为代价，提高了 IP-PF 算法在目标邻近时的性能。

为了将独立分区假设成立与不成立两种情况分开，PP-PF 算法在每次采样前，首先对当前时刻的角度信息进行预测，根据预测角度将所有目标分为若干群组，每个群组里至少有一个目标，每个目标只能属于一个群组。令 $k-1$ 时刻目标个数为 t_{k-1}，k 时刻将所有目标划分后，得到 g 个群组 $\left\{G_1, G_2, \cdots, G_g\right\}$，则有

$$\bigcup_{i=1}^{g} G_i = \{1, 2, \cdots, t_{k-1}\} \tag{6-65}$$

$$G_i \cap G_j = \varnothing, \quad \forall i, j \in \{1, 2, \cdots, g\}, i \neq j \tag{6-66}$$

若目标 $m \in G_i$，那么可对目标 n 进行如下判决：

$$\left|\hat{\theta}_m^{k|k-1} - \hat{\theta}_n^{k|k-1}\right| \underset{H_0}{\overset{H_1}{\lesseqgtr}} \varLambda_\theta \tag{6-67}$$

式中，$\varLambda_\theta$ 表示预设的分群门限；H_1 表示目标 $n \in G_i$；H_0 表示目标 $n \notin G_i$；$\hat{\theta}_m^{k|k-1}$ 表示目标 m 在 k 时刻的预测角度，可从 k 时刻的预测状态中提取，

$$\hat{\theta}_m^{k|k-1} = \boldsymbol{AFx}_m^{k-1} \tag{6-68}$$

其中，$\boldsymbol{x}_m^{k-1}$ 为目标 m 状态更新后的状态向量，$\boldsymbol{F}$ 为状态转移矩阵，$\boldsymbol{A}$ 为目标角度信息提取矩阵，

$$\boldsymbol{A} = \begin{bmatrix} 1 & 0 \end{bmatrix} \tag{6-69}$$

当分群门限 $\varLambda_\theta$ 足够大时，目标分群后的采样效果十分接近对所有目标进行联合采样后的效果。此时似然函数为

$$p(\boldsymbol{z}^k \mid \boldsymbol{X}^k) \approx \lambda \prod_{i=1}^{g} p(\boldsymbol{z}^k \mid C_i^k) \tag{6-70}$$

式中，λ 表示常数；C_i^k 表示 k 时刻群组 G_i 中所有目标的状态。则 k 时刻 j 目标中第 i 个分区子粒子的一阶权值可表示为

$$w_{ij}^k \propto p(\boldsymbol{z}^k \mid \hat{\theta}_1^{k|k-1}, \cdots, x_{ij}^k, \cdots, \hat{\theta}_g^{k|k-1}) = p(\boldsymbol{z}^k \mid x_{ij}^k, \hat{C}_{g-\{j\}}^{k|k-1}) \tag{6-71}$$

式中，g 表示群组中最大目标个数；$\hat{C}_{g-\{j\}}^{k|k-1}$ 表示群组中除目标 j 以外所有目标的预测角度。则 PP-PF 算法的“重要”密度函数可表示为

$$q(\boldsymbol{x}^k \mid \boldsymbol{x}^{k-1}, \boldsymbol{z}^k) = \prod_{j=1}^{t_{k-1}} w_j^k p(\boldsymbol{X}^k \mid \boldsymbol{X}^{k-1}) \tag{6-72}$$

k 时刻第 i 个多目标粒子在 PP-PF 算法中的二阶权值为

$$W_i^k = W_i^{k-1} \times \frac{p\left(\boldsymbol{z}_k | \boldsymbol{X}_i^k\right)}{\prod_{j=1}^{t_{k-1}} w_{ij}^k} \tag{6-73}$$

可以看到，IP-PF 算法和 PP-PF 算法的唯一不同之处在于子粒子的一阶权值 w_{ij}^k 的计算。因此，PP-PF 算法仅需在 IP-PF 算法基础上改变一阶权值的计算方法即可。PP-PF 算法主要步骤如下。

（1）参数初始化。

（2）采样 j 分区子粒子状态并计算一阶权值：

第一，通过概率密度转移函数 $p(x_{ij}^k \mid x_{ij}^{k-1})$ 采样 k 时刻 j 分区第 i 个粒子状态。

第二，使用 IP-PF 算法或 PP-PF 算法计算第 i 个粒子的一阶权值 w_{ij}。

第三，重复前两个步骤，完成 j 分区内所有粒子的采样并计算一阶权值。

第四，归一化 j 分区的一阶权值。

第五，对 j 分区进行独立分区交叉重采样。

（3）重复步骤（2），完成所有分区的独立分区交叉重采样。

（4）计算二阶权值：$W_i^k = W_i^{k-1} \times \dfrac{p\left(\boldsymbol{z}_k | \boldsymbol{X}_i^k\right)}{\prod_{j=1}^{T} w_{ij}^k}, i = 1, 2, \cdots, N$，其中 w_{ij}^k 代表一阶权值。

（5）完成多目标粒子重采样。

（6）估计所有目标状态。

从以上步骤可以看出，PP-PF 算法主要体现在步骤（2）中②的一阶权值计算上。由于目标邻近时，独立分区假设不成立，因此当出现目标邻近情况时，PP-PF 算法在一阶权重中引入了群组内所有目标的似然，考虑了邻近目标的影响，提高目标邻近时的跟踪性能。

6.3.3　联合权值假设检验方法

由于被动声呐跟踪目标为非合作目标，输入信号来自环境和目标的噪声，目标个数可能随时间变化，具有随机性。理想情况下目标在整个过程中均存在，但在实际中，目标可能在任意时刻出现或消失。由于粒子滤波算法本质是一种序贯处理方法，特点就是在时间上连续，因此这种时变目标也是粒子滤波算法比较难解决的问题。理想情况多目标方位历程图和实际应用多目标方位历程图如图 6-22 和图 6-23 所示。

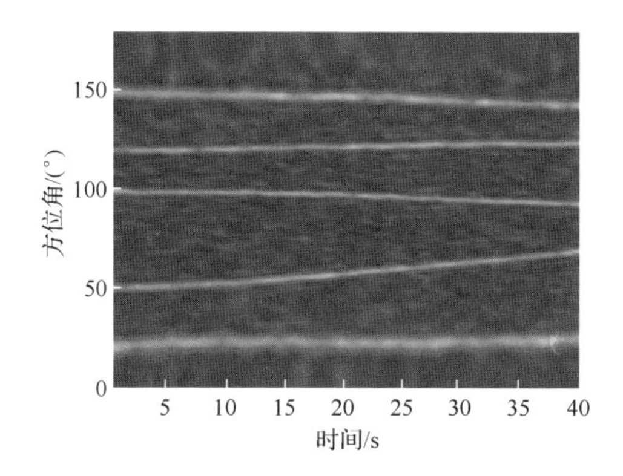

图 6-22　理想情况多目标方位历程图

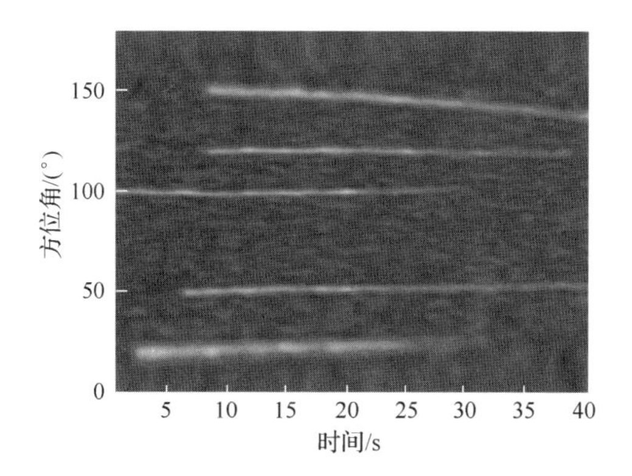

图 6-23　实际应用多目标方位历程图

针对上面提到的轨迹起始和终止问题，仅仅采用序贯处理方法无法解决。对此，本书引入联合权值假设检验方法解决轨迹起始和终止问题。目标起始和终止实质上是对量测数据的判别，即通过判别目标量测与杂波似然或目标似然的区别来实现轨迹起始和终止。若将 k 时刻所有可疑目标集合表示为 A^k，那么 A^k 由两部分组成：

$$A^k = S^k \cup T^{k-1} \tag{6-74}$$

式中，S^k 为 k 时刻新生可疑目标集合；T^{k-1} 为 $k-1$ 时刻所有目标的集合。下面我们只需判别 A^k 中的真实目标即可得到 k 时刻的目标集合 T^k，即判断 S^k 中新生目标，判断 T^{k-1} 中消失目标。

1. 目标新生与消失的判断

检测前跟踪算法没有门限处理的过程，因此任何分辨单元都可能存在目标，这样在计算时就要处理所有分辨单元中的数据，耗时较长，难以满足实时处理的要求。图 6-24 为不同信噪比下的空间谱量测，其中包含一个目标，位于第 120 个分辨单元，即入射角为 60°。

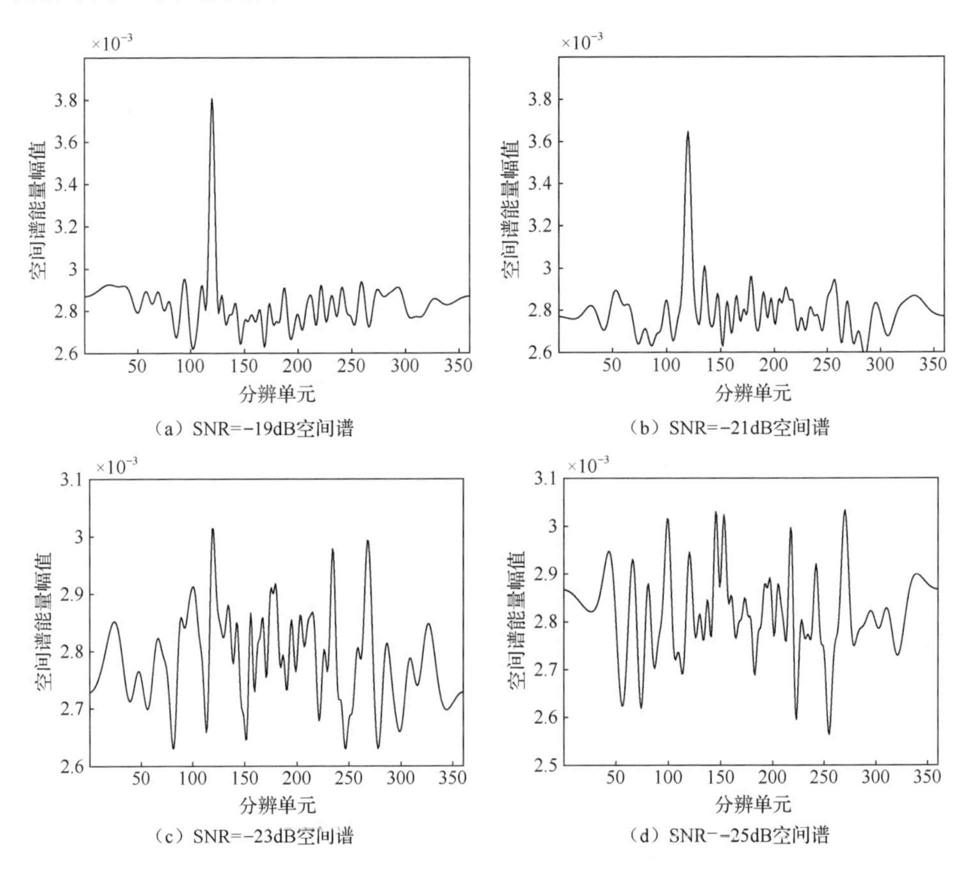

图 6-24　不同信噪比下的空间谱

从图 6-24 中可以看出，不论信噪比高低，空间谱峰值处所对应的角度最有可能是目标所在的方位。按照传统的先检测再跟踪方法，可以设置一个门限，然后保留跟踪区域内所有高于门限的分辨单元数据，这些保留下来的数据就作为当前时刻的可疑目标位置。但是在信噪比低的情况下，目标空间谱能量幅值不一定比杂波高。显然，传统的方法不适用于被动声呐的低信噪比场景。

针对这个问题，利用背景噪声均衡方差进行处理[14]来提取空间谱峰值，并将提取的峰值位置作为当前时刻的可疑目标位置。假设某时刻空间谱量测为 $z=\{z(1),z(2),\cdots,z(B)\}$，对于第 i 个分辨单元量测 $z(i)$，选取一个窗长为 $2K+1$ 的数据窗，窗内数据 $\{z(i-K),z(i-K+1),\cdots,z(i),\cdots,z(i+K-1),z(i+K)\}$。将窗内数据从小到大排序得到 $\{v(1),v(2),\cdots,v(2K+1)\}$。对要处理的量测值 $z(i)$ 进行中值滤波：

$$z_0(i)=\begin{cases}z(i)-\Lambda_z, & z(i)>\Lambda_z\\ 0, & \text{其他}\end{cases} \tag{6-75}$$

式中，$z_0(i)$ 为滤波后空间谱量测能量幅值；Λ_z 为门限值，

$$\Lambda_z=\alpha\frac{1}{K+1}\sum_{j=1}^{K+1}v(K+j) \tag{6-76}$$

其中，α 为门限调节参数。则可疑目标存在序列可表示为

$$E(i)=\begin{cases}1, & z_0(i)>0\\ 0, & \text{其他}\end{cases},\quad i=1,2,\cdots,B \tag{6-77}$$

式中，$E(i)=1$ 表示分辨单元 i 有可疑目标；$E(i)=0$ 表示分辨单元 i 无可疑目标。本书利用似然比对可疑目标进行判决：

$$\frac{p(z^k\mid x_i^k,E_k=1)}{p(z^k\mid x_i^k,E_k=0)}\underset{E_0}{\overset{E_1}{\gtrless}}\Lambda_l \tag{6-78}$$

式中，Λ_l 表示似然比判决门限；x_i^k 表示可疑新生目标集合 S^k 中的第 i 个可疑目标；$E_k=1$ 表示目标存在；$E_k=0$ 表示目标不存在；E_1 和 E_0 分别表示可疑目标为真实目标或杂波的假设。

与新生目标判别相同，对已起始的目标 k 时刻是否消失的判别也可以通过似然比的形式进行判决：

$$\frac{p(z^k\mid x_i^k,E_k=1)}{p(z^k\mid x_i^k,E_k=0)}\underset{E_0}{\overset{E_1}{\gtrless}}\Lambda_l \tag{6-79}$$

式中，x_i^k 表示上一时刻目标集合 T^{k-1} 中的第 i 个可疑目标。从式（6-78）、式（6-79）可以看出，无论航迹起始还是终止并没有本质区别，都可以通过似然比进行判决。可疑新生目标未通过门限代表此分辨单元为杂波，而已起始的目标未通过门限则

代表前一时刻目标航迹终止，这两种情况的粒子都会被删除。

2. 联合多帧判决

上面已经对航迹起始和终止提出似然比检测的方法，但若某一时刻杂波空间谱能量幅值较高，很大概率使得权值较高，杂波成功通过似然比检验，造成虚警；而若某一时刻目标空间谱能量幅值非常低，目标很大概率不能通过似然比检验，将会判定前一时刻目标终止，造成当前时刻的漏检，并将当前时刻粒子删除，等到空间谱能量幅值较高时，目标才被重新起始。这两种情况下，仅仅由于杂波出现一帧或目标丢失一帧就造成虚警或漏检。针对以上问题，本书采用联合多帧判决：通过连续观测多帧，利用多帧联合权值进行判决。

令 N_f 为联合帧数，那么可对式（6-78）、式（6-79）进行修正，得到联合似然比判决：

$$\sum_{f=1}^{N_f}\frac{p(z^{k+1-f}\mid x_i^{k+1-f},E_k=1)}{p(z^{k+1-f}\mid x_i^{k+1-f},E_k=0)}\underset{E_0}{\overset{E_1}{\gtrless}}\Lambda_{lf} \tag{6-80}$$

式中，Λ_{lf} 为联合判决门限。联合 4 帧消除某时刻杂波影响示意图如图 6-25 所示。

如图 6-25 所示，以 $N_f=4$ 为例，图中 $k-3$ 时刻杂波空间谱能量幅值较高，经过背景噪声均衡处理后，该分辨单元加入了新生可疑目标集合 S^k，但在联合 4 帧后，仅有 $k-3$ 时刻权值较高，不能通过联合判决门限，最终被判定为杂波并删除。

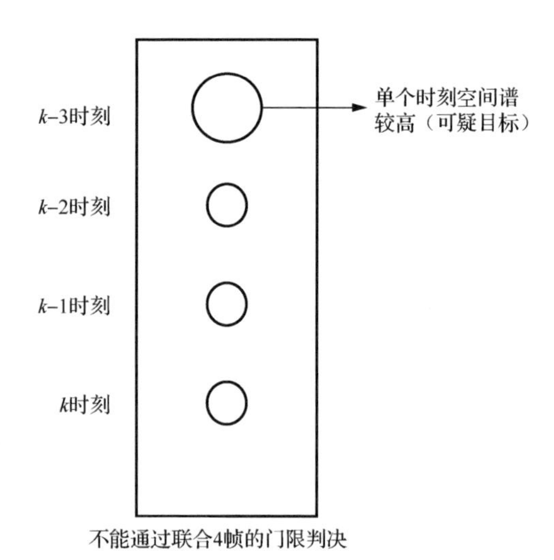

图 6-25　联合 4 帧消除某时刻杂波影响

$k-3$ 时刻目标空间谱能量幅值较低，若单帧处理很可能无法通过判决门限，但经过联合 4 帧之后，至少有三帧的粒子具有较高权值，使得最终联合权值有一个较高水平，最终顺利通过联合判决门限，获得了完整航迹。联合 4 帧消除某时刻目标丢失影响示意图如图 6-26 所示。

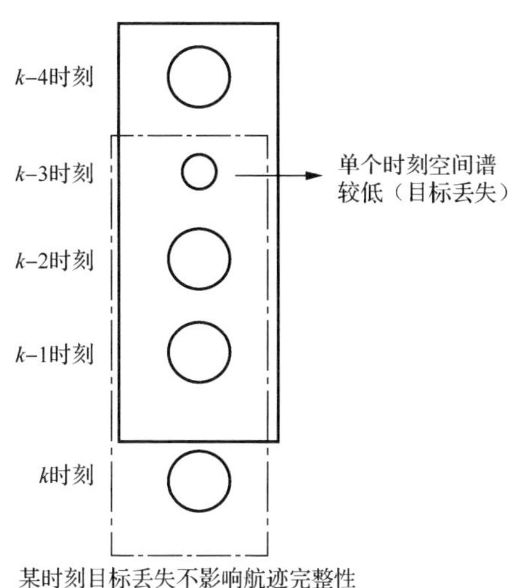

图 6-26　联合 4 帧消除某时刻目标丢失影响

从以上分析可以看出，联合多帧可提高被动声呐多目标 PF-TBD 算法的容错率，有效解决单帧强杂波的虚警问题和弱目标的漏检问题。但联合帧数 N_f 要取一个适当的值，如果 N_f 取值太高，会使得算法变得“迟钝”，可能会造成目标的提前起始和延迟终止。

将并行分区多目标粒子滤波算法以及联合权值假设检验方法引入被动声呐系统中，就得到了完整的基于并行分区粒子滤波的联合权值假设检验检测前跟踪（joint weight hypothesis testing track before detect based parallel partition particle filtering，PPW-TBD）算法。首先初始化参数并生成空间谱作为 PPW-TBD 算法量测值，然后利用噪声均衡算法获取可疑目标，在此基础上对可疑目标进行分群，并依据分群情况判断各目标使用 IP-PF 算法还是 PP-PF 算法计算一阶权值，当可疑目标持续联合帧数后，利用联合权值判决可疑目标为噪声或杂波，最后估计目标状态。PPW-TBD 算法流程图如图 6-27 所示。

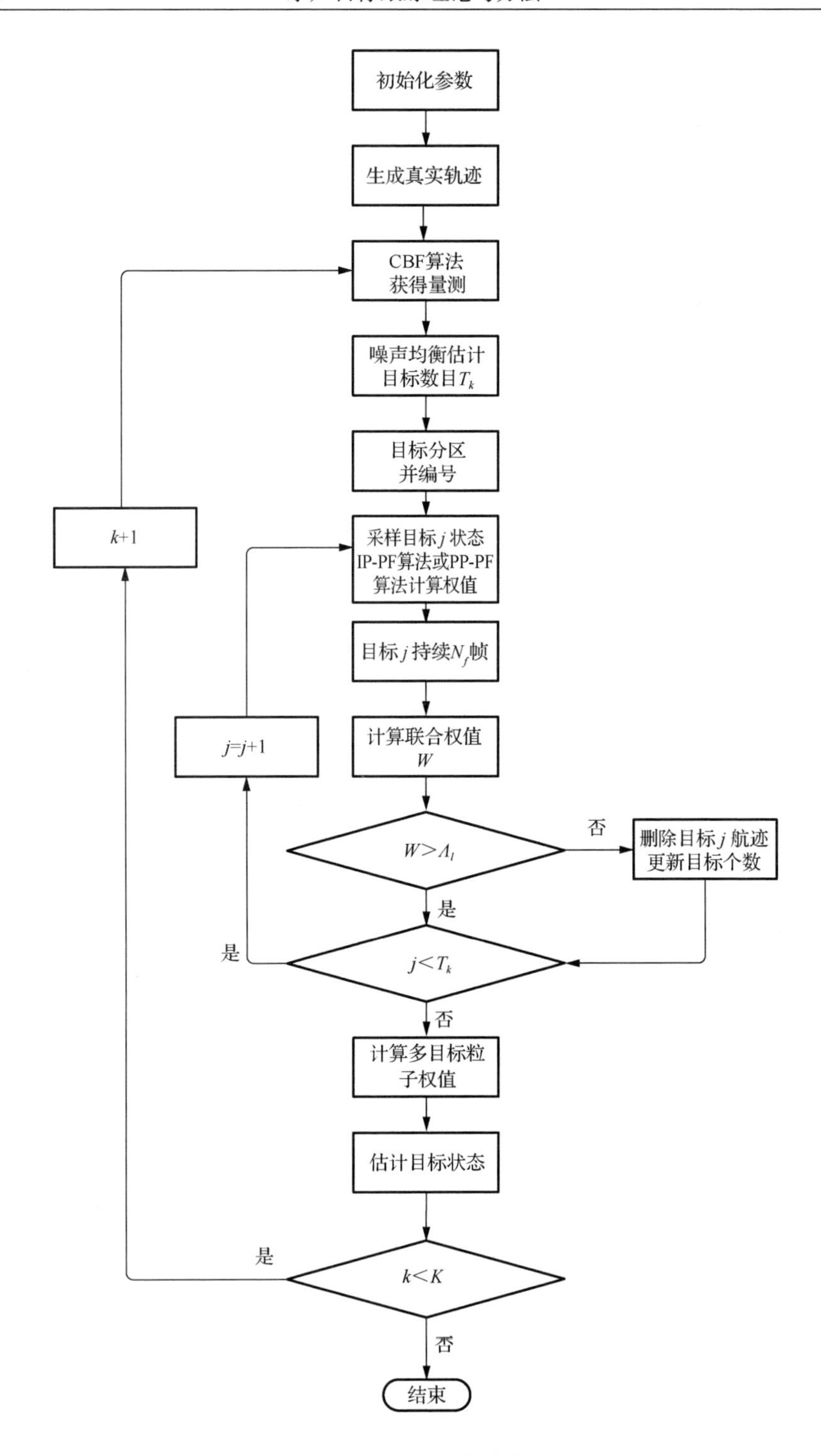

图 6-27　PPW-TBD 算法流程图

6.3.4 仿真实现

1. 变量含义

在接下来的仿真部分，用 M 表示被动声呐阵元数，d 表示各阵元间距，λ 表示中心频率波长，n 表示目标个数，$2K+1$ 表示窗长，α 表示门限调节参数，N_p 表示粒子个数，N_f 表示联合观测帧数，T 表示总观测时间，SNR 表示信噪比，m 表示蒙特卡罗实验次数，E_i 表示目标 i 的存在时刻，cd 表示野点密度，A_{cd} 表示野点幅度与噪声幅度之比。

2. 仿真试验

仿真一： 背景噪声均衡算法。

仿真目的：验证背景噪声均衡算法对空间谱噪声的抑制能力。

仿真参数：$M=40$，$d=0.5\lambda$，$n=5$，$2K+1=21$，$\alpha=1.04$。

仿真结果：背景噪声均衡算法效果图如图 6-28 所示。

仿真结论：噪声均衡处理前背景噪声杂乱地分布在目标空间谱附近，而处理后，仅存五个目标空间谱，背景噪声空间谱被均衡为 0。因此可知，在窗长参数和门限调节参数选取适当的条件下，背景噪声均衡算法可抑制噪声，提取空间谱峰值。

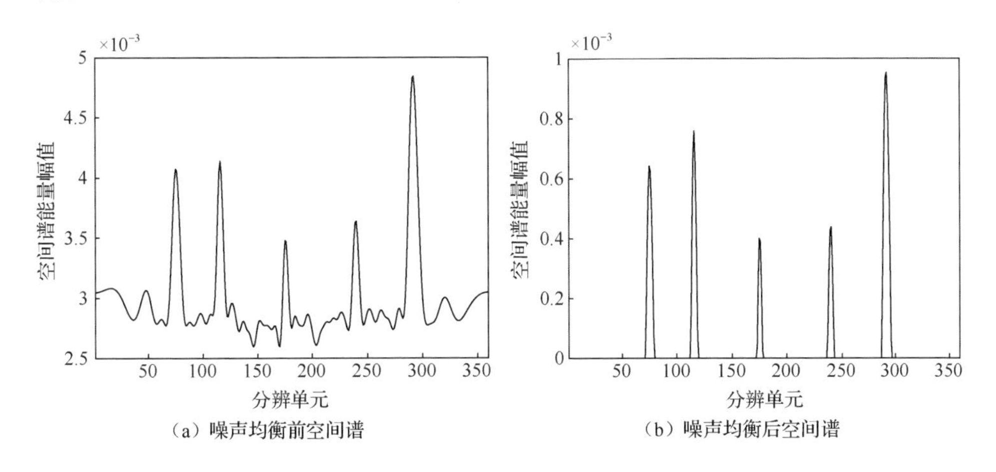

(a) 噪声均衡前空间谱　(b) 噪声均衡后空间谱

图 6-28　背景噪声均衡算法效果图

仿真二：PP-PF 算法跟踪性能验证。

仿真目的：通过对比不同信噪比下 IP-PF 算法与 PP-PF 算法的检测性能，验证 PP-PF 算法在目标邻近时具有更好的跟踪性能。

仿真参数：M=40，$d=0.5\lambda$，$N_p=200$，$N_f=4$，$2K+1=21$，$\alpha=1.04$，$T=50$，$n=5$，SNR 范围为[−25dB, −16dB]，分辨率为 1dB，m=100。

仿真结果：运动态势图及目标航迹如图 6-29 所示，不同信噪比下两种算法检测概率如图 6-30 所示，IP-PF 算法与 PP-PF 算法估计目标个数如图 6-31 所示。

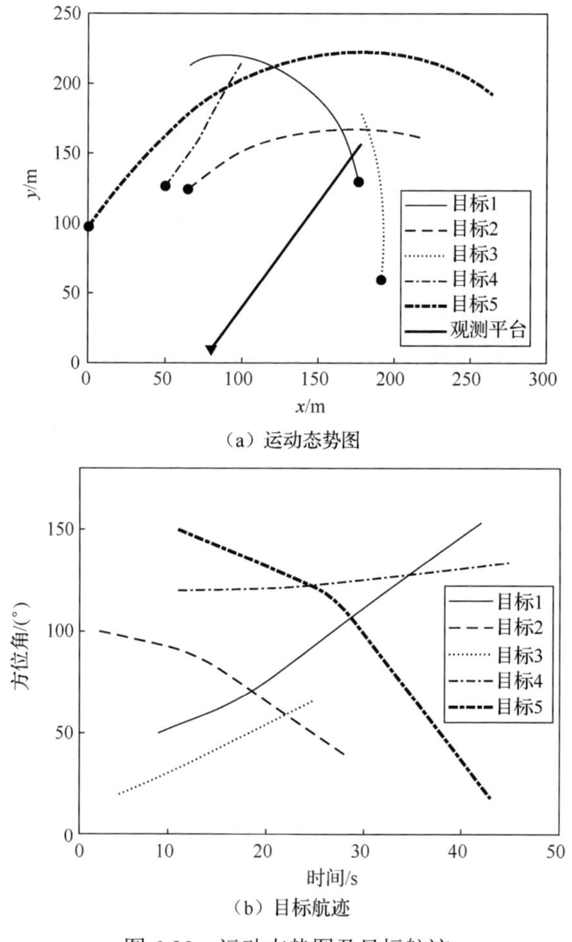

（a）运动态势图

（b）目标航迹

图 6-29 运动态势图及目标航迹

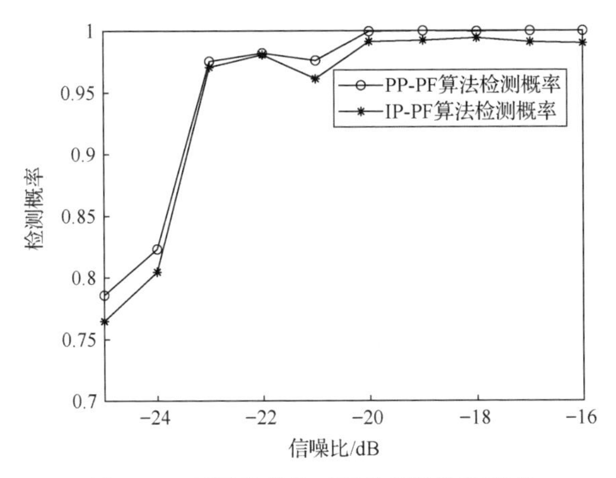

图 6-30　不同信噪比下两种算法检测概率

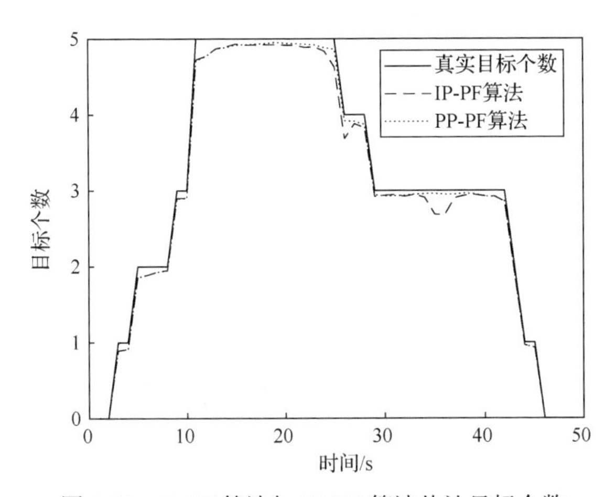

图 6-31　IP-PF 算法与 PP-PF 算法估计目标个数

仿真结论：由目标航迹可知，在第 16 帧开始出现邻近目标，在 18 帧、22 帧、25 帧、29 帧、35 帧出现目标交叉现象，40 帧之后目标邻近现象消失。在 18 帧之前和 40 帧之后，目标彼此充分分离，PP-PF 算法与 IP-PF 算法检测性能相当，而在 19 帧到 39 帧，出现目标邻近现象，IP-PF 算法检测性能下降，在目标交叉时刻附近，性能下降最为严重。相比于 IP-PF 算法，PP-PF 算法在目标邻近时，依旧有较好的检测性能。因此，可以得出结论：PP-PF 算法可提升 IP-PF 算法在目标邻近时的跟踪性能。

仿真三：PPW-TBD 算法处理先验未知场景。

（1）PPW-TBD 算法处理先验未知场景（高信噪比，无野点）。

仿真目的：验证 PPW-TBD 算法在较高信噪比且无野点干扰时的性能。

仿真参数：M=40，$d=0.5\lambda$，$N_p=200$，$N_f=4$，$2K+1=21$，$\alpha=1.04$，$T=50$，$n=5$。$E_1=[3,28]$，$\mathrm{SNR}_1=-6\mathrm{dB}$；$E_2=[5,25]$，$\mathrm{SNR}_2=-8\mathrm{dB}$；$E_3=[9,42]$，$\mathrm{SNR}_3=-5\mathrm{dB}$；$E_4=[11,45]$，$\mathrm{SNR}_4=-10\mathrm{dB}$；$E_5=[11,43]$，$\mathrm{SNR}_5=-7\mathrm{dB}$。

仿真结果：PPW-TBD 算法在高信噪比、无野点条件下的跟踪效果与方位历程图如图 6-32 所示。

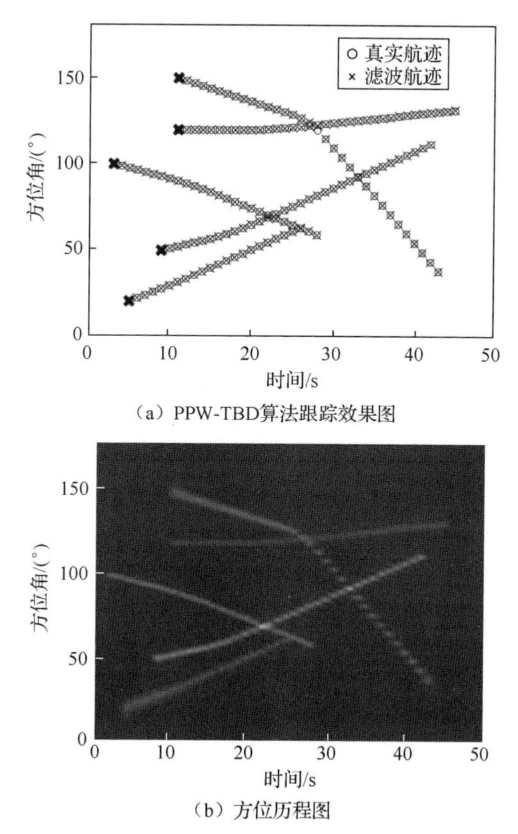

（a）PPW-TBD算法跟踪效果图

（b）方位历程图

图 6-32　PPW-TBD 算法跟踪效果与方位历程图（高信噪比，无野点）

（2）PPW-TBD 算法处理先验未知场景（低信噪比，无野点）。

仿真目的：验证 PPW-TBD 算法在较低信噪比且无野点干扰时的性能。

仿真参数：M=40，$d=0.5\lambda$，$N_p=200$，$N_f=4$，$2K+1=21$，$\alpha=1.04$，$T=50$，$n=5$。$E_1=[3,28]$，$\mathrm{SNR}_1=-21\mathrm{dB}$；$E_2=[5,25]$，$\mathrm{SNR}_2=-19\mathrm{dB}$；$E_3=[9,42]$，$\mathrm{SNR}_3=-18\mathrm{dB}$；$E_4=[11,45]$，$\mathrm{SNR}_4=-20\mathrm{dB}$；$E_5=[11,43]$，$\mathrm{SNR}_5=-17\mathrm{dB}$。

仿真结果：PPW-TBD 算法在低信噪比、无野点条件下的跟踪效果与方位历程图如图 6-33 所示。

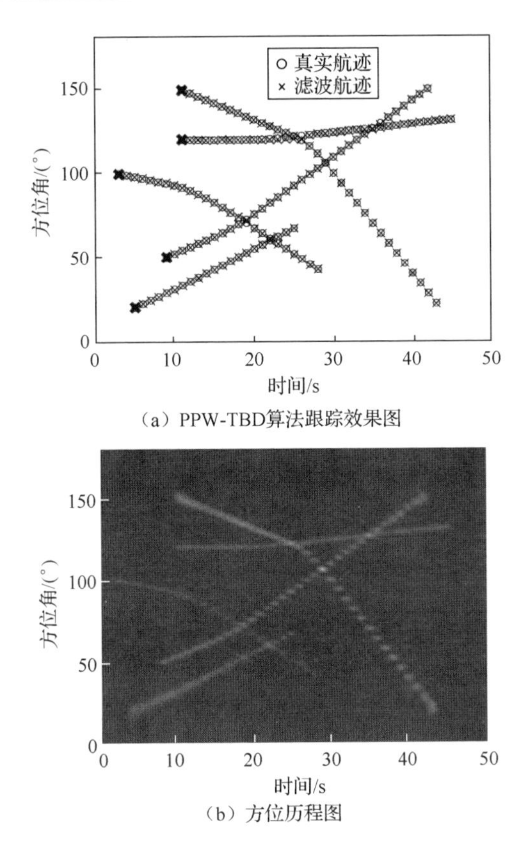

（a）PPW-TBD算法跟踪效果图

（b）方位历程图

图 6-33　PPW-TBD 算法跟踪效果与方位历程图（低信噪比，无野点）

（3）PPW-TBD 算法处理先验未知场景（低信噪比，有野点）。

仿真目的：验证 PPW-TBD 算法在较低信噪比且有野点干扰时的性能。

仿真参数：M=40，$d=0.5\lambda$，$N_p=200$，$N_f=4$，$2K+1=21$，$\alpha=1.04$，$T=50$，$n=5$。$E_1=[3,28]$，$\text{SNR}_1=-21\text{dB}$；$E_2=[5,25]$，$\text{SNR}_2=-19\text{dB}$；$E_3=[9,42]$，$\text{SNR}_3=-18\text{dB}$；$E_4=[11,45]$，$\text{SNR}_4=-20\text{dB}$；$E_5=[11,43]$，$\text{SNR}_5=-17\text{dB}$。cd=1/360，$A_{cd}$=0.07。

仿真结果：PPW-TBD 算法在低信噪比、有野点条件下的跟踪效果与方位历程图如图 6-34 所示。

仿真结论：在有野点干扰、无野点干扰、高信噪比、低信噪比、目标个数随时间变化的多目标场景中，PPW-TBD 算法都具有很好的跟踪效果。图 6-35 是在蒙特卡罗实验 100 次的条件下，不同信噪比估计目标个数图。

如图 6-35 所示，在信噪比−23dB 以上时，估计目标个数曲线与真实目标个数曲线基本重合，可知 PPW-TBD 算法可以有效检测目标，在低信噪比、有野点干扰的场景中也有较好的跟踪效果，且轨迹起始和终止灵敏，实时性较好。

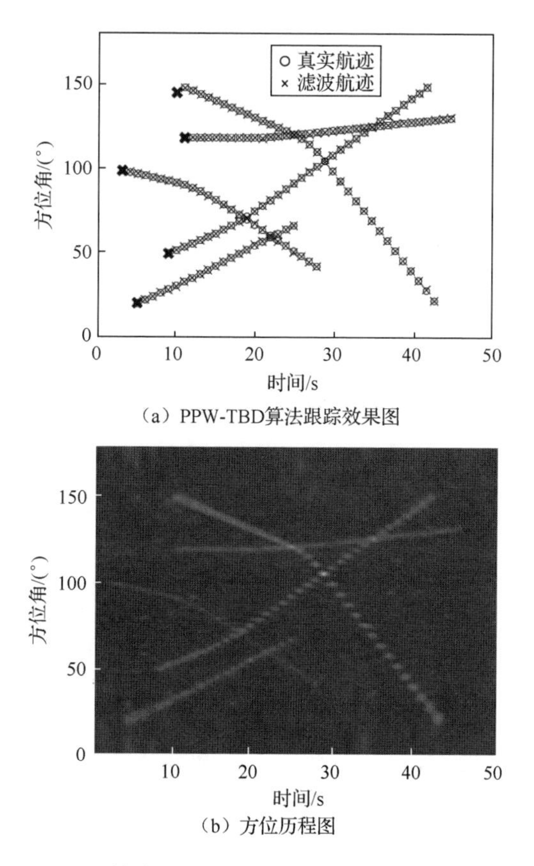

（a）PPW-TBD算法跟踪效果图

（b）方位历程图

图 6-34　PPW-TBD 算法跟踪效果与方位历程图（低信噪比，有野点）

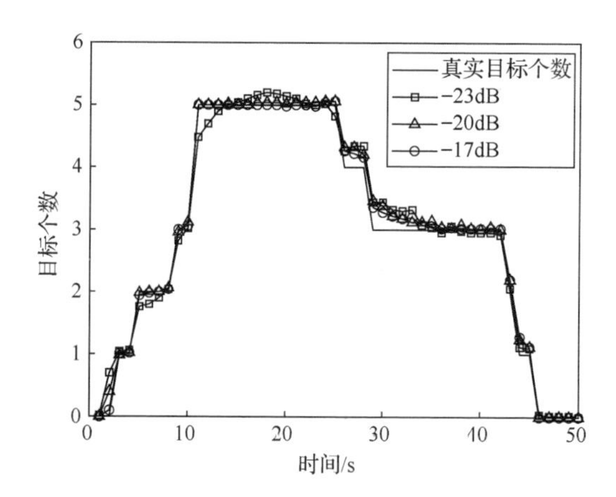

图 6-35　不同信噪比估计目标个数图

仿真四： 对比算法。

仿真目的：与传统跟踪算法相比，验证本算法的实时性、检测性能以及跟踪精度。

仿真参数：M=40，$d=0.5\lambda$，$N_p=200$，$N_f=4$，$2K+1=21$，$\alpha=1.04$，$T=50$，$n=5$。$E_1=[3,28]$，$\text{SNR}_1=-21\text{dB}$；$E_2=[5,25]$，$\text{SNR}_2=-19\text{dB}$；$E_3=[9,42]$，$\text{SNR}_3=-18\text{dB}$；$E_4=[11,45]$，$\text{SNR}_4=-20\text{dB}$；$E_5=[11,43]$，$\text{SNR}_5=-17\text{dB}$。cd=1/360，$A_{\text{cd}}$=0.07。传统跟踪算法的先验参数经多次调整取适当值。

仿真结果如下。

（1）实时性对比。

匀角速度转弯运动：PPW-TBD 算法跟踪效果与方位历程图如图 6-36 所示，DBT 算法跟踪效果与方位历程图如图 6-37 所示，两种算法估计目标个数对比图如图 6-38 所示。

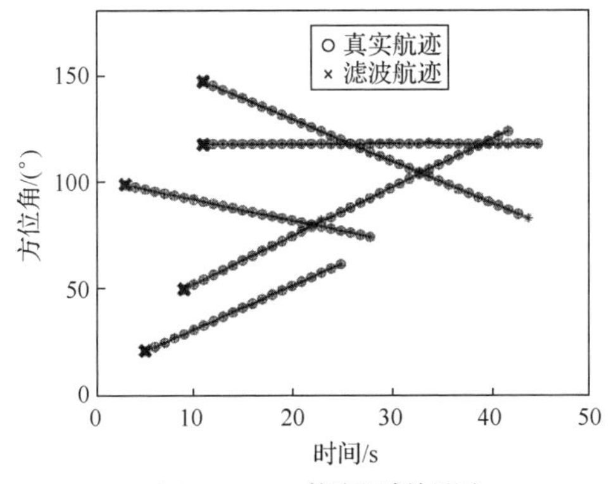

（a）PPW-TBD算法跟踪效果图

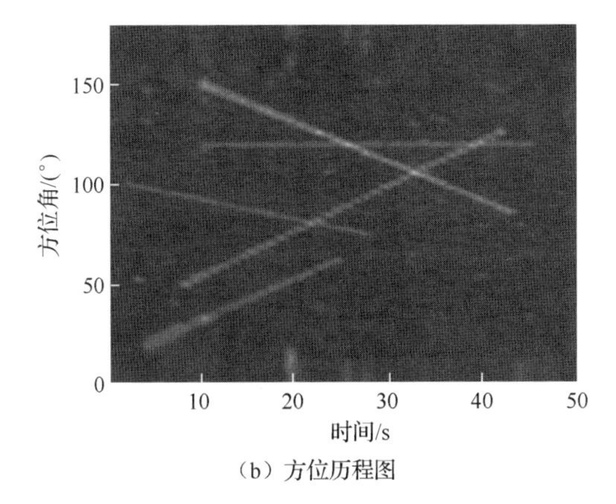

（b）方位历程图

图 6-36　PPW-TBD 算法跟踪效果与方位历程图

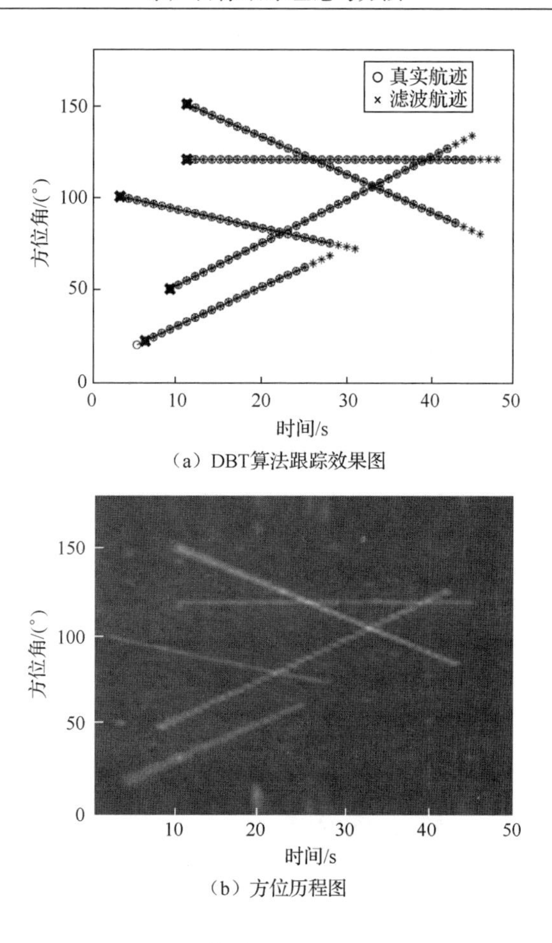

（a）DBT算法跟踪效果图

（b）方位历程图

图 6-37　DBT 算法跟踪效果与方位历程图

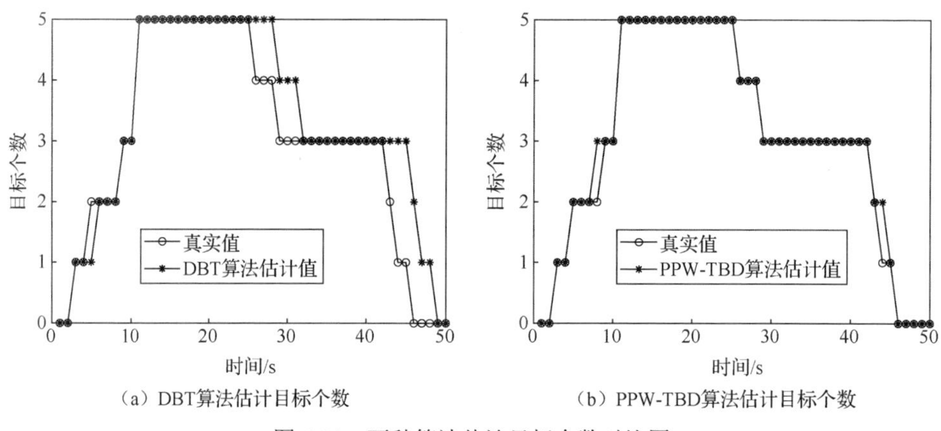

（a）DBT算法估计目标个数　　（b）PPW-TBD算法估计目标个数

图 6-38　两种算法估计目标个数对比图

某一段时间具有匀角加速度的转弯运动：PPW-TBD 算法跟踪效果与方位

历程图如图 6-39 所示，DBT 算法跟踪效果与方位历程图如图 6-40 所示，两种算法估计目标个数对比图如图 6-41 所示。

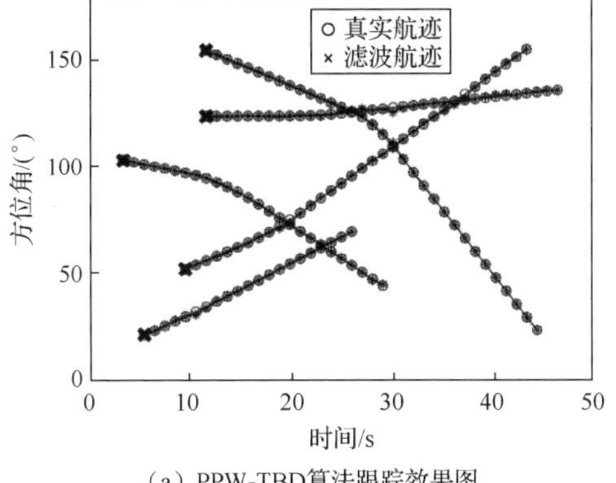

（a）PPW-TBD算法跟踪效果图

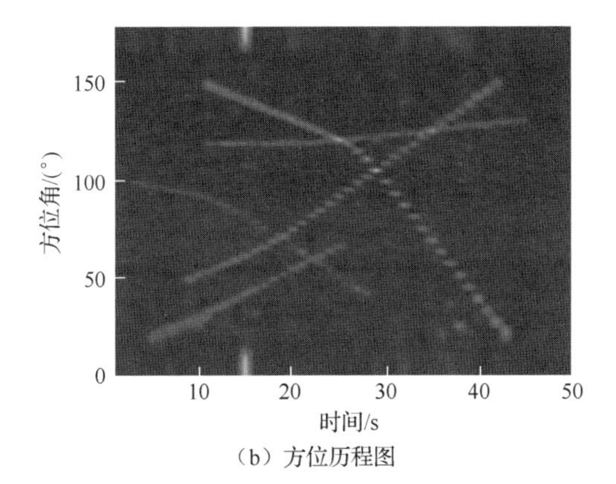

（b）方位历程图

图 6-39　PPW-TBD 算法跟踪效果与方位历程图

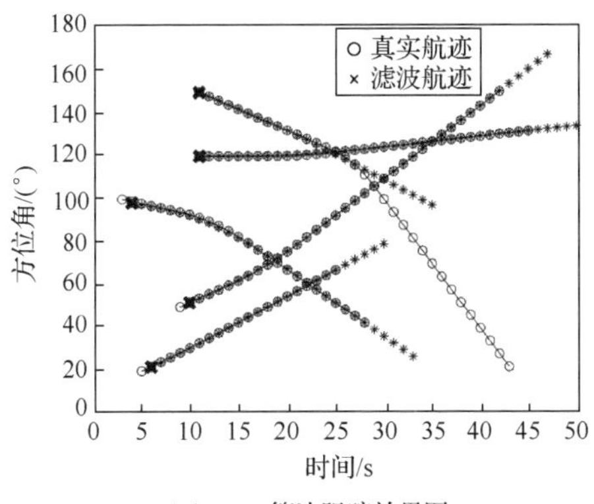

（a）DBT算法跟踪效果图

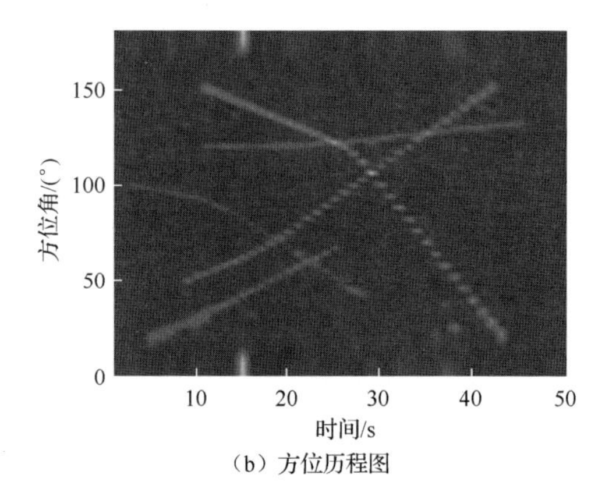

（b）方位历程图

图 6-40　DBT 算法跟踪效果与方位历程图

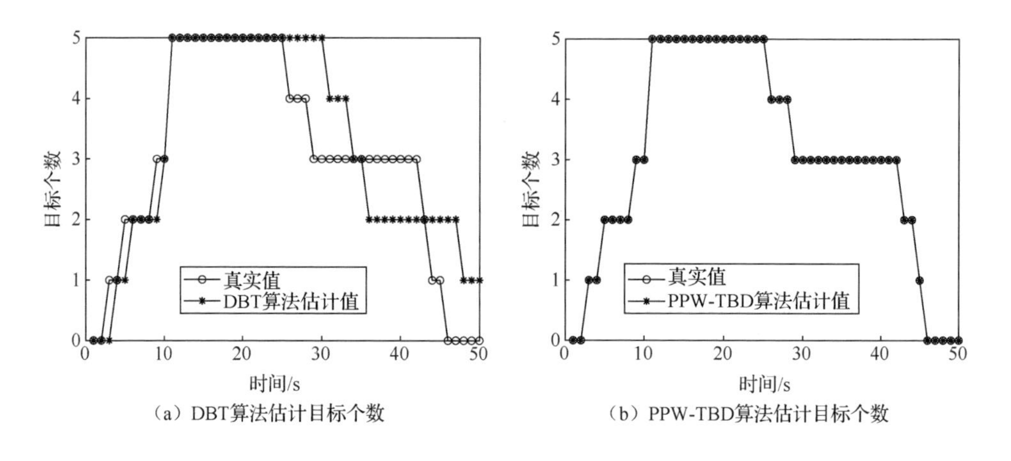

（a）DBT算法估计目标个数　　（b）PPW-TBD算法估计目标个数

图 6-41　两种算法估计目标个数对比图

仿真结论：从仿真结果来看，在目标机动性较弱（匀角速度转弯运动）情况下，两种算法均能得到完整的目标航迹，但传统跟踪算法不能及时终止目标，延迟了 3 个时刻，而 PPW-TBD 算法可及时终止；在目标机动性较强（某一段时间具有匀角加速度的转弯运动）情况下，传统跟踪算法未能得到完整的目标航迹，在第 19 个时刻，目标 5 的跟踪结果出现了较大偏差，且提前 9 个时刻终止了该目标，而其他目标的终止延迟了 5 个时刻，但 PPW-TBD 算法依然具有良好的性能，获得了完整的目标航迹，能及时起始和终止目标。

经过上面的分析可以看出，传统跟踪算法在目标机动性强的情况下性能较差，并且在目标起始上可能有较小延迟，终止上有较大延迟。这是因为传统跟踪算法某时刻的量测值不一定包含所有目标，因此需设置一定的关联时间，超过此时间判定目标消失，也就造成了目标终止延迟。而在目标起始上，若目标出现的时刻量测值中恰好包含此目标，则可及时起始，否则就会造成目标起始的延迟，但这个延迟一般都比较小。因此，传统跟踪算法在目标起始上有较小延迟，目标终止上有较大延迟。相比于传统跟踪算法，PPW-TBD 算法在轨迹起始和终止上更灵敏，具有更好的实时性。

（2）检测性能及跟踪精度对比。

在不同接收信噪比的条件下进行蒙特卡罗实验 100 次，DBT 算法和 PPW-TBD 算法的检测概率曲线及均方根误差曲线如图 6-42 所示。

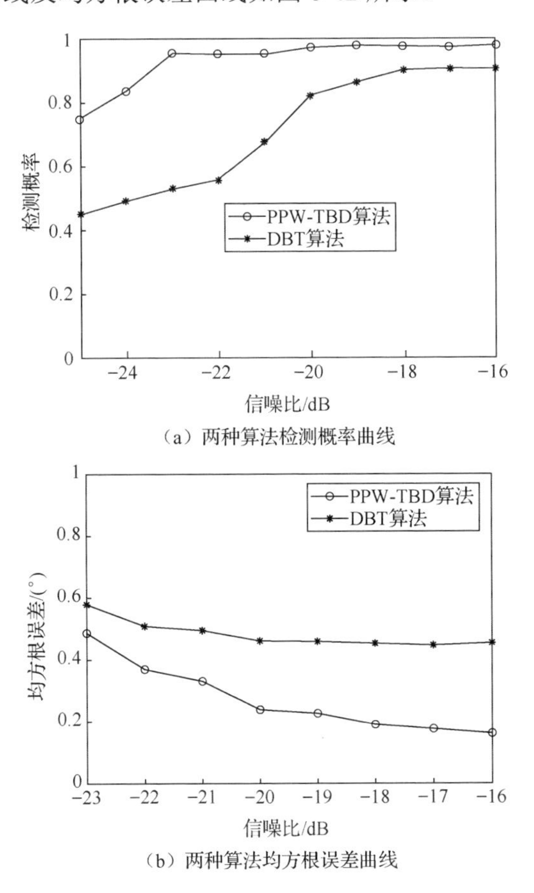

（a）两种算法检测概率曲线

（b）两种算法均方根误差曲线

图 6-42　检测概率曲线及均方根误差曲线对比

仿真结论：本次仿真包含 5 个时变目标，并在不同信噪比条件下进行了验证，可以说该仿真是对两种算法较为全面的验证。PPW-TBD 算法的检测性能优于传统跟踪算法，PPW-TBD 算法检测概率达到 0.9 只需信噪比为−23dB，而传统跟踪算法则需信噪比达到−17dB。PPW-TBD 算法跟踪精度高于 DBT 算法，PPW-TBD 算法的均方根误差达到 0.4° 以下仅需信噪比为−22dB，而 DBT 算法在信噪比为−16dB 时均方根误差才约为 0.45°。综上可知，相比传统跟踪算法，PPW-TBD 算法检测性能和跟踪精度更好，性能提高了 6dB（波束形成前信噪比）左右。

参考文献

[1] Yi W, Morelande M R, Kong L. A computationally efficient particle filter for multitarget tracking using an independence approximation[J]. IEEE Transactions on Signal Processing, 2013, 61(4): 843-856.

[2] Rutten M G, Gordon N J, Maskell S. Particle-based track-before-detect in Rayleigh noise[J]. Proceeding of SPIE, 2004, 5428: 693-700.

[3] Salmond D J, Birch H. A particle filter for track-before-detect[C]. Proceedings of the 2001 American Control Conference, 2001: 3755-3760.

[4] Arulampalam M S, Maskell S, Gordon N. A tutorial on particle filters for online nonlinear/non-Gaussian Bayesian tracking[J]. IEEE Transactions on Signal Processing, 2002, 50(2): 174-188.

[5] Farrokhrooz M, Karimi M. Ship noise classification using probabilistic neural network and AR model coefficients[C]. Europe Oceans 2005, 2005: 1107-1110.

[6] 朱中华. 宽带信号时延估计方法研究[D]. 南京: 东南大学, 2014.

[7] 张敬礼. 舰船辐射噪声声阵处理技术研究[D]. 北京: 中国舰船研究院, 2015.

[8] Eubank R L, Lariccia V N. Asymptotic comparison of Cramer-von Mises and nonparametric function estimation techniques for testing goodness-of-fit[J]. Annals of Statistics, 1992, 20(4): 2071-2086.

[9] Laio F. Cramer-von Mises and Anderson-Darling goodness of fit tests for extreme value distributions with unknown parameters[J]. Water Resources Research, 2004, 40(9): W09308.1-W09308.10.

[10] Vermaak J, Godsill S J, Perez P. Monte Carlo filtering for multi target tracking and data association[J]. IEEE Transactions on Aerospace and Electronic Systems, 2005, 41(1): 309-332.

[11] Kyriakides I, Morrell D, Papandreou-Suppappola A. Sequential Monte Carlo methods for tracking multiple targets with deterministic and stochastic constraints[J]. IEEE Transactions on Signal Processing, 2008, 56(3): 937-948.

[12] Chris M K, Keith D K, Alfred O H. Tracking multiple targets using a particle filter representation of the joint multitarget probability density[C]. Proceeding of SPIE, 2004.

[13] 田真. 多目标检测前跟踪的粒子滤波算法研究[D]. 成都: 电子科技大学, 2019.

[14] 李启虎, 潘学宝, 尹力. 数字式声呐中一种新的背景均衡算法[J]. 声学学报, 2000, 25(1): 5-9.

第7章　单基阵纯方位目标运动分析

单基阵纯方位目标运动分析是利用单基阵在不同采样时刻对目标的顺序测量，获得目标的方位信息，利用相应的算法对测量得到的方位信息进行处理得到目标运动参数的过程。本章首先研究单基阵纯方位目标运动分析的目标可观测性问题，在此基础上研究最小二乘纯方位目标运动分析算法和偏差补偿最小二乘纯方位目标运动分析算法，同时对算法评价准则进行研究，最后利用仿真实验验证算法的性能。

7.1　单基阵纯方位目标可观测性分析

设观测者在 t 时刻的速度为 $\boldsymbol{v}_O(t)=\begin{bmatrix} v_{Ox}(t) & v_{Oy}(t) \end{bmatrix}^{\mathrm{T}}$，加速度为 $\boldsymbol{a}_O=\begin{bmatrix} a_{Ox} & a_{Oy} \end{bmatrix}^{\mathrm{T}}$，位置为 $\boldsymbol{r}_O(t)=\begin{bmatrix} r_{Ox}(t) & r_{Oy}(t) \end{bmatrix}^{\mathrm{T}}$，目标在 t 时刻的速度为 $\boldsymbol{v}_T(t)=\begin{bmatrix} v_{Tx}(t) & v_{Ty}(t) \end{bmatrix}^{\mathrm{T}}$，位置为 $\boldsymbol{r}_T(t)=\begin{bmatrix} r_{Tx}(t) & r_{Ty}(t) \end{bmatrix}^{\mathrm{T}}$。在 t 时刻，观测者与目标的相对位置为

$$\boldsymbol{r}(t)=\boldsymbol{r}_T(t)-\boldsymbol{r}_O(t)=\begin{bmatrix} r_{Tx}(t) \\ r_{Ty}(t) \end{bmatrix}-\begin{bmatrix} r_{Ox}(t) \\ r_{Oy}(t) \end{bmatrix}=\begin{bmatrix} r_x(t) \\ r_y(t) \end{bmatrix} \tag{7-1}$$

观测者与目标的相对速度为

$$\boldsymbol{v}(t)=\boldsymbol{v}_T(t)-\boldsymbol{v}_O(t)=\begin{bmatrix} v_{Tx}(t) \\ v_{Ty}(t) \end{bmatrix}-\begin{bmatrix} v_{Ox}(t) \\ v_{Oy}(t) \end{bmatrix}=\begin{bmatrix} v_x(t) \\ v_y(t) \end{bmatrix} \tag{7-2}$$

对式（7-1）进行微分可以得到

$$\dot{\boldsymbol{r}}(t)=\boldsymbol{v}(t) \tag{7-3}$$

假设目标的运动状态为匀速直线运动，则对式（7-2）进行微分可以得到

$$\dot{\boldsymbol{v}}(t)=-\boldsymbol{a}_O(t) \tag{7-4}$$

对式（7-4）两端进行积分，可以得到

$$\boldsymbol{v}(t)=\boldsymbol{v}(t_0)-\int_{t_0}^{t}\boldsymbol{a}_O(\tau)\mathrm{d}\tau \tag{7-5}$$

对式（7-3）两端进行积分，可以得到

$$\boldsymbol{r}(t)-\boldsymbol{r}(t_0)=\int_{t_0}^{t}\boldsymbol{v}(\tau)\mathrm{d}\tau \tag{7-6}$$

将式（7-5）代入式（7-6）可以得到

$$\boldsymbol{r}(t)-\boldsymbol{r}(t_0)=(t-t_0)\boldsymbol{v}(t_0)-\int_{t_0}^{t}\left(\int_{t_0}^{\tau}\boldsymbol{a}_O(u)\mathrm{d}u\right)\mathrm{d}\tau \tag{7-7}$$

对 $\int_{t_0}^{t}\left(\int_{t_0}^{\tau}\boldsymbol{a}_O(u)\mathrm{d}u\right)\mathrm{d}\tau$ 进行整理，可以得到

$$\int_{t_0}^{t}\left(\int_{t_0}^{\tau}\boldsymbol{a}_O(u)\mathrm{d}u\right)\mathrm{d}\tau=\int_{t_0}^{t}\left(\int_{u}^{t}\boldsymbol{a}_O(u)\mathrm{d}\tau\right)\mathrm{d}u=\int_{t_0}^{t}(t-u)\boldsymbol{a}_O(u)\mathrm{d}u \tag{7-8}$$

令 $u=\tau$，对式（7-8）进行整理可以得到

$$\int_{t_0}^{t}\left(\int_{t_0}^{\tau}\boldsymbol{a}_O(u)\mathrm{d}u\right)\mathrm{d}\tau=\int_{t_0}^{t}(t-\tau)\boldsymbol{a}_O(\tau)\mathrm{d}\tau \tag{7-9}$$

将式（7-9）代入式（7-7）可以得到

$$\boldsymbol{r}(t)=\boldsymbol{r}(t_0)+(t-t_0)\boldsymbol{v}(t_0)-\int_{t_0}^{t}(t-\tau)\boldsymbol{a}_O(\tau)\mathrm{d}\tau \tag{7-10}$$

图 7-1 为观测者与目标的几何关系示意图。

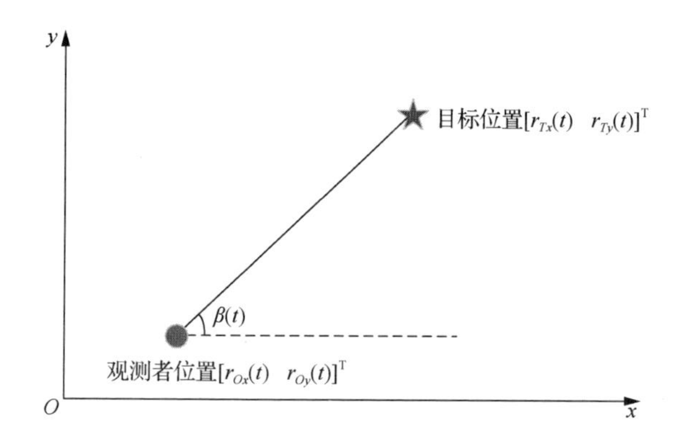

图 7-1 观测者与目标的几何关系示意图

利用图 7-1 中观测者与目标之间的几何关系可以得到方位角的表达式为

$$\beta(t)=\tan^{-1}\left(\frac{r_y(t)}{r_x(t)}\right)=\tan^{-1}\left(\frac{r_y(t_0)+(t-t_0)v_y(t_0)-\int_{t_0}^{t}(t-\tau)a_{Oy}(\tau)\mathrm{d}\tau}{r_x(t_0)+(t-t_0)v_x(t_0)-\int_{t_0}^{t}(t-\tau)a_{Ox}(\tau)\mathrm{d}\tau}\right) \tag{7-11}$$

式中，$r_x(t)$ 和 $r_y(t)$ 分别为观测者与目标 x 方向和 y 方向的相对距离。

由式（7-11）可以得到

$$r_x(t)\sin\beta(t)-r_y(t)\cos\beta(t)=0 \tag{7-12}$$

将式（7-10）代入式（7-12）可以得到

$$\begin{aligned}&r_x(t_0)\sin\beta(t)+v_x(t_0)\left(t-t_0\right)\sin\beta(t)-r_y(t_0)\cos\beta(t)-v_y(t_0)\left(t-t_0\right)\cos\beta(t)\\&=\int_{t_0}^{t}\left(t-\tau\right)\left(a_{Ox}(\tau)\sin\beta(t)-a_{Oy}(\tau)\cos\beta(t)\right)\mathrm{d}\tau\end{aligned} \tag{7-13}$$

对式（7-13）进行整理可以得到

$$\boldsymbol{M}(t)\boldsymbol{x}=y(t) \tag{7-14}$$

式中，$\boldsymbol{M}(t)$、$\boldsymbol{x}$ 和 $y(t)$ 的表达式由下式给出：

$$\begin{cases}\boldsymbol{M}(t)=\left[\sin\beta(t)\quad -\cos\beta(t)\quad \left(t-t_0\right)\sin\beta(t)\quad -\left(t-t_0\right)\cos\beta(t)\right]\\ \boldsymbol{x}=\left[r_x(t_0)\quad r_y(t_0)\quad v_x(t_0)\quad v_y(t_0)\right]^{\mathrm{T}}\\ y(t)=\int_{t_0}^{t}\left(t-\tau\right)\left(a_{Ox}(\tau)\sin\beta(t)-a_{Oy}(\tau)\cos\beta(t)\right)\mathrm{d}\tau\end{cases} \tag{7-15}$$

因此，对目标运动状态向量的求解转而变为对向量 $\boldsymbol{x}$ 的求解。对式（7-14）进行微分，可以得到

$$\boldsymbol{A}(t)\boldsymbol{x}=\boldsymbol{y}(t) \tag{7-16}$$

式中，$\boldsymbol{y}(t)=\left[y(t)\quad \dot{y}(t)\quad \ddot{y}(t)\quad \dddot{y}(t)\right]^{\mathrm{T}}$；$\boldsymbol{A}(t)$ 由下式给出：

$$\boldsymbol{A}(t)=\begin{bmatrix}\boldsymbol{M}(t)\\ \dot{\boldsymbol{M}}(t)\\ \ddot{\boldsymbol{M}}(t)\\ \dddot{\boldsymbol{M}}(t)\end{bmatrix} \tag{7-17}$$

如果矩阵 $\boldsymbol{A}(t)$ 对于 $t>t_0$ 满秩，则目标状态向量 $\boldsymbol{x}$ 可以由下式求得：

$$\boldsymbol{x}=\boldsymbol{A}^{-1}(t)\boldsymbol{y}(t) \tag{7-18}$$

利用式（7-18）求解目标状态向量 $\boldsymbol{x}$，则矩阵 $\boldsymbol{A}(t)$ 的行列式不等于零，即

$$\cos^3\beta(t)\left(2\dot{\beta}(t)\dddot{\beta}(t)-3\ddot{\beta}(t)+4\dot{\beta}^4(t)\right)\neq 0 \tag{7-19}$$

通过对式（7-19）求解 $\beta(t)$，可以得到 $\beta(t)$ 需要满足

$$\beta(t)\neq\tan^{-1}\left(\frac{r_y(t_0)+\left(t-t_0\right)v_y(t_0)}{r_x(t_0)+\left(t-t_0\right)v_x(t_0)}\right) \tag{7-20}$$

式中，$r_x(t_0)$、$r_y(t_0)$、$v_x(t_0)$、$v_y(t_0)$ 分别表示目标与观测者 x 方向的相对距离、y 方向的相对距离、x 方向的相对速度、y 方向的相对速度，其表达式分别为

$$\begin{cases} r_x(t_0) = r_{Tx}(t_0) - r_{Ox}(t_0) \\ r_y(t_0) = r_{Ty}(t_0) - r_{Oy}(t_0) \\ v_x(t_0) = v_{Tx}(t_0) - v_{Ox}(t_0) \\ v_y(t_0) = v_{Ty}(t_0) - v_{Oy}(t_0) \end{cases} \tag{7-21}$$

由式（7-11）可知，$\beta(t)$ 需要满足

$$\beta(t) = \tan^{-1}\left(\frac{r_y(t_0) + (t - t_0)v_y(t_0) - \int_{t_0}^{t}(t-\tau)a_{Oy}(\tau)\mathrm{d}\tau}{r_x(t_0) + (t - t_0)v_x(t_0) - \int_{t_0}^{t}(t-\tau)a_{Ox}(\tau)\mathrm{d}\tau} \right) \tag{7-22}$$

因此结合式（7-20）和式（7-22）可知，若要使目标满足可观测的条件，则

$$\frac{r_y(t_0) + (t - t_0)v_y(t_0) - \int_{t_0}^{t}(t-\tau)a_{Oy}(\tau)\mathrm{d}\tau}{r_x(t_0) + (t - t_0)v_x(t_0) - \int_{t_0}^{t}(t-\tau)a_{Ox}(\tau)\mathrm{d}\tau} \neq \frac{r_y(t_0) + (t - t_0)v_y(t_0)}{r_x(t_0) + (t - t_0)v_x(t_0)} \tag{7-23}$$

若观测者的运动状态为匀速直线运动，则 $a_{Ox}(\tau) = a_{Oy}(\tau) = 0$，此时目标一定不可观测。式（7-23）说明了观测者机动对于目标可观测的必要性，但是并不是观测者所有的机动都能满足式（7-23），在某些情况下即使观测者机动，目标仍然不可观测[1]。

为了使式（7-23）被严格满足，目标可观测的充分必要条件为

$$\int_{t_0}^{t}(t-\tau)\boldsymbol{a}_O(\tau)\mathrm{d}\tau \neq \alpha(t)\left(\boldsymbol{r}(t_0) + (t - t_0)\boldsymbol{v}(t_0)\right) \tag{7-24}$$

式中，$\alpha(t)$ 为任意的标量函数。当 $\alpha(t) = 0$ 时，目标是否可观测完全取决于观测者的运动状态。当 $\alpha(t) \neq 0$ 并且 $\boldsymbol{a}_O(\tau) \neq \boldsymbol{0}$ 时，如果满足

$$\int_{t_0}^{t}(t-\tau)\boldsymbol{a}_O(\tau)\mathrm{d}\tau = \alpha(t)\left(\boldsymbol{r}(t_0) + (t - t_0)\boldsymbol{v}(t_0)\right) \tag{7-25}$$

则表示即使观测者机动，目标仍然不可观测，如图 7-2 所示。

如图 7-2 所示，观测者机动运动轨迹的瞬时位置始终落在观测者匀速直线运动时与目标位置的瞬时方位角连线上，此时式（7-25）成立，因此在这种情况下即使观测者机动，目标仍然是不可观测的[2]。

在单基阵纯方位目标运动分析中，观测者机动是目标可观测的必要非充分条件。在实际的目标运动分析中，观测者的运动轨迹通常由机动的匀速直线运动段组成，这种运动轨迹客观上确保了目标可观测性条件得到满足。

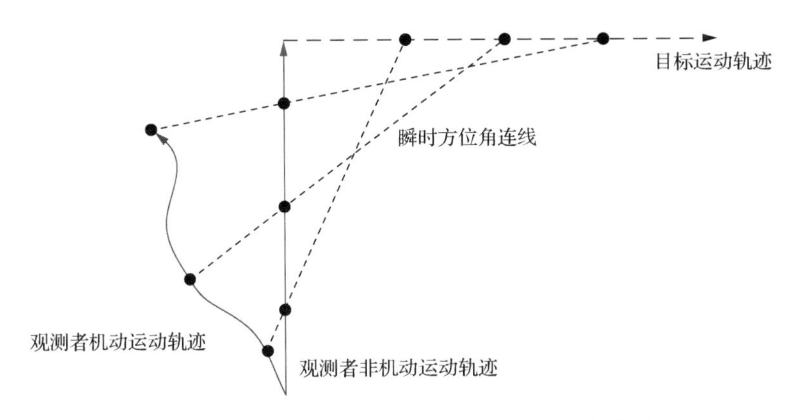

图 7-2　观测者机动目标仍不可观测的运动态势图

7.2　LS-BOTMA 算法与 BCLS-BOTMA 算法

最小二乘纯方位目标运动分析（least square bearings-only target motion analysis，LS-BOTMA）算法是利用伪线性处理方法将非线性量测方程进行线性化处理，然后利用最小二乘算法解算目标运动参数。在非线性量测方程伪线性处理的过程中，由于量测矩阵和误差向量均含有方位角测量噪声，对最小二乘算法解算结果进行统计分析时，量测矩阵和误差向量乘积项的统计均值不为零，因此利用最小二乘算法求解目标状态向量时解算结果会出现偏差，并且偏差随着方位角测量噪声的增大而增大[3]。偏差补偿最小二乘纯方位目标运动分析（bias compensated least square bearings-only target motion analysis，BCLS-BOTMA）算法是将量测矩阵和误差向量乘积项的统计均值作为估计值来对最小二乘算法解算出的目标状态向量进行偏差补偿。

7.2.1　LS-BOTMA 算法

设目标的位置和速度分别为$\boldsymbol{r}_T(t)=\left[r_{Tx}(t)\quad r_{Ty}(t)\right]^{\mathrm{T}}$和$\boldsymbol{v}_T(t)=\left[v_{Tx}(t)\quad v_{Ty}(t)\right]^{\mathrm{T}}$，观测者的位置为$\boldsymbol{r}_O(t)=\left[r_{Ox}(t)\quad r_{Oy}(t)\right]^{\mathrm{T}}$，其中$t$为采样时刻。令$\boldsymbol{x}(t)=\left[r_{Tx}(t)\quad r_{Ty}(t)\quad v_{Tx}(t)\quad v_{Ty}(t)\right]^{\mathrm{T}}$表示采样时刻为$t$时目标的状态向量，假设目标的运动状态为匀速直线运动，则目标的动态模型为

$$\begin{bmatrix} r_{Tx}(t) \\ r_{Ty}(t) \\ v_{Tx}(t) \\ v_{Ty}(t) \end{bmatrix} = \begin{bmatrix} 1 & 0 & T & 0 \\ 0 & 1 & 0 & T \\ 0 & 0 & 1 & 0 \\ 0 & 0 & 0 & 1 \end{bmatrix} \begin{bmatrix} r_{Tx}(t-1) \\ r_{Ty}(t-1) \\ v_{Tx}(t-1) \\ v_{Ty}(t-1) \end{bmatrix} + \begin{bmatrix} w_{1,t-1} \\ w_{2,t-1} \\ w_{3,t-1} \\ w_{4,t-1} \end{bmatrix} \tag{7-26}$$

式中，$\begin{bmatrix} r_{Tx}(t-1) & r_{Ty}(t-1) \end{bmatrix}^{\mathrm{T}}$ 表示采样时刻为 $t-1$ 时目标的位置；$\begin{bmatrix} v_{Tx}(t-1) & v_{Ty}(t-1) \end{bmatrix}^{\mathrm{T}}$ 表示采样时刻为 $t-1$ 时目标的速度；$\begin{bmatrix} w_{1,t-1} & w_{2,t-1} & w_{3,t-1} & w_{4,t-1} \end{bmatrix}^{\mathrm{T}}$ 为过程噪声；T 为采样间隔。将式（7-26）改写成矩阵的形式可以得到

$$\boldsymbol{x}(t) = \boldsymbol{F}\boldsymbol{x}(t-1) + \boldsymbol{w}_{t-1} \tag{7-27}$$

式中，$\boldsymbol{F}$ 表示状态转移矩阵；$\boldsymbol{w}_{t-1}$ 表示均值为零的高斯白噪声。图 7-3 为观测者与目标的几何关系图。

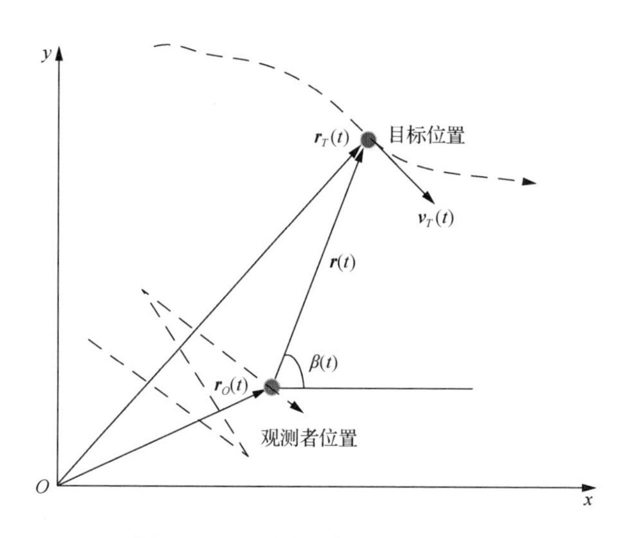

图 7-3　观测者与目标的几何关系图

图中，$\boldsymbol{r}_O(t)$ 表示 t 时刻由原点指向观测者位置的向量，$\boldsymbol{r}(t)$ 表示 t 时刻由观测者位置指向目标位置的向量，$\boldsymbol{r}_T(t)$ 表示 t 时刻由原点指向目标位置的向量，$\boldsymbol{v}_T(t)$ 表示 t 时刻目标的速度向量，$\beta(t)$ 表示 t 时刻观测者与目标之间的真实方位角。

在采样时刻为 t 时，方位角的测量值和真实值分别为

$$\tilde{\beta}(t) = \beta(t) + n(t), \quad \beta(t) = \tan^{-1}\left(\frac{r_y(t)}{r_x(t)}\right) \tag{7-28}$$

式中，$n(t)$ 为方位角测量噪声；$r_x(t)=r_{Tx}(t)-r_{Ox}(t)$ 为目标与观测者 x 方向的相对距离；$r_y(t)=r_{Ty}(t)-r_{Oy}(t)$ 为目标与观测者 y 方向的相对距离。方位角测量噪声 $n(t)$ 是均值为零、方差为 σ^2 的高斯白噪声。

将式（7-28）进行整理可以得到

$$\frac{\sin\left(\tilde{\beta}(t)-n(t)\right)}{\cos\left(\tilde{\beta}(t)-n(t)\right)}=\frac{r_y(t)}{r_x(t)} \tag{7-29}$$

将式（7-29）进行交叉相乘整理后可以得到

$$\boldsymbol{u}_t^{\mathrm{T}}\boldsymbol{r}_O(t)=\boldsymbol{u}_t^{\mathrm{T}}\boldsymbol{M}\boldsymbol{x}(t)+\eta_t \tag{7-30}$$

式中，$\boldsymbol{u}_t^{\mathrm{T}}$、$\boldsymbol{M}$ 和 η_t 的表达式分别为

$$\begin{cases}\boldsymbol{u}_t^{\mathrm{T}}=\left[\sin\tilde{\beta}(t)\quad -\cos\tilde{\beta}(t)\right]\\ \boldsymbol{M}=\begin{bmatrix}1&0&0&0\\0&1&0&0\end{bmatrix}\\ \eta_t=-\|\boldsymbol{r}(t)\|\sin n(t)\end{cases} \tag{7-31}$$

$\boldsymbol{r}(t)=\boldsymbol{r}_T(t)-\boldsymbol{r}_O(t)$ 表示在采样时刻为 t 时由观测者位置指向目标位置的向量，$\|\cdot\|$ 表示欧几里得范数。

令 $z_t=\boldsymbol{u}_t^{\mathrm{T}}\boldsymbol{r}_O(t)$，$\boldsymbol{H}_t=\boldsymbol{u}_t^{\mathrm{T}}\boldsymbol{M}$，则式（7-30）可以表示成伪线性量测方程的形式，即

$$z_t=\boldsymbol{H}_t\boldsymbol{x}(t)+\eta_t \tag{7-32}$$

将伪线性量测方程改写成矩阵的形式可以得到

$$\boldsymbol{z}_{\tilde{\beta}}=\boldsymbol{H}_{\tilde{\beta}}\boldsymbol{x}(t)+\boldsymbol{\eta}_{\tilde{\beta}} \tag{7-33}$$

式中，量测矩阵 $\boldsymbol{H}_{\tilde{\beta}}$、量测向量 $\boldsymbol{z}_{\tilde{\beta}}$ 和误差向量 $\boldsymbol{\eta}_{\tilde{\beta}}$ 的表达式分别为

$$\boldsymbol{H}_{\tilde{\beta}}=\begin{bmatrix}\sin\tilde{\beta}(0)&-\cos\tilde{\beta}(0)&-tT\sin\tilde{\beta}(0)&tT\cos\tilde{\beta}(0)\\ \sin\tilde{\beta}(1)&-\cos\tilde{\beta}(1)&-(t-1)T\sin\tilde{\beta}(1)&(t-1)T\cos\tilde{\beta}(1)\\ \vdots&\vdots&\vdots&\vdots\\ \sin\tilde{\beta}(t)&-\cos\tilde{\beta}(t)&0&0\end{bmatrix} \tag{7-34}$$

$$\boldsymbol{z}_{\tilde{\beta}}=\begin{bmatrix}r_{Ox}(0)\sin\tilde{\beta}(0)-r_{Oy}(0)\cos\tilde{\beta}(0)\\ r_{Ox}(1)\sin\tilde{\beta}(1)-r_{Oy}(1)\cos\tilde{\beta}(1)\\ \vdots\\ r_{Ox}(t)\sin\tilde{\beta}(t)-r_{Oy}(t)\cos\tilde{\beta}(t)\end{bmatrix} \tag{7-35}$$

$$
\boldsymbol{\eta}_{\tilde{\beta}} = -\begin{bmatrix} \|\boldsymbol{r}(0)\| \sin n(0) \\ \|\boldsymbol{r}(1)\| \sin n(1) \\ \vdots \\ \|\boldsymbol{r}(t)\| \sin n(t) \end{bmatrix} \tag{7-36}
$$

利用最小二乘算法求解式（7-33）中的目标状态向量可以得到

$$
\hat{\boldsymbol{x}}(t) = \left(\boldsymbol{H}_{\tilde{\beta}}^{\mathrm{T}} \boldsymbol{H}_{\tilde{\beta}}\right)^{-1} \boldsymbol{H}_{\tilde{\beta}}^{\mathrm{T}} \boldsymbol{z}_{\tilde{\beta}} \tag{7-37}
$$

将式（7-33）代入式（7-37）可以得到

$$
\hat{\boldsymbol{x}}(t) = \boldsymbol{x}(t) + \left(\boldsymbol{H}_{\tilde{\beta}}^{\mathrm{T}} \boldsymbol{H}_{\tilde{\beta}}\right)^{-1} \boldsymbol{H}_{\tilde{\beta}}^{\mathrm{T}} \boldsymbol{\eta}_{\tilde{\beta}} \tag{7-38}
$$

对式（7-38）两端取期望，可以得到

$$
E\left[\hat{\boldsymbol{x}}(t)\right] = \boldsymbol{x}(t) + E\left[\left(\boldsymbol{H}_{\tilde{\beta}}^{\mathrm{T}} \boldsymbol{H}_{\tilde{\beta}}\right)^{-1} \boldsymbol{H}_{\tilde{\beta}}^{\mathrm{T}} \boldsymbol{\eta}_{\tilde{\beta}}\right] \tag{7-39}
$$

由于 $\boldsymbol{H}_{\tilde{\beta}}$ 和 $\boldsymbol{\eta}_{\tilde{\beta}}$ 均含有方位角测量噪声，因此

$$
E\left[\left(\boldsymbol{H}_{\tilde{\beta}}^{\mathrm{T}} \boldsymbol{H}_{\tilde{\beta}}\right)^{-1} \boldsymbol{H}_{\tilde{\beta}}^{\mathrm{T}} \boldsymbol{\eta}_{\tilde{\beta}}\right] \neq E\left[\left(\boldsymbol{H}_{\tilde{\beta}}^{\mathrm{T}} \boldsymbol{H}_{\tilde{\beta}}\right)^{-1} \boldsymbol{H}_{\tilde{\beta}}^{\mathrm{T}}\right] E\left[\boldsymbol{\eta}_{\tilde{\beta}}\right] \tag{7-40}
$$

即式（7-39）等号右端第二项不等于零，因此估计值与真实值之间存在偏差，并且偏差随着方位角测量噪声的增大而增大。基于此提出 BCLS-BOTMA 算法对目标的状态向量进行偏差补偿。

7.2.2 BCLS-BOTMA 算法

将式（7-38）中的 $\boldsymbol{H}_{\tilde{\beta}}^{\mathrm{T}} \boldsymbol{\eta}_{\tilde{\beta}}$ 进行整理可以得到

$$
\boldsymbol{H}_{\tilde{\beta}}^{\mathrm{T}} \boldsymbol{\eta}_{\tilde{\beta}} = \sum_{i=0}^{t} \begin{bmatrix} -\|\boldsymbol{r}(i)\| \sin \tilde{\beta}(i) \sin n(i) \\ \|\boldsymbol{r}(i)\| \cos \tilde{\beta}(i) \sin n(i) \\ (t-i)T\|\boldsymbol{r}(i)\| \sin \tilde{\beta}(i) \sin n(i) \\ -(t-i)T\|\boldsymbol{r}(i)\| \cos \tilde{\beta}(i) \sin n(i) \end{bmatrix} \tag{7-41}
$$

由于 $\tilde{\beta}(i) = \beta(i) + n(i)$ ，所以

$$
\begin{cases} \sin \tilde{\beta}(i) = \sin \beta(i) \cos n(i) + \cos \beta(i) \sin n(i) \\ \cos \tilde{\beta}(i) = \cos \beta(i) \cos n(i) - \sin \beta(i) \sin n(i) \end{cases} \tag{7-42}
$$

将式（7-42）代入式（7-41）可以得到

$$
\boldsymbol{H}_{\tilde{\beta}}^{\mathrm{T}}\boldsymbol{\eta}_{\tilde{\beta}}=\sum_{i=0}^{t}\begin{bmatrix} -\frac{1}{2}\|\boldsymbol{r}(i)\|\sin\beta(i)\sin 2n(i)-\|\boldsymbol{r}(i)\|\cos\beta(i)\sin^2 n(i) \\ \frac{1}{2}\|\boldsymbol{r}(i)\|\cos\beta(i)\sin 2n(i)-\|\boldsymbol{r}(i)\|\sin\beta(i)\sin^2 n(i) \\ \frac{1}{2}(t-i)T\|\boldsymbol{r}(i)\|\sin\beta(i)\sin 2n(i)+(t-i)T\|\boldsymbol{r}(i)\|\cos\beta(i)\sin^2 n(i) \\ -\frac{1}{2}(t-i)T\|\boldsymbol{r}(i)\|\cos\beta(i)\sin 2n(i)+(t-i)T\|\boldsymbol{r}(i)\|\sin\beta(i)\sin^2 n(i) \end{bmatrix} \tag{7-43}
$$

条件期望 $E\left[\boldsymbol{H}_{\tilde{\beta}}^{\mathrm{T}}\boldsymbol{\eta}_{\tilde{\beta}}\middle|\boldsymbol{x}(t)\right]$ 为

$$
\begin{aligned}
E\left[\boldsymbol{H}_{\tilde{\beta}}^{\mathrm{T}}\boldsymbol{\eta}_{\tilde{\beta}}\middle|\boldsymbol{x}(t)\right]&=\sum_{i=0}^{t}\begin{bmatrix} -\frac{1}{2}\|\boldsymbol{r}(i)\|\sin\beta(i)E[\sin 2n(i)] \\ \frac{1}{2}\|\boldsymbol{r}(i)\|\cos\beta(i)E[\sin 2n(i)] \\ \frac{1}{2}(t-i)T\|\boldsymbol{r}(i)\|\sin\beta(i)E[\sin 2n(i)] \\ -\frac{1}{2}(t-i)T\|\boldsymbol{r}(i)\|\cos\beta(i)E[\sin 2n(i)] \end{bmatrix} \\
&\quad+\sum_{i=0}^{t}\begin{bmatrix} -\|\boldsymbol{r}(i)\|\cos\beta(i)E\left[\sin^2 n(i)\right] \\ -\|\boldsymbol{r}(i)\|\sin\beta(i)E\left[\sin^2 n(i)\right] \\ (t-i)T\|\boldsymbol{r}(i)\|\cos\beta(i)E\left[\sin^2 n(i)\right] \\ (t-i)T\|\boldsymbol{r}(i)\|\sin\beta(i)E\left[\sin^2 n(i)\right] \end{bmatrix} \\
&=\sigma^2\sum_{i=0}^{t}\begin{bmatrix} -1 & 0 & (t-i)T & 0 \\ 0 & -1 & 0 & (t-i)T \end{bmatrix}^{\mathrm{T}}\begin{bmatrix} r_{Tx}(i)-r_{Ox}(i) \\ r_{Ty}(i)-r_{Oy}(i) \end{bmatrix}
\end{aligned} \tag{7-44}
$$

将偏差的统计均值作为估计值可以得到

$$
\left(\boldsymbol{H}_{\tilde{\beta}}^{\mathrm{T}}\boldsymbol{H}_{\tilde{\beta}}\right)^{-1}E\left[\boldsymbol{H}_{\tilde{\beta}}^{\mathrm{T}}\boldsymbol{\eta}_{\tilde{\beta}}\middle|\boldsymbol{x}(t)\right]=\left(\boldsymbol{H}_{\tilde{\beta}}^{\mathrm{T}}\boldsymbol{H}_{\tilde{\beta}}\right)^{-1}\sigma^2\left(\sum_{i=0}^{t}\boldsymbol{N}_t^{\mathrm{T}}\left(\boldsymbol{r}_T(i)-\boldsymbol{r}_O(i)\right)\right) \tag{7-45}
$$

式中，$\boldsymbol{N}_t^{\mathrm{T}}=\begin{bmatrix} -1 & 0 & (t-i)T & 0 \\ 0 & -1 & 0 & (t-i)T \end{bmatrix}^{\mathrm{T}}$。

由于目标的真实位置 $\boldsymbol{r}_T(i)$ 未知，因此需要将式（7-45）进一步近似。将 $\boldsymbol{r}_T(i)=\boldsymbol{M}\hat{\boldsymbol{x}}(i)$ 代入式（7-45）得到

$$
\left(\boldsymbol{H}_{\tilde{\beta}}^{\mathrm{T}}\boldsymbol{H}_{\tilde{\beta}}\right)^{-1}\sigma^2\left(\sum_{i=0}^{t}\boldsymbol{N}_t^{\mathrm{T}}\left(\boldsymbol{r}_T(i)-\boldsymbol{r}_O(i)\right)\right)=\left(\boldsymbol{H}_{\tilde{\beta}}^{\mathrm{T}}\boldsymbol{H}_{\tilde{\beta}}\right)^{-1}\sigma^2\left(\sum_{i=0}^{t}\boldsymbol{N}_t^{\mathrm{T}}\left(\boldsymbol{M}\hat{\boldsymbol{x}}(i)-\boldsymbol{r}_O(i)\right)\right) \tag{7-46}
$$

因此，最终偏差补偿的结果为

$$\hat{\hat{\boldsymbol{x}}}(t)=\hat{\boldsymbol{x}}(t)+\left(\boldsymbol{H}_{\tilde{\beta}}^{\mathrm{T}}\boldsymbol{H}_{\tilde{\beta}}\right)^{-1}\sigma^2\left(\sum_{i=0}^{t}\boldsymbol{N}_t^{\mathrm{T}}\left(\boldsymbol{M}\hat{\boldsymbol{x}}(i)-\boldsymbol{r}_O(i)\right)\right) \tag{7-47}$$

由式（7-47）可知，偏差补偿的结果 $\hat{\hat{\boldsymbol{x}}}(t)$ 是在最小二乘算法解算出的目标状态向量 $\hat{\boldsymbol{x}}(t)$ 的基础上补偿了由于方位角测量噪声带来的偏差。

7.3　算法评价准则

目前常用的目标运动分析算法的评价准则包括克拉默-拉奥下界（Cramer-Rao lower bound，CRLB）和均方根误差（root mean square error，RMSE）。克拉默-拉奥下界表示理想情况下的算法误差性能极限，它是评价算法性能优劣的一个重要指标。均方根误差是用来衡量观测值与真实值之间偏差的重要指标。

7.3.1　克拉默-拉奥下界

克拉默-拉奥下界给出了无偏估计算法的最小方差[4]。采样时刻为 t 时目标的状态向量为

$$\boldsymbol{x}(t)=\begin{bmatrix} r_{Tx}(t) & r_{Ty}(t) & v_{Tx}(t) & v_{Ty}(t)\end{bmatrix}^{\mathrm{T}} \tag{7-48}$$

方位角测量向量为

$$\tilde{\boldsymbol{\beta}}=\begin{bmatrix}\tilde{\beta}(1) & \cdots & \tilde{\beta}(i) & \cdots & \tilde{\beta}(t)\end{bmatrix}^{\mathrm{T}} \tag{7-49}$$

方位角的测量值与真实值之间的关系为

$$\tilde{\beta}(i)=\beta(i)+n(i) \tag{7-50}$$

式中，$n(i)$ 是均值为零、方差为 σ^2 的高斯白噪声。

费希尔信息矩阵为

$$\mathbf{FIM}=\frac{1}{\sigma^2}\left(\frac{\partial\tilde{\boldsymbol{\beta}}}{\partial\boldsymbol{x}(t)}\right)^{\mathrm{T}}\left(\frac{\partial\tilde{\boldsymbol{\beta}}}{\partial\boldsymbol{x}(t)}\right) \tag{7-51}$$

式中，$\dfrac{\partial\tilde{\boldsymbol{\beta}}}{\partial\boldsymbol{x}(t)}$ 的表达式为

$$\frac{\partial\tilde{\boldsymbol{\beta}}}{\partial\boldsymbol{x}(t)}=\begin{bmatrix}\dfrac{\partial\tilde{\beta}(1)}{\partial r_{Tx}(t)} & \dfrac{\partial\tilde{\beta}(1)}{\partial r_{Ty}(t)} & \dfrac{\partial\tilde{\beta}(1)}{\partial v_{Tx}(t)} & \dfrac{\partial\tilde{\beta}(1)}{\partial v_{Ty}(t)}\\ \vdots & \vdots & \vdots & \vdots\\ \dfrac{\partial\tilde{\beta}(i)}{\partial r_{Tx}(t)} & \dfrac{\partial\tilde{\beta}(i)}{\partial r_{Ty}(t)} & \dfrac{\partial\tilde{\beta}(i)}{\partial v_{Tx}(t)} & \dfrac{\partial\tilde{\beta}(i)}{\partial v_{Ty}(t)}\\ \vdots & \vdots & \vdots & \vdots\\ \dfrac{\partial\tilde{\beta}(t)}{\partial r_{Tx}(t)} & \dfrac{\partial\tilde{\beta}(t)}{\partial r_{Ty}(t)} & \dfrac{\partial\tilde{\beta}(t)}{\partial v_{Tx}(t)} & \dfrac{\partial\tilde{\beta}(t)}{\partial v_{Ty}(t)}\end{bmatrix} \tag{7-52}$$

由式（7-28）可知

$$\beta(i)=\tan^{-1}\left(\frac{r_{Ty}(t)-(t-i)Tv_{Ty}(t)-r_{Oy}(i)}{r_{Tx}(t)-(t-i)Tv_{Tx}(t)-r_{Ox}(i)}\right) \tag{7-53}$$

则

$$\frac{\partial\tilde{\beta}(i)}{\partial r_{Tx}(t)}=\frac{\partial\left(\beta(i)+n(i)\right)}{\partial r_{Tx}(t)}=\frac{\partial\beta(i)}{\partial r_{Tx}(t)}=\frac{-\left(r_{Ty}(i)-r_{Oy}(i)\right)}{\left\|\boldsymbol{r}(i)\right\|^{2}} \tag{7-54}$$

$$\frac{\partial\tilde{\beta}(i)}{\partial v_{Tx}(t)}=\frac{\partial\left(\beta(i)+n(i)\right)}{\partial v_{Tx}(t)}=\frac{\partial\beta(i)}{\partial v_{Tx}(t)}=-(t-i)T\left(\frac{\partial\tilde{\beta}(i)}{\partial r_{Tx}(t)}\right) \tag{7-55}$$

$$\frac{\partial\tilde{\beta}(i)}{\partial r_{Ty}(t)}=\frac{\partial\left(\beta(i)+n(i)\right)}{\partial r_{Ty}(t)}=\frac{\partial\beta(i)}{\partial r_{Ty}(t)}=\frac{r_{Tx}(i)-r_{Ox}(i)}{\left\|\boldsymbol{r}(i)\right\|^{2}} \tag{7-56}$$

$$\frac{\partial\tilde{\beta}(i)}{\partial v_{Ty}(t)}=\frac{\partial\left(\beta(i)+n(i)\right)}{\partial v_{Ty}(t)}=\frac{\partial\beta(i)}{\partial v_{Ty}(t)}=-(t-i)T\left(\frac{\partial\tilde{\beta}(i)}{\partial r_{Ty}(t)}\right) \tag{7-57}$$

式中，$\left\|\boldsymbol{r}(i)\right\|^{2}=\left(r_{Tx}(i)-r_{Ox}(i)\right)^{2}+\left(r_{Ty}(i)-r_{Oy}(i)\right)^{2}$。

目标状态向量中 $r_{Tx}(t)$ 的克拉默-拉奥下界为费希尔逆矩阵的主对角线第一个元素，$r_{Ty}(t)$ 的克拉默-拉奥下界为费希尔逆矩阵的主对角线第二个元素，$v_{Tx}(t)$ 的克拉默-拉奥下界为费希尔逆矩阵的主对角线第三个元素，$v_{Ty}(t)$ 的克拉默-拉奥下界为费希尔逆矩阵的主对角线第四个元素。

7.3.2　均方根误差

通常用均方根误差曲线是否收敛或逼近克拉默-拉奥下界来评价算法的性能，因此在单基阵纯方位目标运动分析的研究中均方根误差也是一项非常重要的指标。

位置均方根误差的定义为

$$\mathrm{RMSE}^{\mathrm{Pos}}(t)=\sqrt{\frac{1}{N}\sum_{k=1}^{N}\left(\left(r_{Tx}^{k}(t)-\hat{r}_{Tx}^{k}(t)\right)^{2}+\left(r_{Ty}^{k}(t)-\hat{r}_{Ty}^{k}(t)\right)^{2}\right)} \tag{7-58}$$

式中，N 表示蒙特卡罗实验次数；$\left(r_{Tx}^{k}(t),r_{Ty}^{k}(t)\right)$ 表示第 k 次蒙特卡罗实验在采样时刻为 t 时目标位置的真实值；$\left(\hat{r}_{Tx}^{k}(t),\hat{r}_{Ty}^{k}(t)\right)$ 表示第 k 次蒙特卡罗实验在采样时刻为 t 时目标位置的估计值。

速度均方根误差的定义为

$$\mathrm{RMSE}^{\mathrm{Vel}}(t)=\sqrt{\frac{1}{N}\sum_{k=1}^{N}\left(\left(v_{Tx}^{k}(t)-\hat{v}_{Tx}^{k}(t)\right)^{2}+\left(v_{Ty}^{k}(t)-\hat{v}_{Ty}^{k}(t)\right)^{2}\right)} \tag{7-59}$$

式中，N 表示蒙特卡罗实验次数；$\left(v_{Tx}^{k}(t),v_{Ty}^{k}(t)\right)$ 表示第 k 次蒙特卡罗实验在采样时刻为 t 时目标速度的真实值；$\left(\hat{v}_{Tx}^{k}(t),\hat{v}_{Ty}^{k}(t)\right)$ 表示第 k 次蒙特卡罗实验在采样时刻为 t 时目标速度的估计值。

7.4　仿 真 结 果

图 7-4 为观测者与目标的运动态势图。观测者的初始位置为(0m, 0m)，观测者的运动速度为 $10\mathrm{m/s}$，并且分别在 200s、400s、600s 和 800s 时进行机动，每次机动的角度为 90°，航向改变速度为 $1^\circ/\mathrm{s}$。目标的初始位置为 (1000m,1000m)，目标的运动速度为 $8\mathrm{m/s}$，目标运动方向与正北方向的夹角为 45°，即目标的航向角为 45°。观测者与目标的运动时间均为 1000s，采样间隔为 1s，蒙特卡罗实验次数为 100 次。

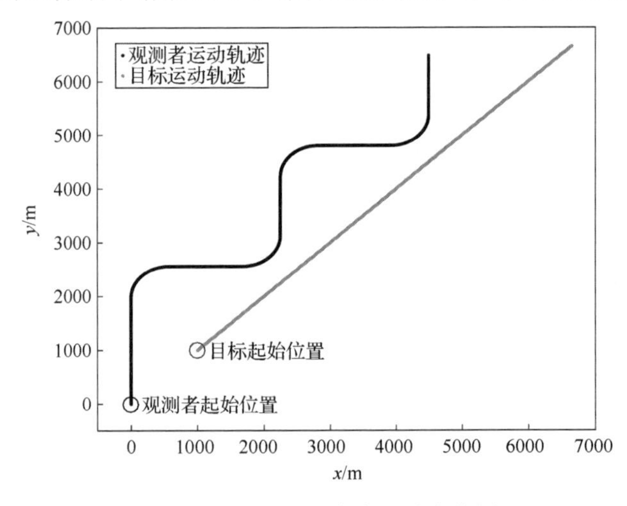

图 7-4　观测者与目标的运动态势图

利用图 7-4 中目标与观测者的位置关系可以得到如图 7-5 所示的目标与观测者距离图。

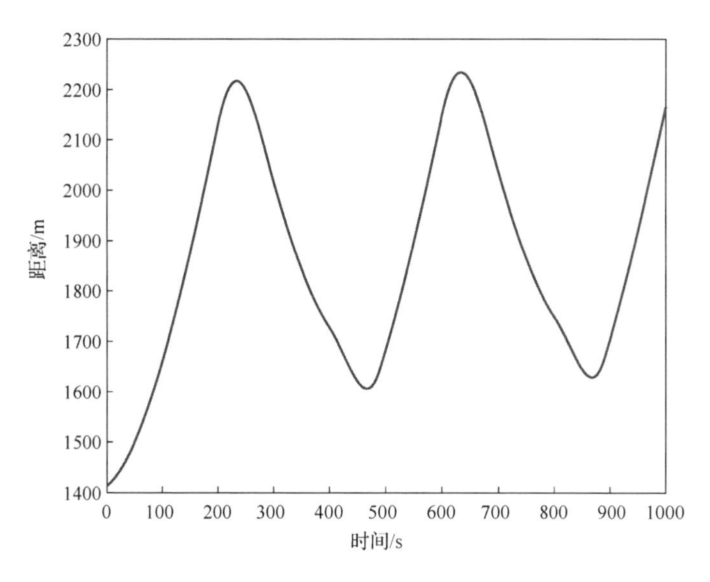

图 7-5　目标与观测者距离图

图 7-6 为方位角测量噪声标准差 $\sigma = 2^{\circ}$ 时，BCLS-BOTMA 算法与 LS-BOTMA 算法的位置均方根误差图和速度均方根误差图。由图可知，在观测者第一次机动后，BCLS-BOTMA 算法的位置均方根误差和速度均方根误差均小于 LS-BOTMA 算法。从位置均方根误差图中可以看出，LS-BOTMA 算法在观测者机动后位置均方根误差随着观测时间的增加有所起伏，而 BCLS-BOTMA 算法的位置均方根误差随着观测时间的增加逐渐趋近于克拉默-拉奥下界。从速度均方根误差图中可以看出，在采样时刻相同时，BCLS-BOTMA 算法的速度均方根误差始终小于 LS-BOTMA 算法，随着观测时间的增加 BCLS-BOTMA 算法的速度均方根误差逐渐趋近于克拉默-拉奥下界。

在每个采样时刻以观测者与目标真实位置之间的距离为基准可以得到如图 7-7 所示的距离绝对误差图和距离相对误差图。由图可知，在观测者完成第一次机动后，LS-BOTMA 算法和 BCLS-BOTMA 算法的距离绝对误差和距离相对误差均表现出收敛的性质，但是随着观测时间的增加，LS-BOTMA 算法的距离绝对误差和距离相对误差出现起伏，而 BCLS-BOTMA 算法的距离绝对误差和距离相对误差逐渐收敛。在采样时刻相同时，BCLS-BOTMA 算法的距离绝对误差和距离相对误差均小于 LS-BOTMA 算法。在 1000s 时 LS-BOTMA 算法的距离绝对误差为 103m，距离相对误差为 4.76%，BCLS-BOTMA 算法的距离绝对误差为 18.65m，距离相对误差为 0.861%，因此 BCLS-BOTMA 算法的解算精度高于 LS-BOTMA 算法。

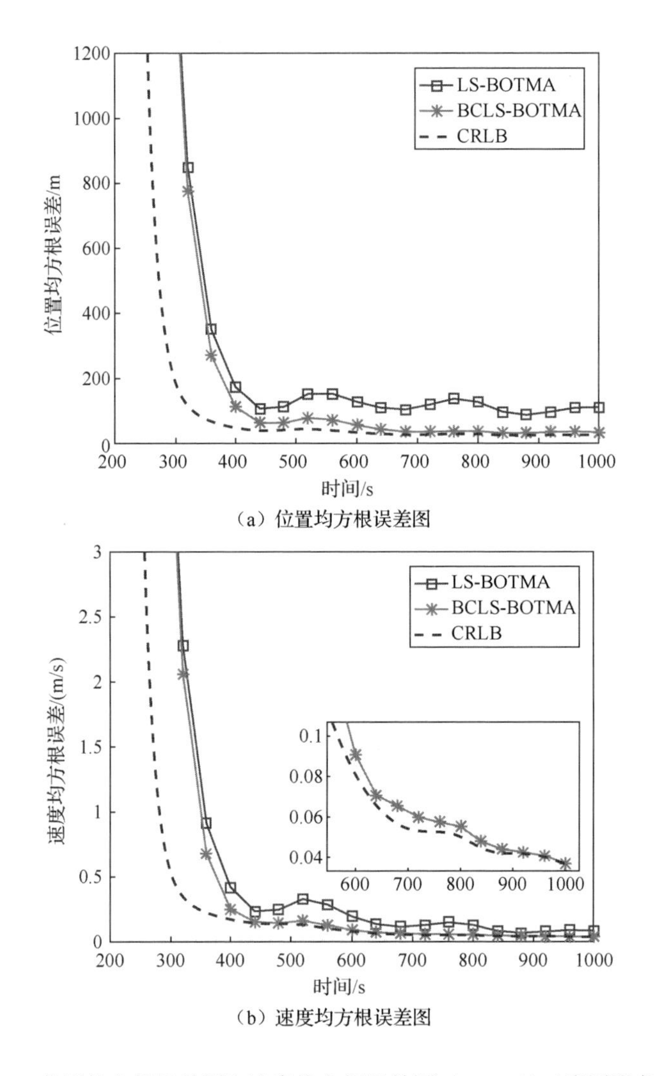

（a）位置均方根误差图

（b）速度均方根误差图

图 7-6　位置均方根误差图和速度均方根误差图（$\sigma = 2^{\circ}$）（彩图附书后）

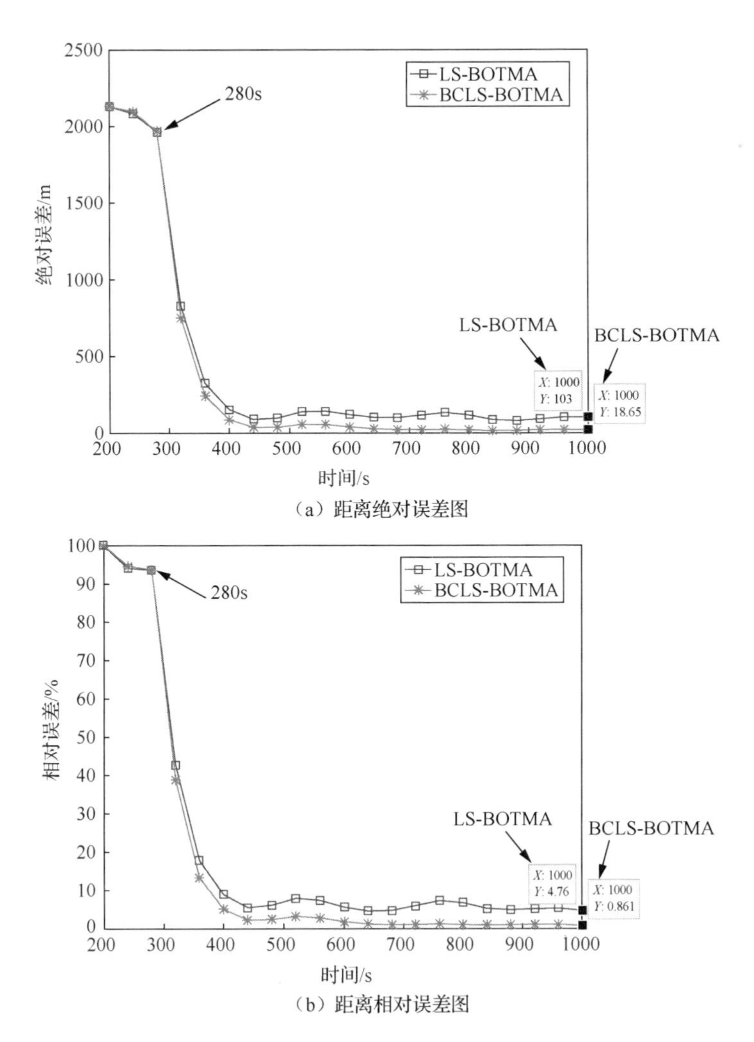

（a）距离绝对误差图

（b）距离相对误差图

图 7-7　距离误差图（$\sigma = 2^{\circ}$）（彩图附书后）

图 7-8 为方位角测量噪声标准差 $\sigma = 2^{\circ}$ 时，改变目标初始位置得到的 LS-BOTMA 算法和 BCLS-BOTMA 算法的距离绝对误差图和距离相对误差图。由图可知，随着观测者与目标初始距离的增大，LS-BOTMA 算法和 BCLS-BOTMA 算法的距离绝对误差和距离相对误差也增大。当目标初始位置一定时，在每个采样时刻，BCLS-BOTMA 算法的距离绝对误差和距离相对误差均小于 LS-BOTMA 算法。

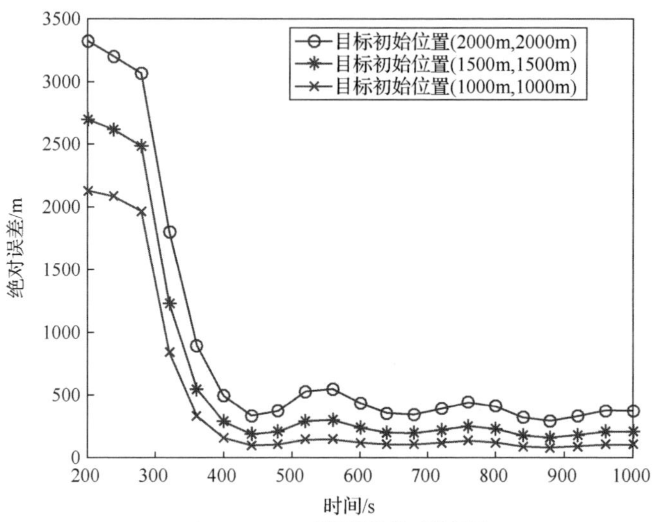

（a）LS-BOTMA算法距离绝对误差图

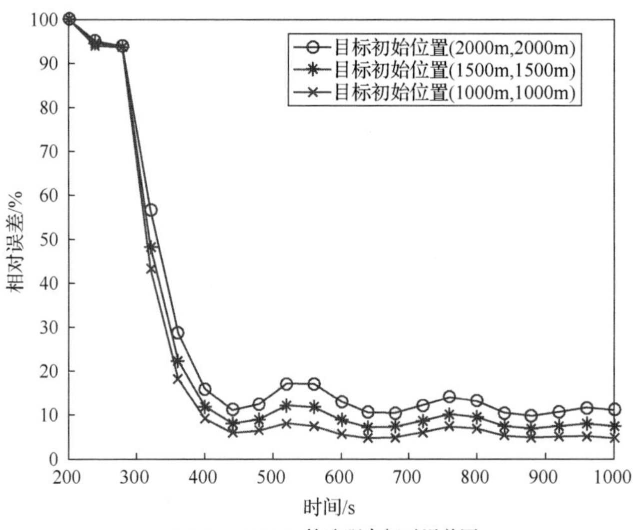

（b）LS-BOTMA算法距离相对误差图

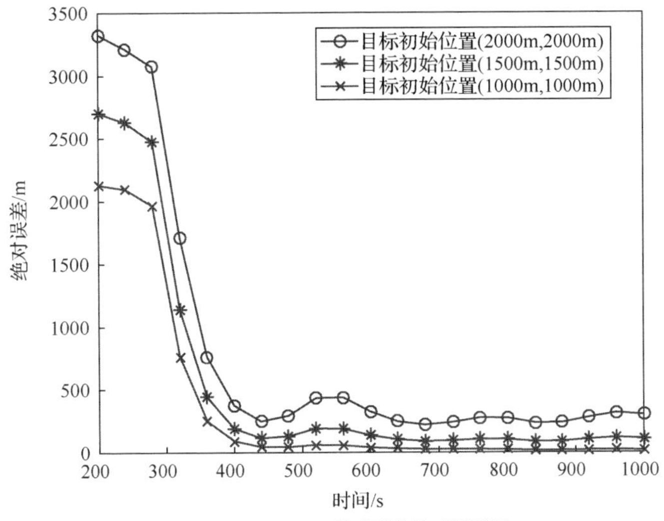

（c）BCLS-BOTMA算法距离绝对误差图

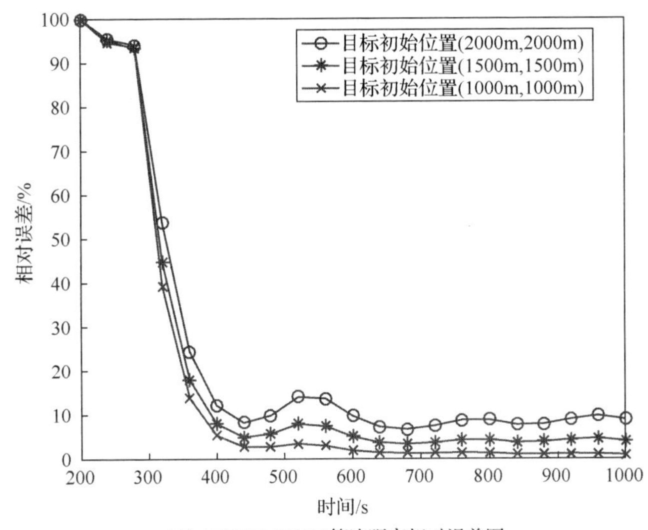

（d）BCLS-BOTMA算法距离相对误差图

图 7-8　初始位置变更条件下的距离误差图（$\sigma = 2^{\circ}$）

图 7-9 为方位角测量噪声标准差$\sigma = 3^{\circ}$、目标初始位置为(1000m, 1000m)时，LS-BOTMA 算法和 BCLS-BOTMA 算法的位置均方根误差图和速度均方根误差图。由图可知，当方位角测量噪声相对较大时，LS-BOTMA 算法的位置均方根误差出现不收敛的情况并且位置均方根误差较大，BCLS-BOTMA 算法的位置均方根误差仍然具有收敛的性质并且位置均方根误差随着观测时间的增加逐渐趋近于克拉默-拉奥下界。在速度均方根误差图中，LS-BOTMA 算法的速度均方根误差

随着观测时间的增加出现起伏，BCLS-BOTMA 算法的速度均方根误差随着观测时间的增加逐渐趋近于克拉默-拉奥下界，因此 BCLS-BOTMA 算法对方位角测量噪声的鲁棒性相对较强。

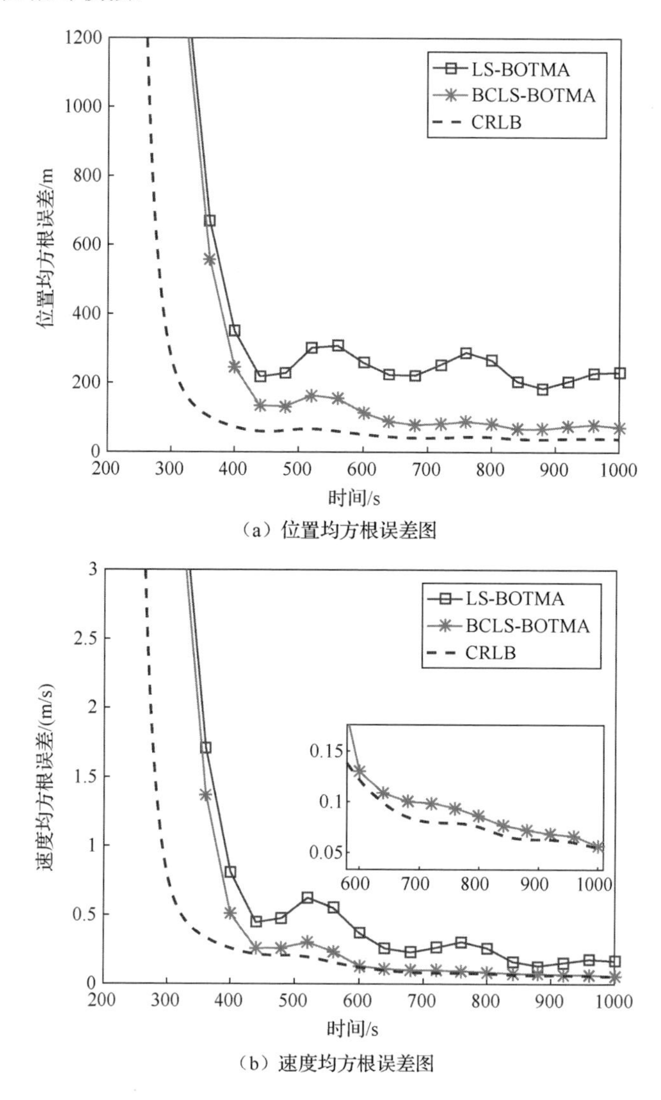

（a）位置均方根误差图

（b）速度均方根误差图

图 7-9 位置均方根误差图和速度均方根误差图（$\sigma=3^\circ$）（彩图附书后）

图 7-10 为方位角测量噪声标准差$\sigma=3^\circ$、目标初始位置为(1000m, 1000m)时，LS-BOTMA 算法和 BCLS-BOTMA 算法的距离绝对误差图和距离相对误差图。由图可知，在观测者第一次机动后，LS-BOTMA 算法的距离绝对误差和距离相对误

差表现出收敛的性质，但是随着观测时间的增加，距离绝对误差和距离相对误差均出现起伏，并且在 1000s 时距离绝对误差为 226m，距离相对误差为 10.44%。BCLS-BOTMA 算法的距离绝对误差和距离相对误差随着观测时间的增加总体表现出收敛的性质，并且在 1000s 时距离绝对误差为 59.72m，距离相对误差为 2.757%。

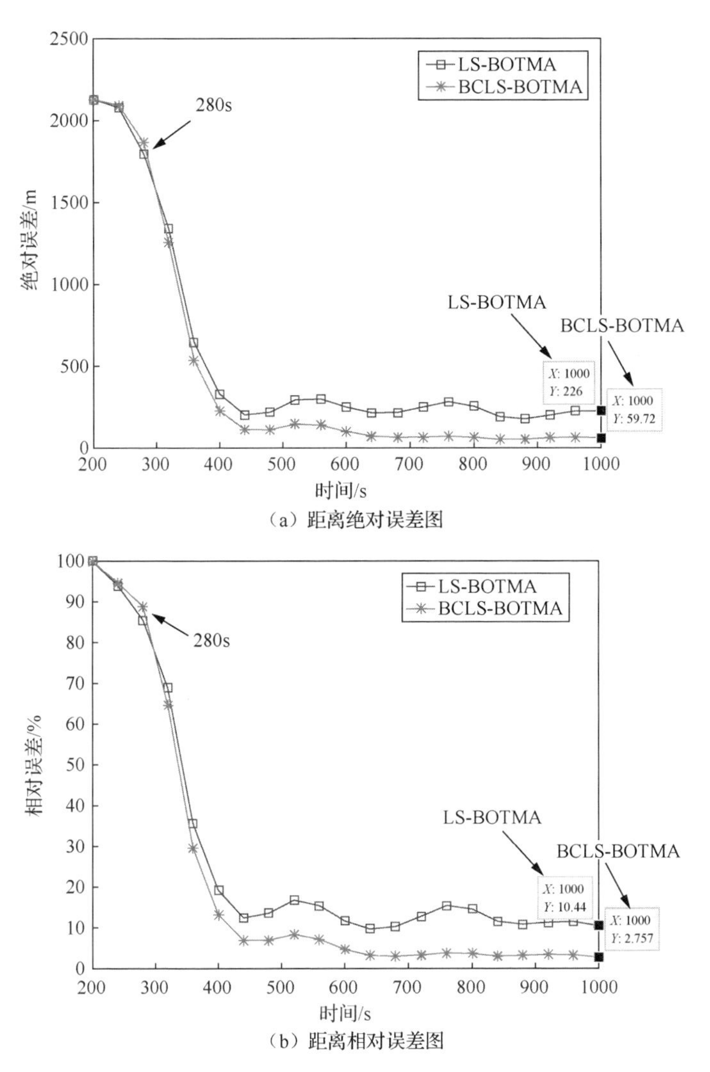

图 7-10　距离误差图（$\sigma = 3°$）

由以上结果可知，随着方位角测量噪声的增大，LS-BOTMA 算法和 BCLS-BOTMA 算法的距离绝对误差和距离相对误差也增大。

图 7-11 为方位角测量噪声 $\sigma = 3^\circ$ 时，LS-BOTMA 算法和 BCLS-BOTMA 算法的距离绝对误差和距离相对误差与目标初始位置的关系图。由图可知，在方位角测量噪声较大的情况下，LS-BOTMA 算法的距离绝对误差和距离相对误差在目标初始位置分别为(1000m, 1000m)、(1500m, 1500m)和(2000m, 2000m)时均出现波动的情况，BCLS-BOTMA 算法在观测者与目标初始距离相对较近的情况下，距离绝对误差和距离相对误差具有收敛的性质。在观测者与目标初始距离相对较远的情况下，BCLS-BOTMA 算法的距离绝对误差和距离相对误差随着观测时间的增加出现波动的情况。

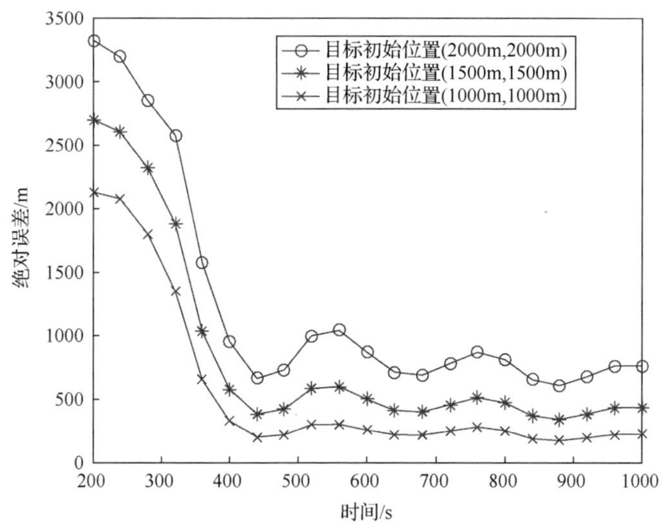

（a）LS-BOTMA算法距离绝对误差图

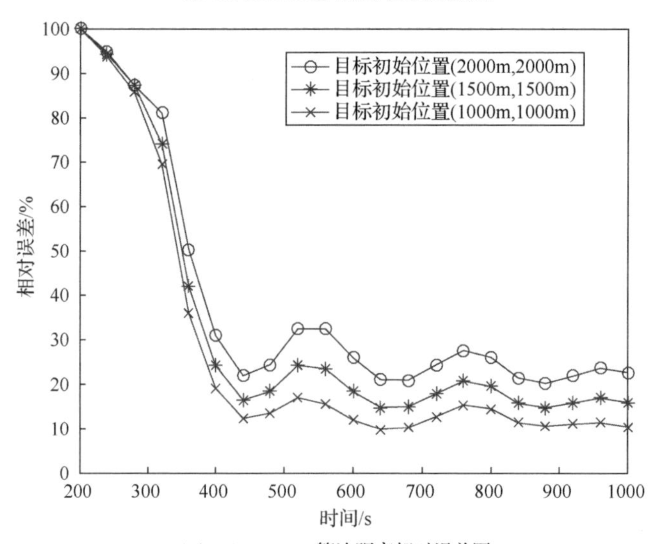

（b）LS-BOTMA算法距离相对误差图

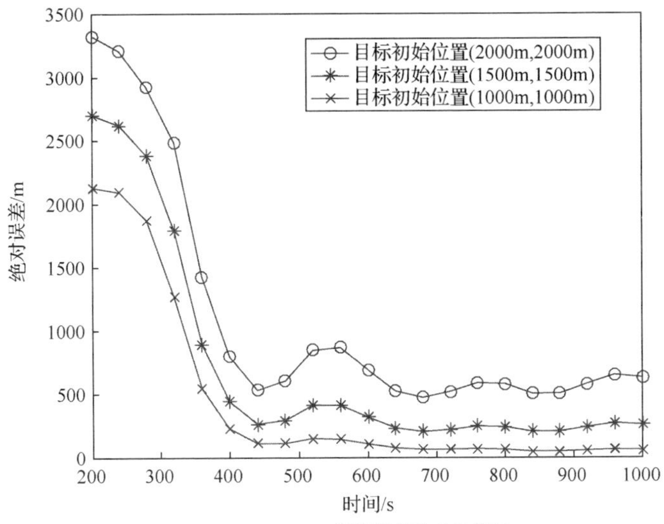

（c）BCLS-BOTMA算法距离绝对误差图

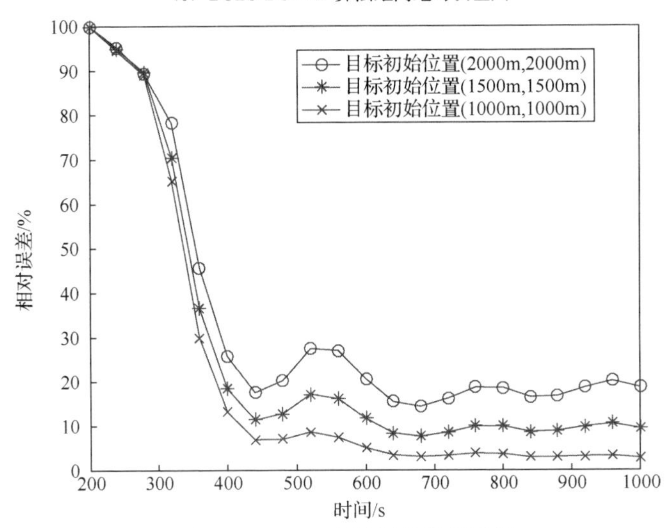

（d）BCLS-BOTMA算法距离相对误差图

图 7-11　初始位置变更条件下的距离误差图（$\sigma = 3^\circ$）

由以上结果可知，当观测者与目标之间的距离相对较远时，可以通过提高方位角测量精度的方式来减小目标运动分析的误差。因此，提高方位角测量精度对于提高目标运动分析算法的解算精度具有重要的意义。

参 考 文 献

[1] Song T L. Observability of target tracking with bearings-only measurements[J]. IEEE Transactions on Aerospace & Electronic Systems, 1996, 32(4): 1468-1472.

[2] Ristic B, Arulampalam M S. Tracking a manoeuvring target using angle-only measurements: algorithms and performance[J]. Signal Processing, 2003, 83(6): 1223-1238.

[3] Cadre J E L, Jauffret C. Discrete-time observability and estimability analysis for bearings-only target motion analysis[J]. IEEE Transactions on Aerospace & Electronic Systems, 2018, 33(1): 178-201.

[4] 李晓花. 基于信息融合的水下多目标跟踪技术研究[D]. 西安: 西北工业大学, 2016.

第 8 章　多信息联合目标运动分析

在复杂多变的海战环境中，特别是水面舰受到鱼雷等高速运动的水下武器攻击时，水面舰很难在短时间内通过自身机动来完成对目标运动参数的估计，即使进行规避机动，也难以满足可观测性的要求。因此需要寻找新的解决方案，保证观测平台在不机动的情况下仍然可以完成对目标运动参数的估计[1,2]。

本章将对多普勒频率-方位目标运动分析问题和双基阵目标运动分析问题进行研究。在多普勒频率-方位目标运动分析中，首先对目标可观测性问题进行研究，在满足目标可观测的条件下对多普勒频率-方位目标运动分析算法进行研究，并从理论上分析目标状态向量的克拉默-拉奥下界。在双基阵目标运动分析中以目标可观测性问题为出发点，在满足目标可观测的情况下，研究双基阵目标参数无偏估计算法，并对目标状态向量的克拉默-拉奥下界进行研究，最后利用仿真实验验证算法的性能。

8.1　多普勒频率-方位目标运动分析

多普勒频率-方位目标运动分析是利用目标与观测者存在相对运动时，对目标辐射出的含噪连续波进行频谱分析，提取多普勒频率。结合观测者得到的目标方位角信息，利用伪线性多普勒频率-方位目标运动分析算法，可以解算目标运动参数[3]。

8.1.1　多普勒频率-方位目标可观测性分析

假设目标的运动状态为匀速直线运动，并且在采样时刻为i时目标的状态向量为$\begin{bmatrix} x_T(i) & y_T(i) & \dot{x}_T & \dot{y}_T \end{bmatrix}^{\mathrm{T}}$，其中$x_T(i)$和$y_T(i)$分别表示目标$x$方向和$y$方向的位置坐标，$\dot{x}_T$和$\dot{y}_T$分别表示目标$x$方向和$y$方向的速度。在采样时刻为$i$时观测者的状态向量为$\begin{bmatrix} x_O(i) & y_O(i) & \dot{x}_O(i) & \dot{y}_O(i) \end{bmatrix}^{\mathrm{T}}$，其中$x_O(i)$和$y_O(i)$分别表示观测者$x$方向和$y$方向的位置坐标，$\dot{x}_O(i)$和$\dot{y}_O(i)$分别表示观测者$x$方向和$y$方向的速度。

图 8-1 为观测者与目标位置示意图，其中 $\overline{\beta}_i$ 为观测者与目标之间的真实方位角，$\boldsymbol{v}_x$ 为观测者与目标 x 方向的相对速度，$\boldsymbol{v}_y$ 为观测者与目标 y 方向的相对速度。

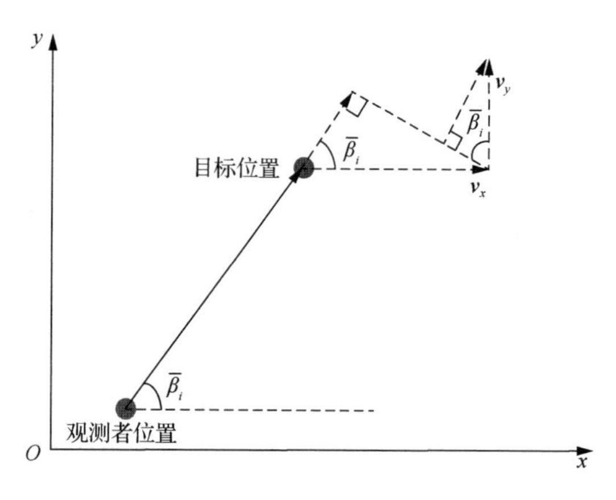

图 8-1　观测者与目标位置示意图

由图 8-1 中观测者与目标之间的几何关系可以得到

$$\tan\overline{\beta}_i = \frac{\sin\overline{\beta}_i}{\cos\overline{\beta}_i} = \frac{y_T(i) - y_O(i)}{x_T(i) - x_O(i)} \tag{8-1}$$

当目标与观测者存在相对运动，并且目标相对于观测者的径向速度为 v_i 时，观测者接收目标辐射频率 f_s 时会产生多普勒频移，即

$$\overline{f}_i = f_s\left(1 + \frac{v_i}{c}\right) \tag{8-2}$$

式中，$\overline{f}_i$ 为多普勒频率的真实值；c 为声波传播速度。可知目标相对于观测者的径向速度 v_i 的表达式为

$$v_i = \left(\dot{x}_T - \dot{x}_O(i)\right)\cos\overline{\beta}_i + \left(\dot{y}_T - \dot{y}_O(i)\right)\sin\overline{\beta}_i \tag{8-3}$$

当目标接近观测者时 v_i 为正数，当目标远离观测者时 v_i 为负数。

定义状态向量 $\boldsymbol{\mu}(i)$，其表达式为

$$\boldsymbol{\mu}(i) = \begin{bmatrix} x_{\mathrm{RD}}(i) & y_{\mathrm{RD}}(i) & \dot{x}_{\mathrm{RV}}(i) & \dot{y}_{\mathrm{RV}}(i) & \dfrac{f_s}{c} \end{bmatrix}^{\mathrm{T}} \tag{8-4}$$

式中，$x_{\mathrm{RD}}(i)$ 和 $y_{\mathrm{RD}}(i)$ 分别表示目标与观测者 x 方向和 y 方向的相对距离；$\dot{x}_{\mathrm{RV}}(i)$ 和 $\dot{y}_{\mathrm{RV}}(i)$ 分别表示目标与观测者 x 方向和 y 方向的相对速度。它们的表达式为

$$\begin{cases} x_{\mathrm{RD}}(i) = x_T(i) - x_O(i) \\ y_{\mathrm{RD}}(i) = y_T(i) - y_O(i) \\ \dot{x}_{\mathrm{RV}}(i) = \dot{x}_T - \dot{x}_O(i) \\ \dot{y}_{\mathrm{RV}}(i) = \dot{y}_T - \dot{y}_O(i) \end{cases} \tag{8-5}$$

对状态向量 $\boldsymbol{\mu}(i)$ 进行微分可以得到

$$\frac{\partial \boldsymbol{\mu}(i)}{\partial i} = \begin{bmatrix} 0 & 0 & 1 & 0 & 0 \\ 0 & 0 & 0 & 1 & 0 \\ 0 & 0 & 0 & 0 & 0 \\ 0 & 0 & 0 & 0 & 0 \\ 0 & 0 & 0 & 0 & 0 \end{bmatrix} \boldsymbol{\mu}(i) \tag{8-6}$$

为了方便讨论，忽略方位角测量噪声和频率估计噪声，则量测方程可以表示为

$$\boldsymbol{Z}(i) = \boldsymbol{C}(i)\boldsymbol{\mu}(i) \tag{8-7}$$

式中，$\boldsymbol{Z}(i)$ 为量测向量；$\boldsymbol{C}(i)$ 为量测矩阵。它们的表达式分别为

$$\boldsymbol{Z}(i) = \begin{bmatrix} 0 & \overline{f}_i \end{bmatrix}^{\mathrm{T}} \tag{8-8}$$

$$\boldsymbol{C}(i) = \begin{bmatrix} \sin\overline{\beta}_i & -\cos\overline{\beta}_i & 0 & 0 & 0 \\ 0 & 0 & \dfrac{f_s\cos\overline{\beta}_i}{c} & \dfrac{f_s\sin\overline{\beta}_i}{c} & c \end{bmatrix} \tag{8-9}$$

定义转移矩阵 $\boldsymbol{A}(i)$，其表达式为

$$\boldsymbol{A}(i) = \begin{bmatrix} 1 & 0 & i-i_0 & 0 & 0 \\ 0 & 1 & 0 & i-i_0 & 0 \\ 0 & 0 & 1 & 0 & 0 \\ 0 & 0 & 0 & 1 & 0 \\ 0 & 0 & 0 & 0 & 1 \end{bmatrix} \tag{8-10}$$

则目标可观测的条件为：对于任意 $i \in [i_0, i_1]$，由 $\boldsymbol{C}(i)\boldsymbol{A}(i)\boldsymbol{Y} = \boldsymbol{0}$ 可以得到向量 $\boldsymbol{Y}$ 为零向量。令 $\boldsymbol{Y} = \begin{bmatrix} y_1 & y_2 & y_3 & y_4 & y_5 \end{bmatrix}^{\mathrm{T}}$，将 $\boldsymbol{C}(i)$、$\boldsymbol{A}(i)$ 和 $\boldsymbol{Y}$ 的表达式代入 $\boldsymbol{C}(i)\boldsymbol{A}(i)\boldsymbol{Y} = \boldsymbol{0}$ 中可以得到

$$y_1\sin\overline{\beta}_i - y_2\cos\overline{\beta}_i + y_3(i-i_0)\sin\overline{\beta}_i - y_4(i-i_0)\cos\overline{\beta}_i = 0 \tag{8-11}$$

$$\frac{f_s y_3}{c}\cos\overline{\beta}_i + \frac{f_s y_4}{c}\sin\overline{\beta}_i + c y_5 = 0 \tag{8-12}$$

对式（8-12）进行微分可以得到

$$-\frac{\mathrm{d}\overline{\beta}_i}{\mathrm{d}i}\frac{f_s y_3}{c}\sin\overline{\beta}_i + \frac{\mathrm{d}\overline{\beta}_i}{\mathrm{d}i}\frac{f_s y_4}{c}\cos\overline{\beta}_i = 0 \tag{8-13}$$

假设方位角的真实值 $\bar{\beta}_i$ 是关于采样时刻 i 的函数，即 $\mathrm{d}\bar{\beta}_i/\mathrm{d}i \neq 0$，则式（8-13）可以整理为

$$y_3 \sin \bar{\beta}_i - y_4 \cos \bar{\beta}_i = 0 \tag{8-14}$$

由于 $\sin \bar{\beta}_i$ 和 $\cos \bar{\beta}_i$ 是线性独立的函数，则由式（8-14）可以得到

$$y_3 = y_4 = 0 \tag{8-15}$$

将式（8-15）代入式（8-11）和式（8-12）可以得到

$$y_1 \sin \bar{\beta}_i - y_2 \cos \bar{\beta}_i = 0 \tag{8-16}$$

$$c y_5 = 0 \tag{8-17}$$

由式（8-16）和式（8-17）可以得到

$$y_1 = y_2 = y_5 = 0 \tag{8-18}$$

由式（8-15）和式（8-18）可知

$$\boldsymbol{Y} = \mathbf{0} \tag{8-19}$$

因此，目标可观测的条件为目标与观测者之间的方位角不是常数，即对于匀速直线运动目标，只要目标不朝着观测者做径向运动，目标就是可观测的。

8.1.2 伪线性多普勒频率-方位目标运动分析算法

假设目标的运动状态为匀速直线运动，初始位置为 $[x_T(0) \quad y_T(0)]^{\mathrm{T}}$，则在第 i 个采样时刻目标的位置为

$$\begin{cases} x_T(i) = x_T(0) + iT\dot{x}_T \\ y_T(i) = y_T(0) + iT\dot{y}_T \end{cases} \tag{8-20}$$

式中，$[\dot{x}_T \quad \dot{y}_T]^{\mathrm{T}}$ 为目标的运动速度；T 为采样间隔。

当目标与观测者存在相对运动，并且目标在采样时刻为 i 时具有相对于观测者的径向速度 v_i，则观测者接收目标辐射频率 f_s 时会产生多普勒频移，即

$$\bar{f}_i = f_s\left(1 + \frac{v_i}{c}\right) \tag{8-21}$$

式中，$\bar{f}_i$ 为多普勒频率真实值；c 为声波传播速度。当目标接近观测者时，径向速度 v_i 为正数；当目标远离观测者时，径向速度 v_i 为负数。

图 8-2 为目标与观测者运动态势图，其中 $\bar{\beta}_i$ 为目标与观测者的真实方位角，$\boldsymbol{v}_x$ 为目标与观测者沿 x 轴正方向的相对速度分量，$\boldsymbol{v}_y$ 为目标与观测者沿 y 轴正方向的相对速度分量。

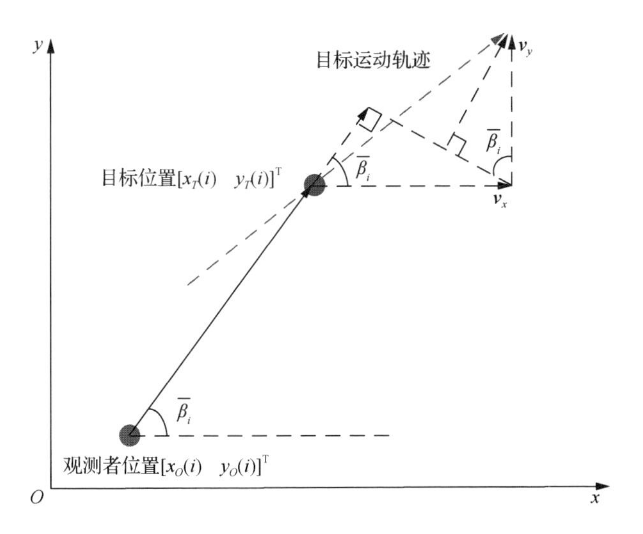

图 8-2　目标与观测者运动态势图

由图 8-2 可知，目标与观测者的相对径向速度 v_i 为

$$v_i = \left(\dot{x}_T - \dot{x}_O(i)\right)\cos\overline{\beta}_i + \left(\dot{y}_T - \dot{y}_O(i)\right)\sin\overline{\beta}_i \tag{8-22}$$

式中，$\left[\dot{x}_O(i)\quad \dot{y}_O(i)\right]^{\mathrm{T}}$ 表示采样时刻为 i 时观测者的速度。

将式（8-22）代入式（8-21）可以得到

$$\frac{\overline{f}_i}{f_s} = 1 - \frac{\dot{x}_T - \dot{x}_O(i)}{c}\cos\overline{\beta}_i - \frac{\dot{y}_T - \dot{y}_O(i)}{c}\sin\overline{\beta}_i \tag{8-23}$$

由图 8-2 中目标与观测者之间的几何关系可以得到

$$\tan\overline{\beta}_i = \frac{\sin\overline{\beta}_i}{\cos\overline{\beta}_i} = \frac{y_T(i) - y_O(i)}{x_T(i) - x_O(i)} \tag{8-24}$$

对式（8-24）进行整理可以得到

$$\left(x_T(i) - x_O(i)\right)\sin\overline{\beta}_i - \left(y_T(i) - y_O(i)\right)\cos\overline{\beta}_i = 0 \tag{8-25}$$

频率估计值和目标方位角测量值分别为

$$\begin{cases} f_i = \overline{f}_i + e_{f,i} \\ \beta_i = \overline{\beta}_i + e_{\beta,i} \end{cases} \tag{8-26}$$

式中，$\overline{f}_i$ 和 $\overline{\beta}_i$ 分别为多普勒频率真实值和方位角真实值；$e_{f,i}$ 和 $e_{\beta,i}$ 分别为频率估计噪声和方位角测量噪声，并且 $e_{f,i} \sim \mathcal{N}\left(0,\sigma_f^2\right)$，$e_{\beta,i} \sim \mathcal{N}\left(0,\sigma_\beta^2\right)$。

由于真实的多普勒频率和方位角未知，因此将式（8-26）代入式（8-23）和式（8-25）会产生偏差，即

$$\begin{cases}\varepsilon_f(i)=\dfrac{f_i}{f_s}-\left(1-\dfrac{\dot{x}_T-\dot{x}_O(i)}{c}\cos\beta_i-\dfrac{\dot{y}_T-\dot{y}_O(i)}{c}\sin\beta_i\right)\\ \varepsilon_\beta(i)=\left(x_T(i)-x_O(i)\right)\sin\beta_i-\left(y_T(i)-y_O(i)\right)\cos\beta_i\end{cases}\tag{8-27}$$

由于目标的运动状态为匀速直线运动，因此将式（8-20）代入式（8-27），再进行整理可以得到

$$\begin{cases}\varepsilon_f(i)=\dfrac{f_i}{f_s}-\left(1-\dfrac{\dot{x}_T-\dot{x}_O(i)}{c}\cos\beta_i-\dfrac{\dot{y}_T-\dot{y}_O(i)}{c}\sin\beta_i\right)\\ \varepsilon_\beta(i)=\left(x_T(0)+iT\dot{x}_T-x_O(i)\right)\sin\beta_i-\left(y_T(0)+iT\dot{y}_T-y_O(i)\right)\cos\beta_i\end{cases}\tag{8-28}$$

定义目标状态向量$\boldsymbol{\mu}_{f,\beta}$，其表达式为

$$\boldsymbol{\mu}_{f,\beta}=\begin{bmatrix}\dfrac{1}{f_s} & x_T(0) & y_T(0) & \dot{x}_T & \dot{y}_T\end{bmatrix}^{\mathrm{T}}\tag{8-29}$$

定义误差向量$\boldsymbol{\varepsilon}_{f,\beta}$，其表达式为

$$\boldsymbol{\varepsilon}_{f,\beta}=\begin{bmatrix}\varepsilon_f(0) & \varepsilon_\beta(0) & \cdots & \varepsilon_f(i) & \varepsilon_\beta(i)\end{bmatrix}^{\mathrm{T}}\tag{8-30}$$

利用式（8-29）和式（8-30）对式（8-28）进行整理，再将其改写为矩阵的形式，可以得到

$$\boldsymbol{\varepsilon}_{f,\beta}=\boldsymbol{A}_{f,\beta}\boldsymbol{\mu}_{f,\beta}-\boldsymbol{g}_{f,\beta}\tag{8-31}$$

式中，量测矩阵$\boldsymbol{A}_{f,\beta}$和量测向量$\boldsymbol{g}_{f,\beta}$分别为

$$\boldsymbol{A}_{f,\beta}=\begin{bmatrix}f_0 & 0 & 0 & \dfrac{\cos\beta_0}{c} & \dfrac{\sin\beta_0}{c}\\ 0 & \sin\beta_0 & -\cos\beta_0 & 0 & 0\\ \vdots & \vdots & \vdots & \vdots & \vdots\\ f_i & 0 & 0 & \dfrac{\cos\beta_i}{c} & \dfrac{\sin\beta_i}{c}\\ 0 & \sin\beta_i & -\cos\beta_i & iT\sin\beta_i & -iT\cos\beta_i\end{bmatrix}\tag{8-32}$$

$$\boldsymbol{g}_{f,\beta}=\begin{bmatrix}1+\dfrac{\dot{x}_O(0)\cos\beta_0}{c}+\dfrac{\dot{y}_O(0)\sin\beta_0}{c}\\ x_O(0)\sin\beta_0-y_O(0)\cos\beta_0\\ \vdots\\ 1+\dfrac{\dot{x}_O(i)\cos\beta_i}{c}+\dfrac{\dot{y}_O(i)\sin\beta_i}{c}\\ x_O(i)\sin\beta_i-y_O(i)\cos\beta_i\end{bmatrix}\tag{8-33}$$

定义增广量测矩阵$\boldsymbol{A}_{u,f\beta}$，其表达式为

$$\boldsymbol{A}_{u,f\beta}=\left[\boldsymbol{A}_{f,\beta}\quad -\boldsymbol{g}_{f,\beta}\right] \tag{8-34}$$

定义增广目标状态向量$\boldsymbol{\theta}_{f\beta}$，其表达式为

$$\boldsymbol{\theta}_{f\beta}=h_{f\beta}\left[\boldsymbol{\mu}_{f,\beta}^{\mathrm{T}}\quad 1\right]^{\mathrm{T}} \tag{8-35}$$

式中，$h_{f\beta}$为缩放常数。

由于方位角的测量值为$\beta_i=\bar{\beta}_i+e_{\beta,i}$，因此

$$\begin{cases}\sin\beta_i=\sin\left(\bar{\beta}_i+e_{\beta,i}\right)=\sin\bar{\beta}_i\cos e_{\beta,i}+\cos\bar{\beta}_i\sin e_{\beta,i}\\ \cos\beta_i=\cos\left(\bar{\beta}_i+e_{\beta,i}\right)=\cos\bar{\beta}_i\cos e_{\beta,i}-\sin\bar{\beta}_i\sin e_{\beta,i}\end{cases} \tag{8-36}$$

在测量噪声较小的情况下，$\sin e_{\beta,i}\approx e_{\beta,i}$，$\cos e_{\beta,i}\approx 1$，因此

$$\begin{cases}\sin\beta_i\approx\sin\bar{\beta}_i+e_{\beta,i}\cos\bar{\beta}_i\\ \cos\beta_i\approx\cos\bar{\beta}_i-e_{\beta,i}\sin\bar{\beta}_i\end{cases} \tag{8-37}$$

将式（8-26）中频率估计值f_i和式（8-37）中方位角近似结果代入增广量测矩阵$\boldsymbol{A}_{u,f\beta}$中可以得到

$$\boldsymbol{A}_{u,f\beta}=\bar{\boldsymbol{A}}_{u,f\beta}+\tilde{\boldsymbol{A}}_{u,f\beta} \tag{8-38}$$

式中，$\bar{\boldsymbol{A}}_{u,f\beta}$表示增广量测矩阵，$\boldsymbol{A}_{u,f\beta}$中的方位角测量值$\beta_i$和频率估计值$f_i$分别为方位角真实值$\bar{\beta}_i$和多普勒频率真实值$\bar{f}_i$；$\tilde{\boldsymbol{A}}_{u,f\beta}$表示方位角测量误差和频率估计误差导致的增广量测矩阵误差，

$$\tilde{\boldsymbol{A}}_{u,f\beta}=\begin{bmatrix}e_{f,0} & 0 & \cdots & e_{f,i} & 0\\ e_{\beta,0}\bar{\boldsymbol{u}}_{f,0} & e_{\beta,0}\bar{\boldsymbol{u}}_{\beta,0} & \cdots & e_{\beta,i}\bar{\boldsymbol{u}}_{f,i} & e_{\beta,i}\bar{\boldsymbol{u}}_{\beta,i}\end{bmatrix}^{\mathrm{T}} \tag{8-39}$$

其中，

$$\begin{cases}\bar{\boldsymbol{u}}_{f,i}=\left[0\quad 0\quad \dfrac{-\sin\bar{\beta}_i}{c}\quad \dfrac{\cos\bar{\beta}_i}{c}\quad \dfrac{\dot{x}_O(i)\cos\bar{\beta}_i-\dot{y}_O(i)\sin\bar{\beta}_i}{c}\right]^{\mathrm{T}}\\ \bar{\boldsymbol{u}}_{\beta,i}=\left[\cos\bar{\beta}_i\quad \sin\bar{\beta}_i\quad iT\cos\bar{\beta}_i\quad iT\sin\bar{\beta}_i\quad -x_O(i)\sin\bar{\beta}_i-y_O(i)\cos\bar{\beta}_i\right]^{\mathrm{T}}\end{cases} \tag{8-40}$$

定义约束矩阵$\boldsymbol{W}_{f\beta}$，其表达式为

$$\begin{aligned}\boldsymbol{W}_{f\beta}&=E\left[\tilde{\boldsymbol{A}}_{u,f\beta}^{\mathrm{T}}\tilde{\boldsymbol{A}}_{u,f\beta}\right]\\ &=\begin{bmatrix}(i+1)\sigma_f^2 & \boldsymbol{0}\\ \boldsymbol{0} & \sigma_\beta^2\sum\limits_{j=0}^{i}\left(\bar{\boldsymbol{u}}_{f,j}\bar{\boldsymbol{u}}_{f,j}^{\mathrm{T}}+\bar{\boldsymbol{u}}_{\beta,j}\bar{\boldsymbol{u}}_{\beta,j}^{\mathrm{T}}\right)\end{bmatrix}\end{aligned} \tag{8-41}$$

由式（8-40）可知，向量$\bar{\boldsymbol{u}}_{f,i}$和$\bar{\boldsymbol{u}}_{\beta,i}$中的方位角为真实值。由于实际情况下真

实的方位角未知，因此在方位角测量噪声较小的情况下，可以用方位角测量值 β_i 代替真实值 $\bar{\beta}_i$ 对式（8-40）进行近似处理。

定义增广关联矩阵 $\boldsymbol{R}_{f\beta}$，其表达式为

$$\boldsymbol{R}_{f\beta}=\boldsymbol{A}_{u,f\beta}^{\mathrm{T}}\boldsymbol{A}_{u,f\beta} \tag{8-42}$$

式中，$\boldsymbol{A}_{u,f\beta}$ 为增广量测矩阵。

定义约束条件 $\boldsymbol{\theta}_{f\beta}^{\mathrm{T}}\boldsymbol{W}_{f\beta}\boldsymbol{\theta}_{f\beta}=1$，则在 $\boldsymbol{\theta}_{f\beta}^{\mathrm{T}}\boldsymbol{W}_{f\beta}\boldsymbol{\theta}_{f\beta}=1$ 的约束条件下，可以通过最小化 $\boldsymbol{\theta}_{f\beta}^{\mathrm{T}}\boldsymbol{R}_{f\beta}\boldsymbol{\theta}_{f\beta}$ 求解增广目标状态向量 $\boldsymbol{\theta}_{f\beta}$。利用拉格朗日乘子法求解约束条件最小化问题，辅助成本函数 γ 的表达式为

$$\gamma=\boldsymbol{\theta}_{f\beta}^{\mathrm{T}}\boldsymbol{R}_{f\beta}\boldsymbol{\theta}_{f\beta}+\delta\left(1-\boldsymbol{\theta}_{f\beta}^{\mathrm{T}}\boldsymbol{W}_{f\beta}\boldsymbol{\theta}_{f\beta}\right) \tag{8-43}$$

式中，δ 为拉格朗日乘子。将式（8-43）两端对 $\boldsymbol{\theta}_{f\beta}$ 取偏导数可以得到

$$\boldsymbol{R}_{f\beta}\boldsymbol{\theta}_{f\beta}=\delta\boldsymbol{W}_{f\beta}\boldsymbol{\theta}_{f\beta} \tag{8-44}$$

由式(8-44)可知 δ 和 $\boldsymbol{\theta}_{f\beta}$ 分别为 $\left(\boldsymbol{R}_{f\beta},\boldsymbol{W}_{f\beta}\right)$ 的特征值和特征向量。在 $\boldsymbol{\theta}_{f\beta}^{\mathrm{T}}\boldsymbol{W}_{f\beta}\boldsymbol{\theta}_{f\beta}=1$ 的约束条件下，将式（8-44）两端同时乘以 $\boldsymbol{\theta}_{f\beta}^{\mathrm{T}}$ 可以得到

$$\delta=\boldsymbol{\theta}_{f\beta}^{\mathrm{T}}\boldsymbol{R}_{f\beta}\boldsymbol{\theta}_{f\beta} \tag{8-45}$$

由于 $\boldsymbol{\theta}_{f\beta}^{\mathrm{T}}\boldsymbol{R}_{f\beta}\boldsymbol{\theta}_{f\beta}$ 是需要最小化的量，因此 δ 和 $\boldsymbol{\theta}_{f\beta}$ 分别为 $\left(\boldsymbol{R}_{f\beta},\boldsymbol{W}_{f\beta}\right)$ 的最小特征值和最小特征值对应的特征向量。由增广目标状态向量 $\boldsymbol{\theta}_{f\beta}$ 的定义可知，目标状态向量 $\boldsymbol{\mu}_{f\beta}$ 和增广目标状态向量 $\boldsymbol{\theta}_{f\beta}$ 的关系为

$$\boldsymbol{\mu}_{f\beta}=\frac{\boldsymbol{\theta}_{f\beta}(1:5)}{\boldsymbol{\theta}_{f\beta}(6)} \tag{8-46}$$

8.1.3 克拉默-拉奥下界

设采样时刻为 i 时目标的状态向量为

$$\boldsymbol{\mu}_{f\beta}=\left[f_s \quad x_T(i) \quad y_T(i) \quad \dot{x}_T \quad \dot{y}_T\right]^{\mathrm{T}} \tag{8-47}$$

式中，f_s 为目标辐射频率；$x_T(i)$ 和 $y_T(i)$ 分别为目标 x 方向和 y 方向的位置；$\dot{x}_T$ 和 $\dot{y}_T$ 分别为目标 x 方向和 y 方向的速度。

方位角测量向量和频率估计向量分别为

$$\boldsymbol{\beta}=\left[\beta_0 \quad \cdots \quad \beta_j \cdots \quad \beta_i\right]^{\mathrm{T}} \tag{8-48}$$

$$\boldsymbol{f}=\begin{bmatrix} f_0 & \cdots & f_j & \cdots & f_i \end{bmatrix}^{\mathrm{T}} \tag{8-49}$$

费希尔信息矩阵的表达式为

$$\mathbf{FIM}=\frac{1}{\sigma_\beta^2}\left(\frac{\partial \boldsymbol{\beta}}{\partial \boldsymbol{\mu}_{f\beta}}\right)^{\mathrm{T}}\frac{\partial \boldsymbol{\beta}}{\partial \boldsymbol{\mu}_{f\beta}}+\frac{1}{\sigma_f^2}\left(\frac{\partial \boldsymbol{f}}{\partial \boldsymbol{\mu}_{f\beta}}\right)^{\mathrm{T}}\frac{\partial \boldsymbol{f}}{\partial \boldsymbol{\mu}_{f\beta}} \tag{8-50}$$

式中，σ_β^2 和 σ_f^2 分别为方位角测量噪声的方差和频率估计噪声的方差；$\dfrac{\partial \boldsymbol{\beta}}{\partial \boldsymbol{\mu}_{f\beta}}$ 和 $\dfrac{\partial \boldsymbol{f}}{\partial \boldsymbol{\mu}_{f\beta}}$ 的表达式分别为

$$\frac{\partial \boldsymbol{\beta}}{\partial \boldsymbol{\mu}_{f\beta}}=\begin{bmatrix} \dfrac{\partial \beta_0}{\partial f_s} & \dfrac{\partial \beta_0}{\partial x_T(i)} & \dfrac{\partial \beta_0}{\partial y_T(i)} & \dfrac{\partial \beta_0}{\partial \dot{x}_T} & \dfrac{\partial \beta_0}{\partial \dot{y}_T} \\ \vdots & \vdots & \vdots & \vdots & \vdots \\ \dfrac{\partial \beta_j}{\partial f_s} & \dfrac{\partial \beta_j}{\partial x_T(i)} & \dfrac{\partial \beta_j}{\partial y_T(i)} & \dfrac{\partial \beta_j}{\partial \dot{x}_T} & \dfrac{\partial \beta_j}{\partial \dot{y}_T} \\ \vdots & \vdots & \vdots & \vdots & \vdots \\ \dfrac{\partial \beta_i}{\partial f_s} & \dfrac{\partial \beta_i}{\partial x_T(i)} & \dfrac{\partial \beta_i}{\partial y_T(i)} & \dfrac{\partial \beta_i}{\partial \dot{x}_T} & \dfrac{\partial \beta_i}{\partial \dot{y}_T} \end{bmatrix} \tag{8-51}$$

$$\frac{\partial \boldsymbol{f}}{\partial \boldsymbol{\mu}_{f\beta}}=\begin{bmatrix} \dfrac{\partial f_0}{\partial f_s} & \dfrac{\partial f_0}{\partial x_T(i)} & \dfrac{\partial f_0}{\partial y_T(i)} & \dfrac{\partial f_0}{\partial \dot{x}_T} & \dfrac{\partial f_0}{\partial \dot{y}_T} \\ \vdots & \vdots & \vdots & \vdots & \vdots \\ \dfrac{\partial f_j}{\partial f_s} & \dfrac{\partial f_j}{\partial x_T(i)} & \dfrac{\partial f_j}{\partial y_T(i)} & \dfrac{\partial f_j}{\partial \dot{x}_T} & \dfrac{\partial f_j}{\partial \dot{y}_T} \\ \vdots & \vdots & \vdots & \vdots & \vdots \\ \dfrac{\partial f_i}{\partial f_s} & \dfrac{\partial f_i}{\partial x_T(i)} & \dfrac{\partial f_i}{\partial y_T(i)} & \dfrac{\partial f_i}{\partial \dot{x}_T} & \dfrac{\partial f_i}{\partial \dot{y}_T} \end{bmatrix} \tag{8-52}$$

由式（8-26）可知频率估计值和方位角测量值分别为

$$f_j=\overline{f}_j+e_{f,j} \tag{8-53}$$

$$\beta_j=\overline{\beta}_j+e_{\beta,j} \tag{8-54}$$

由式（8-23）和式（8-24）可知多普勒频率真实值和方位角真实值分别为

$$\overline{f}_j=f_s\left(1-\frac{\dot{x}_T-\dot{x}_O(j)}{c}\cos\overline{\beta}_j-\frac{\dot{y}_T-\dot{y}_O(j)}{c}\sin\overline{\beta}_j\right) \tag{8-55}$$

$$\bar{\beta}_j = \tan^{-1}\left(\frac{y_T(i)-(i-j)\dot{y}_T - y_O(j)}{x_T(i)-(i-j)\dot{x}_T - x_O(j)}\right) \tag{8-56}$$

由式（8-54）和式（8-56）可以得到

$$\frac{\partial \beta_j}{\partial f_s} = 0 \tag{8-57}$$

$$\frac{\partial \beta_j}{\partial x_T(i)} = -\frac{y_T(j)-y_O(j)}{r_j^2} \tag{8-58}$$

$$\frac{\partial \beta_j}{\partial y_T(i)} = \frac{x_T(j)-x_O(j)}{r_j^2} \tag{8-59}$$

$$\frac{\partial \beta_j}{\partial \dot{x}_T} = -(i-j)T\frac{\partial \beta_j}{\partial x_T(i)} \tag{8-60}$$

$$\frac{\partial \beta_j}{\partial \dot{y}_T} = -(i-j)T\frac{\partial \beta_j}{\partial y_T(i)} \tag{8-61}$$

式中，$r_j^2 = \left(x_T(j)-x_O(j)\right)^2 + \left(y_T(j)-y_O(j)\right)^2$。

由式（8-53）、式（8-55）和式（8-56）可以得到

$$\frac{\partial f_j}{\partial f_s} = 1 - \frac{\dot{x}_T - \dot{x}_O(j)}{c}\cos\bar{\beta}_j - \frac{\dot{y}_T - \dot{y}_O(j)}{c}\sin\bar{\beta}_j \tag{8-62}$$

$$\frac{\partial f_j}{\partial x_T(i)} = \frac{f_s \sin\bar{\beta}_j}{c}\left(\dot{x}_T - \dot{x}_O(j)\right)\frac{\partial \beta_j}{\partial x_T(i)} - \frac{f_s \cos\bar{\beta}_j}{c}\left(\dot{y}_T - \dot{y}_O(j)\right)\frac{\partial \beta_j}{\partial x_T(i)} \tag{8-63}$$

$$\frac{\partial f_j}{\partial y_T(i)} = \frac{f_s \sin\bar{\beta}_j}{c}\left(\dot{x}_T - \dot{x}_O(j)\right)\frac{\partial \beta_j}{\partial y_T(i)} - \frac{f_s \cos\bar{\beta}_j}{c}\left(\dot{y}_T - \dot{y}_O(j)\right)\frac{\partial \beta_j}{\partial y_T(i)} \tag{8-64}$$

$$\frac{\partial f_j}{\partial \dot{x}_T} = -\frac{f_s}{c}\left(\cos\bar{\beta}_j - \frac{\partial \beta_j}{\partial \dot{x}_T}\left(\dot{x}_T - \dot{x}_O(j)\right)\sin\bar{\beta}_j\right) - \frac{f_s \cos\bar{\beta}_j}{c}\left(\dot{y}_T - \dot{y}_O(j)\right)\frac{\partial \beta_j}{\partial \dot{x}_T} \tag{8-65}$$

$$\frac{\partial f_j}{\partial \dot{y}_T} = \frac{f_s \sin\bar{\beta}_j}{c}\left(\dot{x}_T - \dot{x}_O(j)\right)\frac{\partial \beta_j}{\partial \dot{y}_T} - \frac{f_s}{c}\left(\frac{\partial \beta_j}{\partial \dot{y}_T}\left(\dot{y}_T - \dot{y}_O(j)\right)\cos\bar{\beta}_j + \sin\bar{\beta}_j\right) \tag{8-66}$$

将式（8-57）～式（8-66）代入式（8-50）即可得到费希尔信息矩阵，目标状态向量$\boldsymbol{\mu}_{f\beta}$的克拉默-拉奥下界分别对应费希尔信息矩阵逆矩阵的主对角线元素[4]。

8.2　双基阵目标运动分析

双基阵目标运动分析是利用两个基阵在同一个采样时刻对目标的方位角进行测量，将两个基阵测量得到的方位角信息进行融合，利用双基阵目标参数无偏估计算法解算目标运动参数的过程[5]。

8.2.1　双基阵目标可观测性分析

设目标的运动状态为匀速直线运动，在采样时刻为 i 时目标的位置和速度分别为 $\boldsymbol{p}(i)=\begin{bmatrix}x_T(i) & y_T(i)\end{bmatrix}^{\mathrm{T}}$ 和 $\boldsymbol{v}(i)=\begin{bmatrix}\dot{x}_T & \dot{y}_T\end{bmatrix}^{\mathrm{T}}$，基阵 1 和基阵 2 的位置分别为 $\boldsymbol{r}_1(i)=\begin{bmatrix}x_{O1}(i) & y_{O1}(i)\end{bmatrix}^{\mathrm{T}}$ 和 $\boldsymbol{r}_2(i)=\begin{bmatrix}x_{O2}(i) & y_{O2}(i)\end{bmatrix}^{\mathrm{T}}$。令 $\boldsymbol{\mu}_i=\begin{bmatrix}\boldsymbol{p}(i)^{\mathrm{T}} & \boldsymbol{v}(i)^{\mathrm{T}}\end{bmatrix}^{\mathrm{T}}$ 表示采样时刻为 i 时目标的状态向量，由于目标的运动状态为匀速直线运动，因此目标的动态模型为

$$\boldsymbol{\mu}_i=\boldsymbol{F}\boldsymbol{\mu}_{i-1}+\boldsymbol{w}_{i-1} \tag{8-67}$$

式中，$\boldsymbol{F}$ 表示状态转移矩阵；$\boldsymbol{w}_{i-1}$ 表示过程噪声。状态转移矩阵 $\boldsymbol{F}$ 定义为

$$\boldsymbol{F}=\begin{bmatrix}1 & 0 & T & 0\\ 0 & 1 & 0 & T\\ 0 & 0 & 1 & 0\\ 0 & 0 & 0 & 1\end{bmatrix} \tag{8-68}$$

式中，T 为采样间隔。

在采样时刻为 i 时，基阵 1 和基阵 2 测得的方位角分别为

$$\begin{cases}\beta_{1,i}=\bar{\beta}_{1,i}+e_{\beta_1,i}\\ \beta_{2,i}=\bar{\beta}_{2,i}+e_{\beta_2,i}\end{cases} \tag{8-69}$$

式中，$\bar{\beta}_{1,i}$ 和 $\bar{\beta}_{2,i}$ 分别表示基阵 1 和基阵 2 与目标之间的真实方位角；$e_{\beta_1,i}$ 和 $e_{\beta_2,i}$ 分别表示基阵 1 和基阵 2 的方位角测量噪声，并且 $e_{\beta_1,i}\sim\mathcal{N}(0,\sigma_1^2)$，$e_{\beta_2,i}\sim\mathcal{N}(0,\sigma_2^2)$。

图 8-3 为双基阵与目标的几何关系图，其中 $\bar{\beta}_{1,i}$ 表示基阵 1 与目标之间的真实方位角，$\bar{\beta}_{2,i}$ 表示基阵 2 与目标之间的真实方位角，L 表示基阵间距即基线长度。

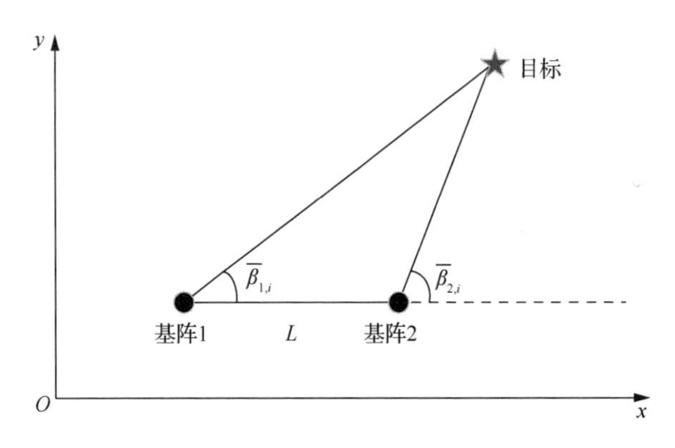

图 8-3　双基阵与目标的几何关系图

由图 8-3 可知基阵 1 和基阵 2 与目标之间的真实方位角分别为

$$\begin{cases}\bar{\beta}_{1,i}=\tan^{-1}\left(\dfrac{y_T(i)-y_{O1}(i)}{x_T(i)-x_{O1}(i)}\right)\\\bar{\beta}_{2,i}=\tan^{-1}\left(\dfrac{y_T(i)-y_{O2}(i)}{x_T(i)-x_{O2}(i)}\right)\end{cases}\tag{8-70}$$

将式（8-70）代入式（8-69）可以得到

$$\begin{cases}\beta_{1,i}=\tan^{-1}\left(\dfrac{y_T(i)-y_{O1}(i)}{x_T(i)-x_{O1}(i)}\right)+e_{\beta_1,i}\\\beta_{2,i}=\tan^{-1}\left(\dfrac{y_T(i)-y_{O2}(i)}{x_T(i)-x_{O2}(i)}\right)+e_{\beta_2,i}\end{cases}\tag{8-71}$$

为了方便讨论，不考虑式（8-67）中过程噪声和式（8-71）中方位角测量噪声的影响，对式（8-71）中的方程进行伪线性化处理可以得到

$$z_{m,i}=\boldsymbol{H}_{m.i}\boldsymbol{\mu}_i,\quad m=1,2\tag{8-72}$$

式中，$z_{m,i}=x_{Om}(i)\sin\bar{\beta}_{m,i}-y_{Om}(i)\cos\bar{\beta}_{m,i}$；$\boldsymbol{H}_{m,i}=\begin{bmatrix}\sin\bar{\beta}_{m,i} & -\cos\bar{\beta}_{m,i} & 0 & 0\end{bmatrix}$。

将式（8-72）整理成矩阵的形式可以得到

$$\boldsymbol{z}_{\bar{\beta}}=\boldsymbol{H}_{\bar{\beta}}\boldsymbol{\mu}_i\tag{8-73}$$

式中，$\boldsymbol{H}_{\bar{\beta}}$ 为量测矩阵；$\boldsymbol{z}_{\bar{\beta}}$ 为量测向量。$\boldsymbol{H}_{\bar{\beta}}$ 和 $\boldsymbol{z}_{\bar{\beta}}$ 分别定义为

$$
\boldsymbol{H}_{\bar{\beta}}=\begin{bmatrix}
\sin\bar{\beta}_{1,0} & -\cos\bar{\beta}_{1,0} & -iT\sin\bar{\beta}_{1,0} & iT\cos\bar{\beta}_{1,0} \\
\sin\bar{\beta}_{2,0} & -\cos\bar{\beta}_{2,0} & -iT\sin\bar{\beta}_{2,0} & iT\cos\bar{\beta}_{2,0} \\
\sin\bar{\beta}_{1,1} & -\cos\bar{\beta}_{1,1} & -(i-1)T\sin\bar{\beta}_{1,1} & (i-1)T\cos\bar{\beta}_{1,1} \\
\sin\bar{\beta}_{2,1} & -\cos\bar{\beta}_{2,1} & -(i-1)T\sin\bar{\beta}_{2,1} & (i-1)T\cos\bar{\beta}_{2,1} \\
\vdots & \vdots & \vdots & \vdots \\
\sin\bar{\beta}_{1,i} & -\cos\bar{\beta}_{1,i} & 0 & 0 \\
\sin\bar{\beta}_{2,i} & -\cos\bar{\beta}_{2,i} & 0 & 0
\end{bmatrix} \tag{8-74}
$$

$$
\boldsymbol{z}_{\bar{\beta}}=\begin{bmatrix}
x_{O1}(0)\sin\bar{\beta}_{1,0}-y_{O1}(0)\cos\bar{\beta}_{1,0} \\
x_{O2}(0)\sin\bar{\beta}_{2,0}-y_{O2}(0)\cos\bar{\beta}_{2,0} \\
x_{O1}(1)\sin\bar{\beta}_{1,1}-y_{O1}(1)\cos\bar{\beta}_{1,1} \\
x_{O2}(1)\sin\bar{\beta}_{2,1}-y_{O2}(1)\cos\bar{\beta}_{2,1} \\
\vdots \\
x_{O1}(i)\sin\bar{\beta}_{1,i}-y_{O1}(i)\cos\bar{\beta}_{1,i} \\
x_{O2}(i)\sin\bar{\beta}_{2,i}-y_{O2}(i)\cos\bar{\beta}_{2,i}
\end{bmatrix} \tag{8-75}
$$

利用图 8-3 中目标与基阵之间的几何关系对式（8-74）进行整理可以得到

$$
\boldsymbol{H}_{\bar{\beta}}=\begin{bmatrix}
d_{1,0}^{-1} & 0 & 0 & 0 & 0 & \cdots & 0 & 0 \\
0 & d_{2,0}^{-1} & 0 & 0 & 0 & \cdots & 0 & 0 \\
0 & 0 & d_{1,1}^{-1} & 0 & 0 & \cdots & 0 & 0 \\
0 & 0 & 0 & d_{2,1}^{-1} & 0 & \cdots & 0 & 0 \\
\vdots & \vdots & \vdots & \vdots & \vdots & & \vdots & \vdots \\
0 & 0 & 0 & 0 & 0 & & d_{1,i}^{-1} & 0 \\
0 & 0 & 0 & 0 & 0 & \cdots & 0 & d_{2,i}^{-1}
\end{bmatrix}\begin{bmatrix}
d_{y1}(0) & -d_{x1}(0) & -iTd_{y1}(0) & iTd_{x1}(0) \\
d_{y2}(0) & -d_{x2}(0) & -iTd_{y2}(0) & iTd_{x2}(0) \\
d_{y1}(1) & -d_{x1}(1) & -(i-1)Td_{y1}(1) & (i-1)Td_{x1}(1) \\
d_{y2}(1) & -d_{x2}(1) & -(i-1)Td_{y2}(1) & (i-1)Td_{x2}(1) \\
\vdots & \vdots & \vdots & \vdots \\
d_{y1}(i) & -d_{x1}(i) & 0 & 0 \\
d_{y2}(i) & -d_{x2}(i) & 0 & 0
\end{bmatrix} \tag{8-76}
$$

式中，$d_{x1}(i)$ 表示 i 时刻基阵 1 与目标 x 方向的距离；$d_{x2}(i)$ 表示 i 时刻基阵 2 与目标 x 方向的距离；$d_{y1}(i)$ 表示 i 时刻基阵 1 与目标 y 方向的距离；$d_{y2}(i)$ 表示 i 时刻基阵 2 与目标 y 方向的距离；$d_{1,i}$ 表示 i 时刻基阵 1 与目标的距离；$d_{2,i}$ 表示 i 时刻基阵 2 与目标的距离。$d_{1,i}^2=\left(d_{x1}(i)\right)^2+\left(d_{y1}(i)\right)^2$，$d_{2,i}^2=\left(d_{x2}(i)\right)^2+\left(d_{y2}(i)\right)^2$。

定义残差向量 $\boldsymbol{\delta}$，其表达式为

$$
\boldsymbol{\delta}=\boldsymbol{z}_{\bar{\beta}}-\boldsymbol{H}_{\bar{\beta}}\boldsymbol{\mu}_i \tag{8-77}
$$

令 $J=\boldsymbol{\delta}^{\mathrm{T}}\boldsymbol{\delta}$，其表达式为

$$J = \left(z_{\bar{\beta}} - H_{\bar{\beta}}\mu_i\right)^{\mathrm{T}}\left(z_{\bar{\beta}} - H_{\bar{\beta}}\mu_i\right)$$
$$= z_{\bar{\beta}}^{\mathrm{T}} z_{\bar{\beta}} - \mu_i^{\mathrm{T}} H_{\bar{\beta}}^{\mathrm{T}} z_{\bar{\beta}} - z_{\bar{\beta}}^{\mathrm{T}} H_{\bar{\beta}}\mu_i + \mu_i^{\mathrm{T}} H_{\bar{\beta}}^{\mathrm{T}} H_{\bar{\beta}}\mu_i \tag{8-78}$$

利用矩阵运算可以得到

$$\frac{\partial J}{\partial \mu_i} = -2H_{\bar{\beta}}^{\mathrm{T}} z_{\bar{\beta}} + 2H_{\bar{\beta}}^{\mathrm{T}} H_{\bar{\beta}}\mu_i = \mathbf{0} \tag{8-79}$$

由式（8-79）可以得到

$$H_{\bar{\beta}}^{\mathrm{T}} H_{\bar{\beta}}\mu_i = H_{\bar{\beta}}^{\mathrm{T}} z_{\bar{\beta}} \tag{8-80}$$

由式（8-80）可知，要使目标可观测，量测矩阵 $H_{\bar{\beta}}^{\mathrm{T}} H_{\bar{\beta}}$ 要满足满秩的条件，即 $H_{\bar{\beta}}^{\mathrm{T}} H_{\bar{\beta}}$ 的行列式不等于零。由式（8-76）可知要满足 $H_{\bar{\beta}}^{\mathrm{T}} H_{\bar{\beta}}$ 的行列式不等于零，则量测矩阵 $H_{\bar{\beta}}$ 的行列式不等于零。当目标在两基阵连线即基线上运动时，量测矩阵 $H_{\bar{\beta}}$ 的行列式等于零，此时目标不可观测。因此，对于双基阵纯方位目标运动分析，只要目标不在基线上运动，目标就是可观测的。

8.2.2　双基阵目标参数无偏估计算法

假设目标的初始位置为 $\left[x_T(0) \quad y_T(0)\right]^{\mathrm{T}}$，运动状态为匀速直线运动，则在采样时刻 i 时目标的位置为

$$\begin{cases} x_T(i) = x_T(0) + iT\dot{x}_T \\ y_T(i) = y_T(0) + iT\dot{y}_T \end{cases} \tag{8-81}$$

式中，$\left[\dot{x}_T \quad \dot{y}_T\right]^{\mathrm{T}}$ 为目标的运动速度；T 为采样间隔。

基阵 1 和基阵 2 测得的方位角分别为

$$\begin{cases} \beta_{1,i} = \bar{\beta}_{1,i} + e_{\beta_1,i} \\ \beta_{2,i} = \bar{\beta}_{2,i} + e_{\beta_2,i} \end{cases} \tag{8-82}$$

式中，$\bar{\beta}_{1,i}$ 和 $\bar{\beta}_{2,i}$ 分别为基阵 1 和基阵 2 与目标之间的真实方位角；$e_{\beta_1,i}$ 和 $e_{\beta_2,i}$ 分别为基阵 1 和基阵 2 的方位角测量噪声，并且 $e_{\beta_1,i} \sim \mathcal{N}(0,\sigma_1^2)$，$e_{\beta_2,i} \sim \mathcal{N}(0,\sigma_2^2)$。

图 8-4 为双基阵与目标的运动态势图，其中 $\bar{\beta}_{1.i}$ 和 $\bar{\beta}_{2.i}$ 分别为基阵 1 和基阵 2 与目标之间的真实方位角，$d_{1,i}$ 和 $d_{2,i}$ 分别为基阵 1 和基阵 2 与目标之间的距离，L 为基阵 1 和基阵 2 之间的距离即基线长度。

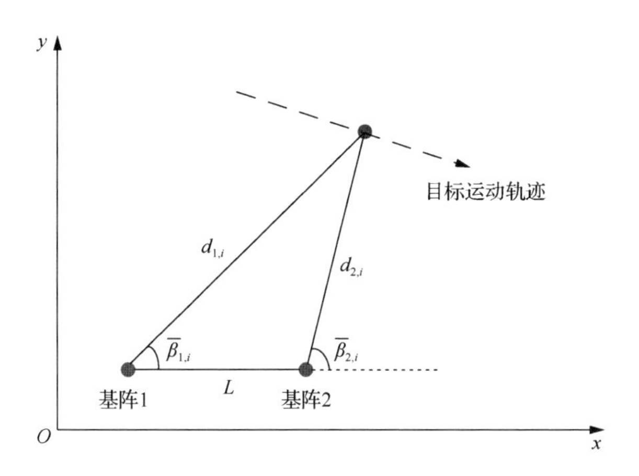

图 8-4 双基阵与目标的运动态势图

由图 8-4 中目标与基阵之间的几何关系可以得到

$$\begin{cases} \tan\overline{\beta}_{1,i} = \dfrac{\sin\overline{\beta}_{1,i}}{\cos\overline{\beta}_{1,i}} = \dfrac{y_T(i) - y_{O1}(i)}{x_T(i) - x_{O1}(i)} \\ \tan\overline{\beta}_{2,i} = \dfrac{\sin\overline{\beta}_{2,i}}{\cos\overline{\beta}_{2,i}} = \dfrac{y_T(i) - y_{O2}(i)}{x_T(i) - x_{O2}(i)} \end{cases} \tag{8-83}$$

式中，$\left[x_{O1}(i) \quad y_{O1}(i)\right]^{\mathrm{T}}$ 为采样时刻 i 时基阵 1 的位置；$\left[x_{O2}(i) \quad y_{O2}(i)\right]^{\mathrm{T}}$ 为采样时刻 i 时基阵 2 的位置。

对式（8-83）进行整理可以得到

$$\cos\overline{\beta}_{m,i}\left(y_T(i) - y_{Om}(i)\right) - \sin\overline{\beta}_{m,i}\left(x_T(i) - x_{Om}(i)\right) = 0, \quad m = 1,2 \tag{8-84}$$

由于真实的方位角 $\overline{\beta}_{m,i}$ 未知，而基阵测得的方位角是含有噪声的方位角 $\beta_{m,i}$，因此将 $\beta_{m,i}$ 代入式（8-84）会产生偏差，即

$$\varepsilon_{m,i} = \cos\beta_{m,i}\left(y_T(i) - y_{Om}(i)\right) - \sin\beta_{m,i}\left(x_T(i) - x_{Om}(i)\right), \quad m = 1,2 \tag{8-85}$$

由图 8-4 中基阵 1 和基阵 2 与目标的几何关系可知

$$\begin{cases} x_T(i) - x_{Om}(i) = d_{m,i}\cos\overline{\beta}_{m,i} \\ y_T(i) - y_{Om}(i) = d_{m,i}\sin\overline{\beta}_{m,i} \end{cases}, \quad m = 1,2 \tag{8-86}$$

式中，$d_{m,i}$ 表示采样时刻为 i 时第 m 个基阵与目标之间的距离。

将式（8-86）代入式（8-85）可以得到

$$\varepsilon_{m,i} = -d_{m,i} \sin e_{\beta_m,i}, \quad m = 1,2 \tag{8-87}$$

假设目标状态向量为 $\boldsymbol{\mu}_i = \begin{bmatrix} x_T(i) & y_T(i) & \dot{x}_T & \dot{y}_T \end{bmatrix}^{\mathrm{T}}$，目标的运动状态为匀速直线运动，则目标状态向量 $\boldsymbol{\mu}_i$ 与目标初始状态向量 $\boldsymbol{\mu}_0 = \begin{bmatrix} x_T(0) & y_T(0) & \dot{x}_T & \dot{y}_T \end{bmatrix}^{\mathrm{T}}$ 之间的关系为

$$\begin{bmatrix} x_T(i) \\ y_T(i) \\ \dot{x}_T \\ \dot{y}_T \end{bmatrix} = \begin{bmatrix} 1 & 0 & iT & 0 \\ 0 & 1 & 0 & iT \\ 0 & 0 & 1 & 0 \\ 0 & 0 & 0 & 1 \end{bmatrix} \begin{bmatrix} x_T(0) \\ y_T(0) \\ \dot{x}_T \\ \dot{y}_T \end{bmatrix} \tag{8-88}$$

将式（8-85）改写成矩阵的形式可以得到

$$\boldsymbol{\varepsilon}_\beta = \boldsymbol{A}_\beta \boldsymbol{\mu}_0 - \boldsymbol{g}_\beta \tag{8-89}$$

式中，误差向量 $\boldsymbol{\varepsilon}_\beta$、量测向量 $\boldsymbol{g}_\beta$ 和量测矩阵 $\boldsymbol{A}_\beta$ 分别为

$$\boldsymbol{\varepsilon}_\beta = \begin{bmatrix} d_{1,0} \sin e_{\beta_1,0} \\ d_{2,0} \sin e_{\beta_2,0} \\ \vdots \\ d_{1,i} \sin e_{\beta_1,i} \\ d_{2,i} \sin e_{\beta_2,i} \end{bmatrix} \tag{8-90}$$

$$\boldsymbol{g}_\beta = \begin{bmatrix} \sin\beta_{1,0} x_{O1}(0) - \cos\beta_{1,0} y_{O1}(0) \\ \sin\beta_{2,0} x_{O2}(0) - \cos\beta_{2,0} y_{O2}(0) \\ \vdots \\ \sin\beta_{1,i} x_{O1}(i) - \cos\beta_{1,i} y_{O1}(i) \\ \sin\beta_{2,i} x_{O2}(i) - \cos\beta_{2,i} y_{O2}(i) \end{bmatrix} \tag{8-91}$$

$$\boldsymbol{A}_\beta = \begin{bmatrix} \sin\beta_{1,0} & -\cos\beta_{1,0} & 0 & 0 \\ \sin\beta_{2,0} & -\cos\beta_{2,0} & 0 & 0 \\ \vdots & \vdots & \vdots & \vdots \\ \sin\beta_{1,i} & -\cos\beta_{1,i} & iT\sin\beta_{1,i} & -iT\cos\beta_{1,i} \\ \sin\beta_{2,i} & -\cos\beta_{2,i} & iT\sin\beta_{2,i} & -iT\cos\beta_{2,i} \end{bmatrix} \tag{8-92}$$

定义增广量测矩阵为$\boldsymbol{A}_{u,\beta}$，其表达式为

$$\boldsymbol{A}_{u,\beta}=\begin{bmatrix}\boldsymbol{A}_{\beta} & -\boldsymbol{g}_{\beta}\end{bmatrix} \tag{8-93}$$

定义增广解向量为$\boldsymbol{\theta}_{\beta}$，其表达式为

$$\boldsymbol{\theta}_{\beta}=h_{\beta}\begin{bmatrix}\boldsymbol{\mu}_0^{\mathrm{T}} & 1\end{bmatrix}^{\mathrm{T}} \tag{8-94}$$

式中，h_{β}为缩放常数。

对式（8-82）进行整理可以得到

$$\begin{cases}\sin\beta_{m,i}=\sin\bar{\beta}_{m,i}\cos e_{\beta_m,i}+\cos\bar{\beta}_{m,i}\sin e_{\beta_m,i}\\ \cos\beta_{m,i}=\cos\bar{\beta}_{m,i}\cos e_{\beta_m,i}-\sin\bar{\beta}_{m,i}\sin e_{\beta_m,i}\end{cases},\quad m=1,2 \tag{8-95}$$

在方位角测量噪声较小的情况下，$\sin e_{\beta_m,i}\approx e_{\beta_m,i}$，$\cos e_{\beta_m,i}\approx 1$，将其代入式（8-95）可以得到

$$\begin{cases}\sin\beta_{m,i}\approx\sin\bar{\beta}_{m,i}+e_{\beta_m,i}\cos\bar{\beta}_{m,i}\\ \cos\beta_{m,i}\approx\cos\bar{\beta}_{m,i}-e_{\beta_m,i}\sin\bar{\beta}_{m,i}\end{cases},\quad m=1,2 \tag{8-96}$$

将式（8-96）代入式（8-93），再进行整理可以得到

$$\boldsymbol{A}_{u,\beta}=\bar{\boldsymbol{A}}_{u,\beta}+\tilde{\boldsymbol{A}}_{u,\beta} \tag{8-97}$$

式中，$\bar{\boldsymbol{A}}_{u,\beta}$表示增广量测矩阵，其中方位角测量值由真实值代替；$\tilde{\boldsymbol{A}}_{u,\beta}$表示方位角测量噪声导致的增广量测矩阵偏差，

$$\tilde{\boldsymbol{A}}_{u,\beta}=\operatorname{diag}(e_{\beta_1,0}\quad e_{\beta_2,0}\quad\cdots\quad e_{\beta_1,k}\quad e_{\beta_2,k}\quad\cdots\quad e_{\beta_1,i}\quad e_{\beta_2,i})\begin{bmatrix}\bar{\boldsymbol{u}}_0 & \cdots & \bar{\boldsymbol{u}}_k & \cdots & \bar{\boldsymbol{u}}_i\end{bmatrix}^{\mathrm{T}} \tag{8-98}$$

其中，

$$\bar{\boldsymbol{u}}_k=\begin{bmatrix}\cos\bar{\beta}_{1,k} & \sin\bar{\beta}_{1,k} & kT\cos\bar{\beta}_{1,k} & kT\sin\bar{\beta}_{1,k} & -y_{O1}(k)\sin\bar{\beta}_{1,k}-x_{O1}(k)\cos\bar{\beta}_{1,k}\\ \cos\bar{\beta}_{2,k} & \sin\bar{\beta}_{2,k} & kT\cos\bar{\beta}_{2,k} & kT\sin\bar{\beta}_{2,k} & -y_{O2}(k)\sin\bar{\beta}_{2,k}-x_{O2}(k)\cos\bar{\beta}_{2,k}\end{bmatrix}^{\mathrm{T}} \tag{8-99}$$

定义约束矩阵$\boldsymbol{W}_{\beta}$，其表达式为

$$\boldsymbol{W}_{\beta}=\sum_{k=0}^{i}\bar{\boldsymbol{u}}_k\bar{\boldsymbol{u}}_k^{\mathrm{T}} \tag{8-100}$$

由式（8-99）和式（8-100）可知，约束矩阵 $\boldsymbol{W}_\beta$ 取决于基阵 1 和基阵 2 与目标之间的真实方位角 $\bar{\beta}_{1,k}$ 和 $\bar{\beta}_{2,k}$。实际情况下，由于真实的方位角 $\bar{\beta}_{1,k}$ 和 $\bar{\beta}_{2,k}$ 未知，因此在方位角测量噪声较小时，可以利用方位角测量值 $\beta_{1,k}$ 和 $\beta_{2,k}$ 代替真实值对约束矩阵进行近似处理。

定义增广关联矩阵 $\boldsymbol{R}_\beta$，其表达式为

$$\boldsymbol{R}_\beta = \boldsymbol{A}_{u,\beta}^{\mathrm{T}} \boldsymbol{A}_{u,\beta} \tag{8-101}$$

式中，$\boldsymbol{A}_{u,\beta}$ 为增广量测矩阵。

在 $\boldsymbol{\theta}_\beta^{\mathrm{T}} \boldsymbol{W}_\beta \boldsymbol{\theta}_\beta = 1$ 的约束条件下，通过最小化 $\boldsymbol{\theta}_\beta^{\mathrm{T}} \boldsymbol{R}_\beta \boldsymbol{\theta}_\beta$ 可以得到增广解向量 $\boldsymbol{\theta}_\beta$。利用拉格朗日乘子法通过形成辅助成本函数来解决约束最小化的问题，辅助成本函数为

$$\xi = \boldsymbol{\theta}_\beta^{\mathrm{T}} \boldsymbol{R}_\beta \boldsymbol{\theta}_\beta + \lambda(1 - \boldsymbol{\theta}_\beta^{\mathrm{T}} \boldsymbol{W}_\beta \boldsymbol{\theta}_\beta) \tag{8-102}$$

式中，λ 为拉格朗日乘子。将式（8-102）对 $\boldsymbol{\theta}_\beta$ 取偏导可以得到

$$\boldsymbol{R}_\beta \boldsymbol{\theta}_\beta = \lambda \boldsymbol{W}_\beta \boldsymbol{\theta}_\beta \tag{8-103}$$

由式（8-103）可知 $\boldsymbol{\theta}_\beta$ 是广义特征向量，将式（8-103）两端同时乘以 $\boldsymbol{\theta}_\beta^{\mathrm{T}}$ 可以得到

$$\boldsymbol{\theta}_\beta^{\mathrm{T}} \boldsymbol{R}_\beta \boldsymbol{\theta}_\beta = \lambda \boldsymbol{\theta}_\beta^{\mathrm{T}} \boldsymbol{W}_\beta \boldsymbol{\theta}_\beta \tag{8-104}$$

在 $\boldsymbol{\theta}_\beta^{\mathrm{T}} \boldsymbol{W}_\beta \boldsymbol{\theta}_\beta = 1$ 的约束条件下，利用式（8-104）可以得到 $\lambda = \boldsymbol{\theta}_\beta^{\mathrm{T}} \boldsymbol{R}_\beta \boldsymbol{\theta}_\beta$。由于 $\boldsymbol{\theta}_\beta^{\mathrm{T}} \boldsymbol{R}_\beta \boldsymbol{\theta}_\beta$ 是需要最小化的量，因此增广解向量 $\boldsymbol{\theta}_\beta$ 是约束矩阵 $\boldsymbol{W}_\beta$ 和增广关联矩阵 $\boldsymbol{R}_\beta$ 最小特征值对应的特征向量。当增广解向量 $\boldsymbol{\theta}_\beta$ 被确定后，目标状态向量为

$$\boldsymbol{\mu}_0 = \frac{\boldsymbol{\theta}_\beta(1:4)}{\theta_\beta(5)} \tag{8-105}$$

8.2.3　克拉默-拉奥下界

设采样时刻为 i 时目标的状态向量为

$$\boldsymbol{\mu}_i = \begin{bmatrix} x_T(i) & y_T(i) & \dot{x}_T & \dot{y}_T \end{bmatrix}^{\mathrm{T}} \tag{8-106}$$

基阵 1 和基阵 2 测量得到的方位角向量分别为

$$\boldsymbol{\beta}_1 = \begin{bmatrix} \beta_{1,0} & \cdots & \beta_{1,j} & \cdots & \beta_{1,i} \end{bmatrix}^{\mathrm{T}} \tag{8-107}$$

$$\boldsymbol{\beta}_2 = \begin{bmatrix} \beta_{2,0} & \cdots & \beta_{2,j} & \cdots & \beta_{2,i} \end{bmatrix}^{\mathrm{T}} \tag{8-108}$$

费希尔信息矩阵的表达式为

$$\mathbf{FIM} = \frac{1}{\sigma_1^2}\left(\frac{\partial \boldsymbol{\beta}_1}{\partial \boldsymbol{\mu}_i}\right)^{\mathrm{T}} \frac{\partial \boldsymbol{\beta}_1}{\partial \boldsymbol{\mu}_i} + \frac{1}{\sigma_2^2}\left(\frac{\partial \boldsymbol{\beta}_2}{\partial \boldsymbol{\mu}_i}\right)^{\mathrm{T}} \frac{\partial \boldsymbol{\beta}_2}{\partial \boldsymbol{\mu}_i} \tag{8-109}$$

式中，σ_1^2 和 σ_2^2 分别为基阵 1 和基阵 2 方位角测量噪声的方差。$\frac{\partial \boldsymbol{\beta}_m}{\partial \boldsymbol{\mu}_i}(m=1,2)$ 的表达式为

$$\frac{\partial \boldsymbol{\beta}_m}{\partial \boldsymbol{\mu}_i} = \begin{bmatrix} \frac{\partial \beta_{m,0}}{\partial x_T(i)} & \frac{\partial \beta_{m,0}}{\partial y_T(i)} & \frac{\partial \beta_{m,0}}{\partial \dot{x}_T} & \frac{\partial \beta_{m,0}}{\partial \dot{y}_T} \\ \vdots & \vdots & \vdots & \vdots \\ \frac{\partial \beta_{m,j}}{\partial x_T(i)} & \frac{\partial \beta_{m,j}}{\partial y_T(i)} & \frac{\partial \beta_{m,j}}{\partial \dot{x}_T} & \frac{\partial \beta_{m,j}}{\partial \dot{y}_T} \\ \vdots & \vdots & \vdots & \vdots \\ \frac{\partial \beta_{m,i}}{\partial x_T(i)} & \frac{\partial \beta_{m,i}}{\partial y_T(i)} & \frac{\partial \beta_{m,i}}{\partial \dot{x}_T} & \frac{\partial \beta_{m,i}}{\partial \dot{y}_T} \end{bmatrix}, \quad m=1,2 \tag{8-110}$$

由式（8-83）可知基阵与目标之间的方位角真实值为

$$\bar{\beta}_{m,j} = \tan^{-1}\left(\frac{y_T(i)-(i-j)\dot{y}_T - y_{Om}(j)}{x_T(i)-(i-j)\dot{x}_T - x_{Om}(j)}\right), \quad m=1,2 \tag{8-111}$$

由式（8-82）可知方位角的测量值与真实值之间的关系为

$$\beta_{m,j} = \bar{\beta}_{m,j} + e_{\beta_m,j}, \quad m=1,2 \tag{8-112}$$

由式（8-111）和式（8-112）可知

$$\frac{\partial \beta_{m,j}}{\partial x_T(i)} = -\frac{y_T(j)-y_{Om}(j)}{d_{m,j}^2} \tag{8-113}$$

$$\frac{\partial \beta_{m,j}}{\partial y_T(i)} = \frac{x_T(j)-x_{Om}(j)}{d_{m,j}^2} \tag{8-114}$$

$$\frac{\partial \beta_{m,j}}{\partial \dot{x}_T} = -(i-j)T\frac{\partial \beta_{m,j}}{\partial x_T(i)} \tag{8-115}$$

$$\frac{\partial \beta_{m,j}}{\partial \dot{y}_T} = -(i-j)T\frac{\partial \beta_{m,j}}{\partial y_T(i)} \tag{8-116}$$

式中，$d_{m,j}^2 = \left(x_T(j) - x_{Om}(j)\right)^2 + \left(y_T(j) - y_{Om}(j)\right)^2$，$m = 1,2$。

将式（8-113）～式（8-116）代入式（8-109）可以得到费希尔信息矩阵，目标状态向量 $\boldsymbol{\mu}_i$ 的克拉默-拉奥下界分别对应费希尔信息矩阵逆矩阵的主对角线元素。

8.3　仿真结果

8.3.1　多普勒频率-方位目标运动分析

目标的初始位置为(5km, 0km)，沿着正北方向以 8m/s 的速度运动。在目标运动过程中观测者始终静止在原点。目标运动时间为 1000s，采样间隔为 1s，蒙特卡罗实验次数为 100 次，观测者与目标运动态势图如图 8-5 所示。

利用图 8-5 中观测者与目标的运动态势可以得到如图 8-6 所示的观测者与目标距离图。由图 8-6 可知观测者与目标之间的距离随着观测时间的增加逐渐增大，并且目标与观测者的最远距离为 9.427km。

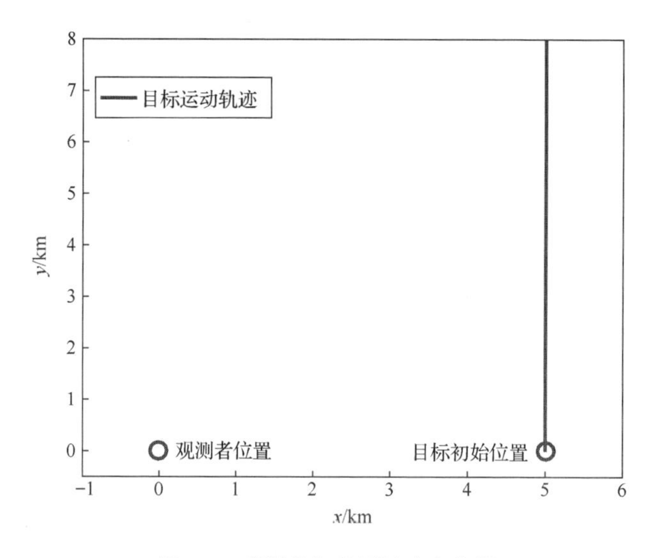

图 8-5　观测者与目标运动态势图

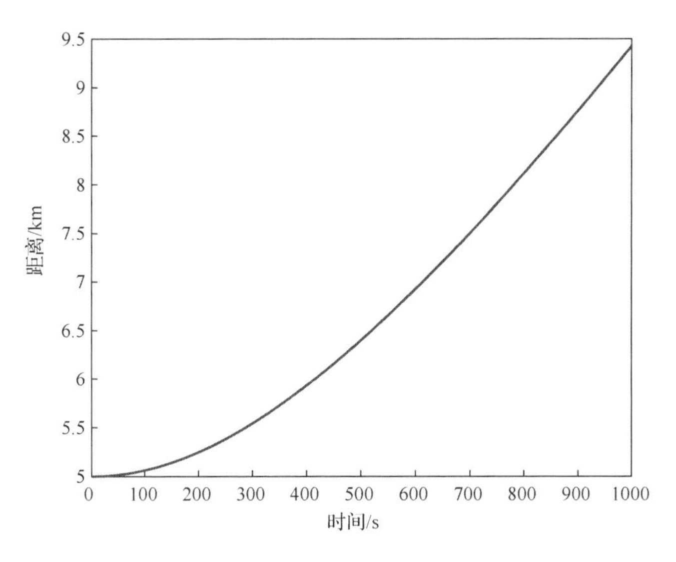

图 8-6　观测者与目标距离图

图 8-7 为方位角测量噪声标准差 $\sigma_\beta = 2^\circ$ 时，由伪线性多普勒频率-方位目标运动分析算法解算出的目标位置均方根误差图和速度均方根误差图。由图可知，随着观测时间的增加，算法解算出的目标位置均方根误差和速度均方根误差逐渐减小，因此算法具有较好的收敛性能。

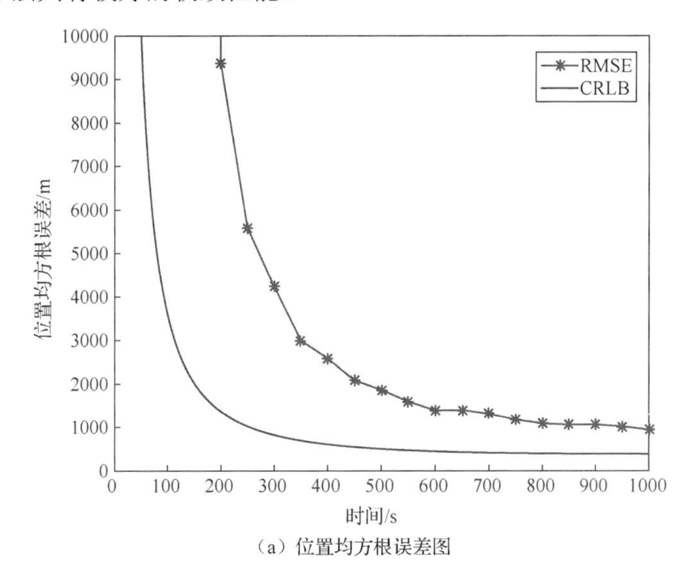

（a）位置均方根误差图

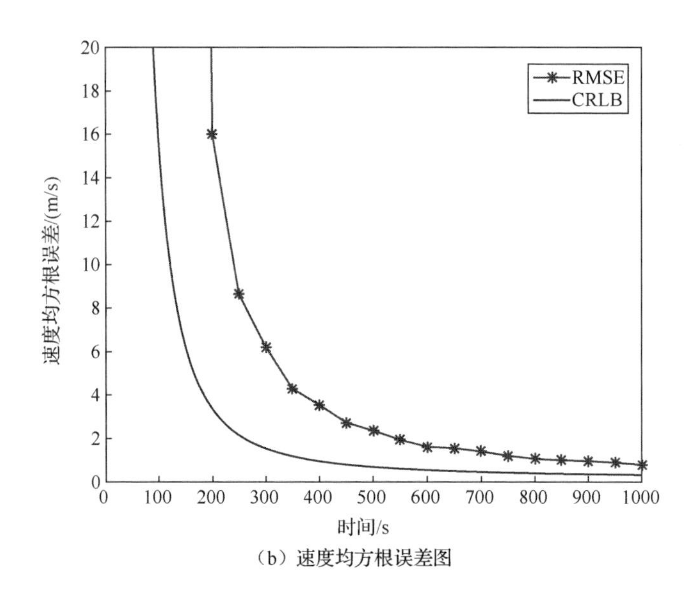

（b）速度均方根误差图

图 8-7　位置均方根误差图和速度均方根误差图（$\sigma_{\beta}=2°$）

图 8-8 为目标辐射频率 $f_s = 300\text{Hz}$ 、频率估计噪声标准差 $\sigma_f = 0.5\text{Hz}$ 时的频率均方根误差图。由图可知，随着观测时间的增加，频率均方根误差逐渐减小并趋近于克拉默-拉奥下界。

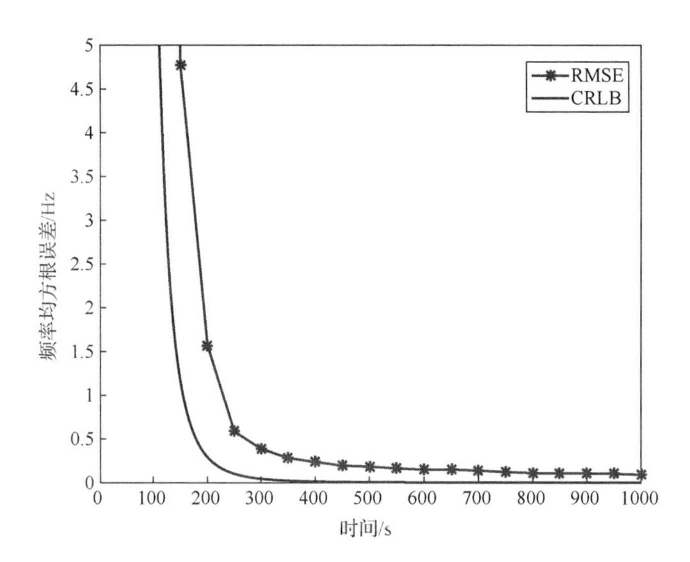

图 8-8　频率均方根误差图（$\sigma_{\beta}=2°$）

在每个采样时刻以观测者与目标真实位置之间的距离为基准可以得到如

图 8-9 所示的距离绝对误差图和距离相对误差图。由图可知，距离绝对误差和距离相对误差随着观测时间的增加逐渐收敛，因此随着观测者测量得到的方位角信息的增加，算法解算出的目标位置与目标真实位置之间的误差越来越小，并且在 1000s 时距离绝对误差为 789m，距离相对误差为 8.369%。

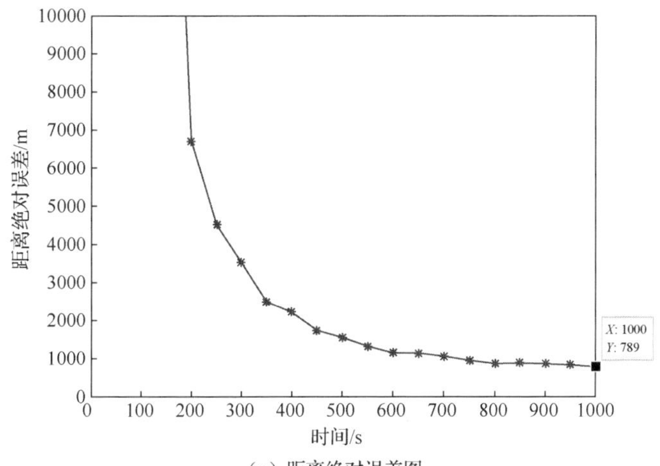

（a）距离绝对误差图

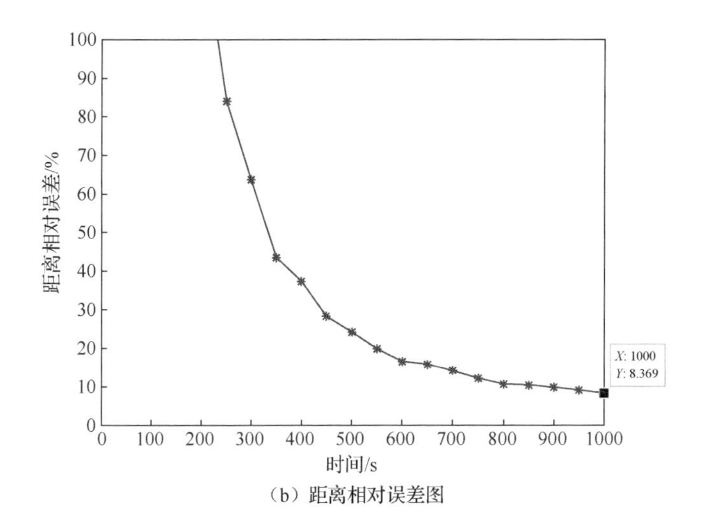

（b）距离相对误差图

图 8-9　距离误差图（$\sigma_\beta = 2°$）

在方位角测量噪声的标准差 $\sigma_\beta = 2°$、频率估计噪声的标准差 $\sigma_f = 0.5\text{Hz}$ 时，改变观测者与目标之间的初始距离可以得到如图 8-10 所示的距离误差图。由图可知，在采样时刻相同时，观测者与目标之间的距离越远，距离绝对误差和距离相对误差越大。随着观测时间的增加，距离绝对误差和距离相对误差逐渐收敛并趋于稳定。因此，伪线性多普勒频率-方位目标运动分析算法对于观测者与目标初始距离的鲁棒性相对较强。

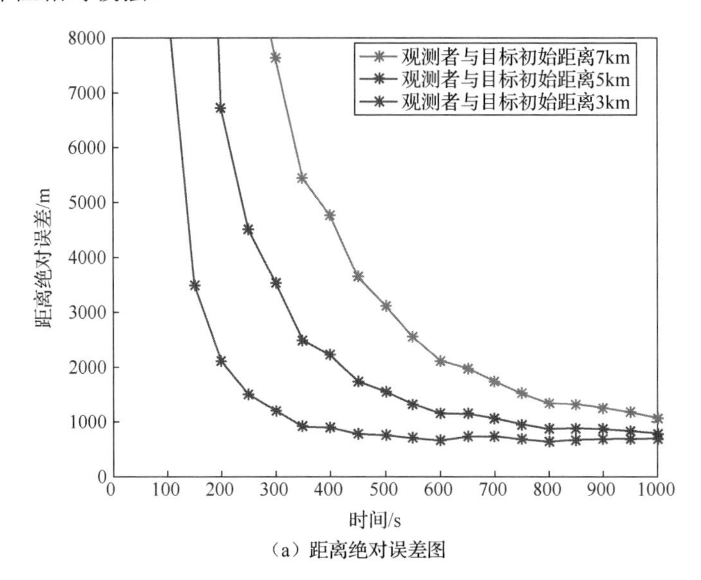

（a）距离绝对误差图

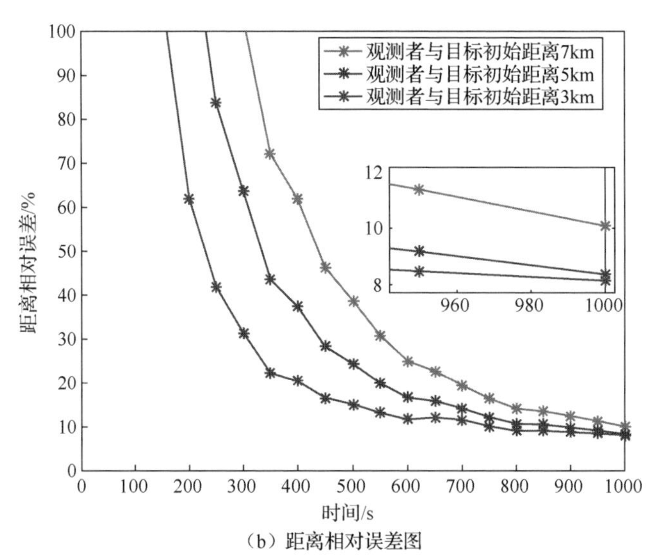

（b）距离相对误差图

图 8-10　初始位置变更条件下的距离误差图

在方位角测量噪声标准差 $\sigma_\beta = 2^\circ$、观测者与目标之间的初始距离为 5km 时，改变频率估计噪声标准差可以得到如图 8-11 所示的距离绝对误差图。由图可知，随着频率估计噪声标准差的增大，距离绝对误差也增大。因此，伪线性多普勒频率-方位目标运动分析算法对频率估计噪声的鲁棒性相对较差。在实际情况下，提高频率估计精度对于提高多普勒频率-方位目标运动分析精度具有重要意义。

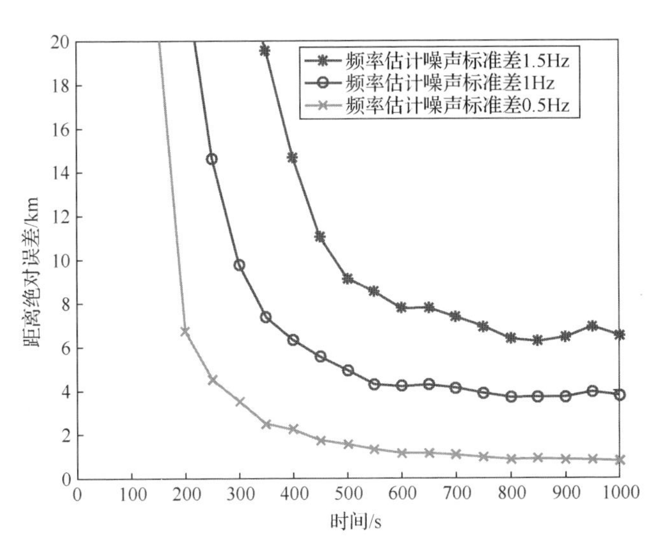

图 8-11　不同频率估计噪声标准差条件下的距离绝对误差图

在观测者与目标之间的初始距离为 5km、频率估计噪声标准差 $\sigma_f = 0.5\text{Hz}$ 时，将方位角测量噪声标准差 σ_β 设置为 4°，可以得到如图 8-12 所示的目标位置均方根误差图和速度均方根误差图。进行对比可知，在方位角测量噪声较大的情况下，位置均方根误差和速度均方根误差随着观测时间的增加仍然表现出收敛的趋势。因此，伪线性多普勒频率-方位目标运动分析算法对方位角测量噪声的鲁棒性相对较强。

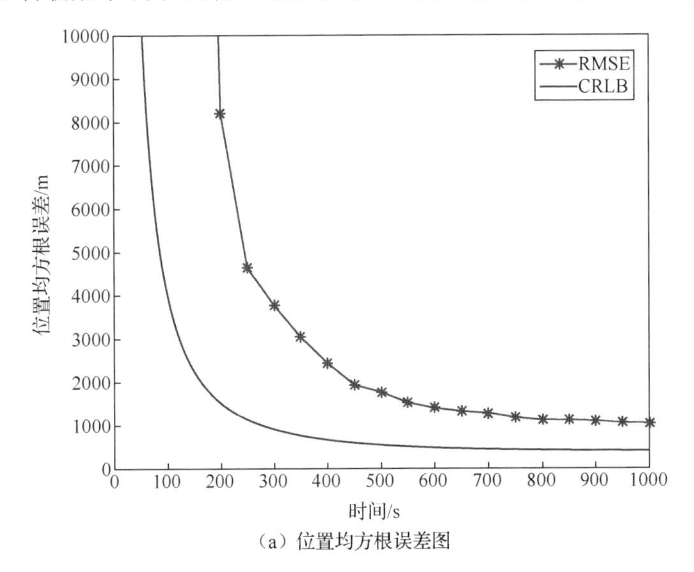

（a）位置均方根误差图

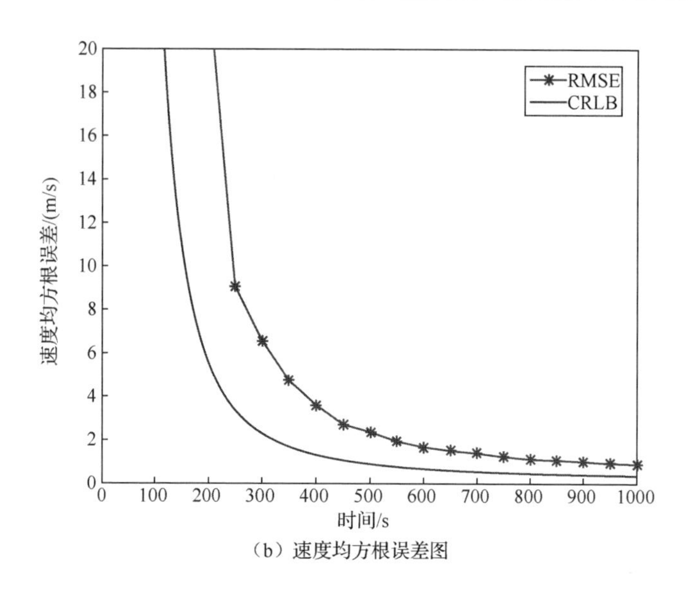

（b）速度均方根误差图

图 8-12　位置均方根误差图和速度均方根误差图（$\sigma_\beta = 4^\circ$）

图 8-13 为观测者与目标之间的初始距离为 5km、频率估计噪声标准差 $\sigma_f = 0.5\text{Hz}$、方位角测量噪声标准差 $\sigma_\beta = 4^\circ$ 时的频率均方根误差图。由图可知，随着观测时间的增加，频率均方根误差逐渐收敛并趋近于克拉默-拉奥下界。对结果进行对比可知，在方位角测量噪声较大的情况下，频率均方根误差仍具有收敛的性质。

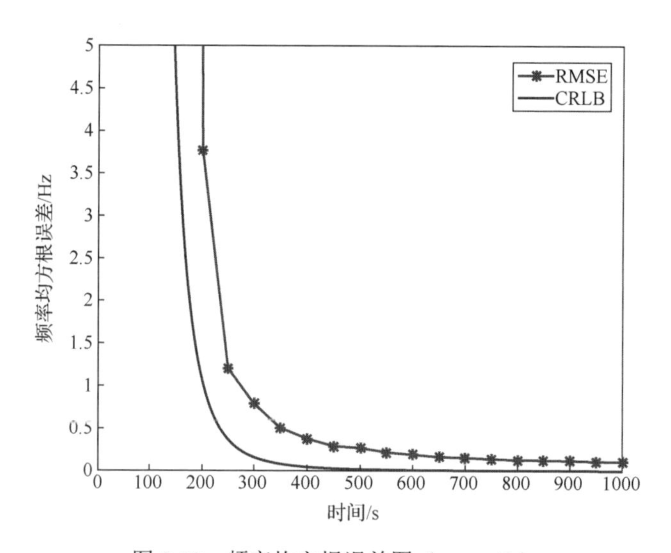

图 8-13　频率均方根误差图（$\sigma_\beta = 4^\circ$）

图 8-14 为观测者与目标之间的初始距离为 5km、频率估计噪声标准差 $\sigma_f = 0.5\text{Hz}$、方位角测量噪声标准差 $\sigma_\beta = 4^\circ$ 时距离绝对误差图和距离相对误差图。由图中可知，随着方位角测量噪声的增大，距离绝对误差和距离相对误差随着观测时间的增加仍然表现出收敛的趋势，并且在 1000s 时距离绝对误差为 836m，距离相对误差为 8.868%。进行对比可知，在方位角测量噪声较大的情况下，伪线性多普勒频率-方位目标运动分析算法解算出的目标位置与目标真实位置之间的误差也相对较大。

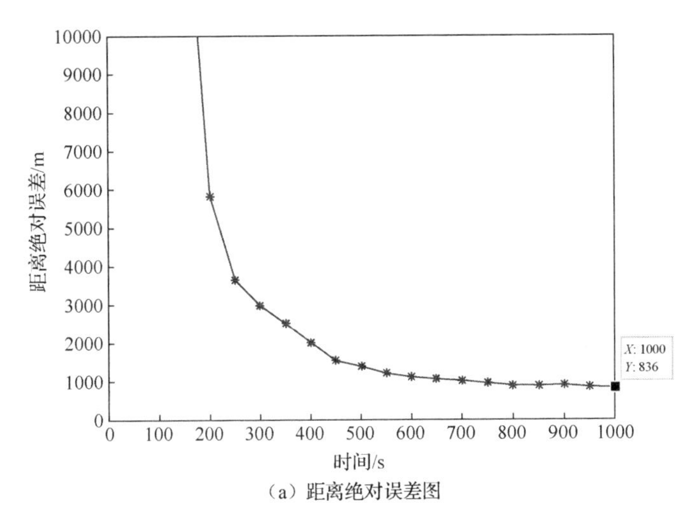

（a）距离绝对误差图

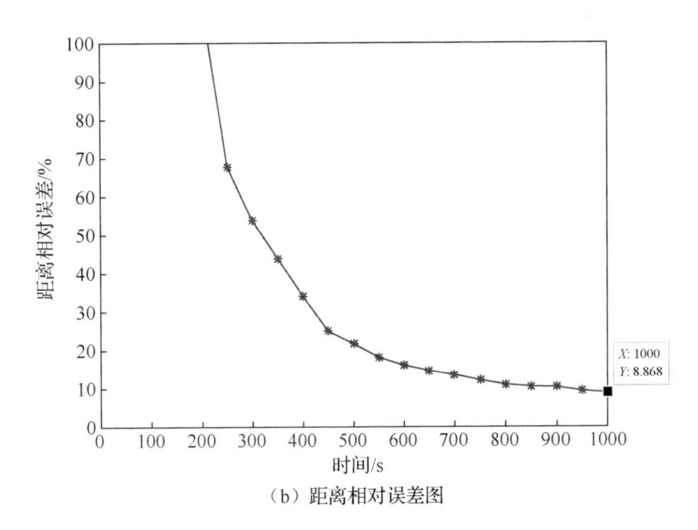

（b）距离相对误差图

图 8-14　距离误差图（$\sigma_\beta = 4^\circ$）

8.3.2　双基阵目标运动分析

图 8-15 为观测者与目标运动态势图。基阵 1 的初始位置为(0m, 0m)，终止位置为(1500m, 0m)，基阵 2 的初始位置为(1000m, 0m)，终止位置为(2500m, 0m)，在观测过程中，基阵 1 和基阵 2 始终以 5m/s 的速度沿着正东方向运动。目标的初始位置为(−2000m, 2000m)，目标沿正东方向的运动速度为 7m/s，沿正北方向的运动速度为 7m/s。目标与基阵的运动时间为 300s，采样间隔为 1s，蒙特卡罗实验次数为 300 次。

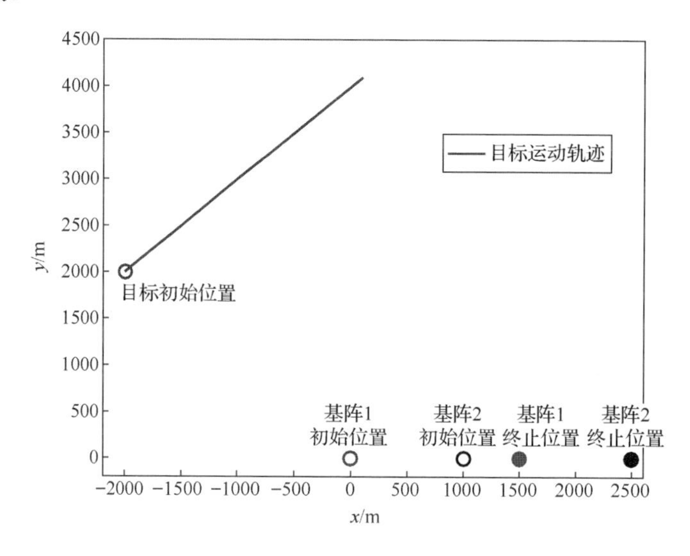

图 8-15　观测者与目标运动态势图

图 8-16 为方位角测量噪声标准差分别为 $\sigma_1 = 1^\circ$ 和 $\sigma_2 = 1^\circ$ 时目标位置均方根误差图和速度均方根误差图。由图可知，随着观测时间的增加，由双基阵目标参数无偏估计算法解算出的目标位置均方根误差和速度均方根误差逐渐趋近于各自的克拉默-拉奥下界，因此该算法具有较好的渐近无偏估计特性。

图 8-17 为方位角测量噪声标准差分别为 $\sigma_1 = 1^\circ$ 和 $\sigma_2 = 1^\circ$ 时，双基阵目标参数无偏估计算法解算出的目标正北方向位置绝对误差图。由图可知，随着观测时间的增加，双基阵目标参数无偏估计算法解算出的目标正北方向位置绝对误差逐渐收敛并趋于稳定，并且在 300s 时距离绝对误差为 31.95m。

在方位角测量噪声的标准差分别为 $\sigma_1 = 1^\circ$ 和 $\sigma_2 = 1^\circ$ 的情况下，改变目标初始位置可以得到如图 8-18 所示的目标初始位置与算法解算出的目标正北方向位置的绝对误差图。由图可知，在方位角测量噪声一定的情况下，改变目标初始位置，算法解算精度也随之改变，并且在采样时刻相同时目标与基阵之间的距离越远，算法解算出的目标位置与目标真实位置之间的误差越大。在目标初始位置一定的情况下，随着观测时间的增加，双基阵目标参数无偏估计算法解算出的目标正北方向位置绝对误差逐渐收敛。

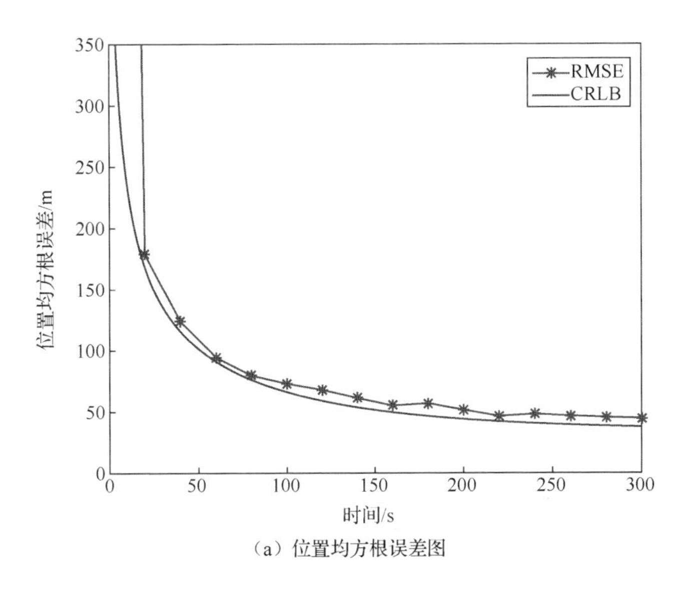

（a）位置均方根误差图

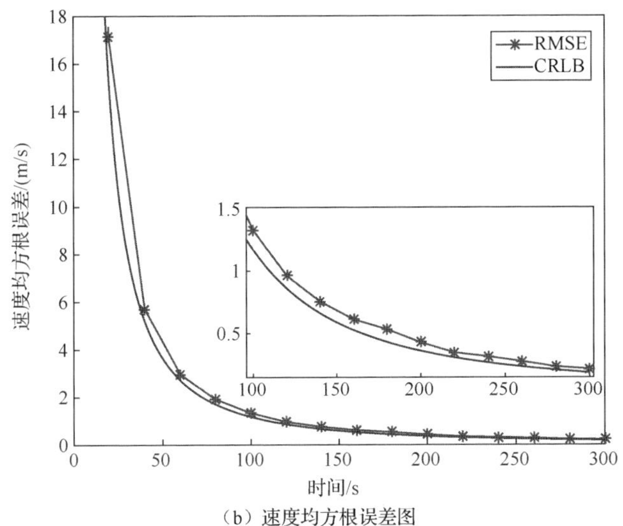

（b）速度均方根误差图

图 8-16　位置均方根误差图和速度均方根误差图

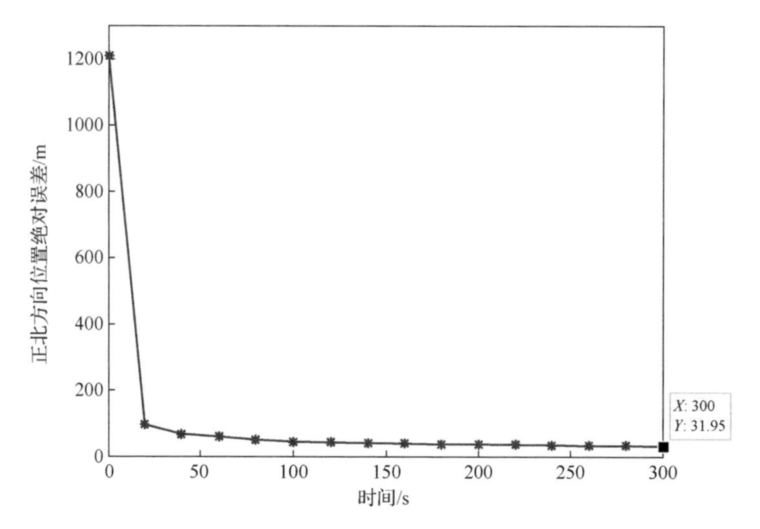

图 8-17　正北方向位置绝对误差图

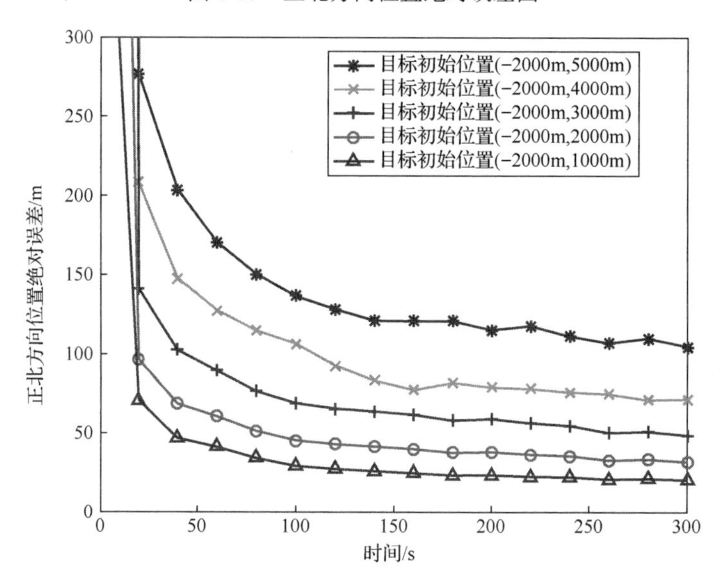

图 8-18　不同目标初始位置条件下的正北方向位置绝对误差图

在目标初始位置为(−2000m, 2000m)时，同时改变两基阵方位角测量噪声的标准差可以得到如图8-19所示的不同方位角测量噪声条件下算法解算出的目标正北方向位置的绝对误差图。由图可知，在目标初始位置一定的情况下，方位角测量噪声的标准差越大，算法解算出的目标位置与目标真实位置之间的误差越大。因此，提高方位角测量精度对于提高算法解算精度具有重要意义。

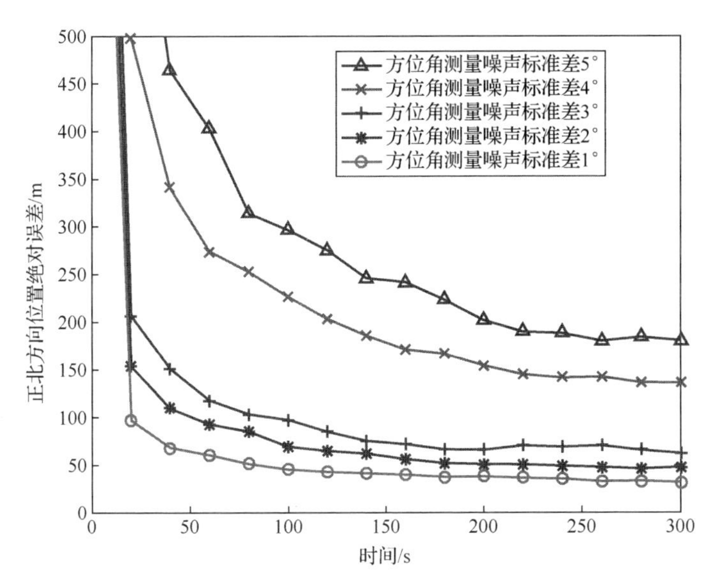

图 8-19　不同方位角测量噪声标准差条件下的正北方向位置绝对误差图

图 8-20 为方位角测量噪声标准差分别为$\sigma_1 = 1^\circ$和$\sigma_2 = 1^\circ$时，不同基线长度条件下算法解算出的目标正北方向位置的绝对误差图。由图可知，随着基线长度的增加，算法解算出的目标位置与目标真实位置之间的误差逐渐减小，因此在实际情况下可以通过适当增加基线长度的方式来提高双基阵目标运动分析精度。

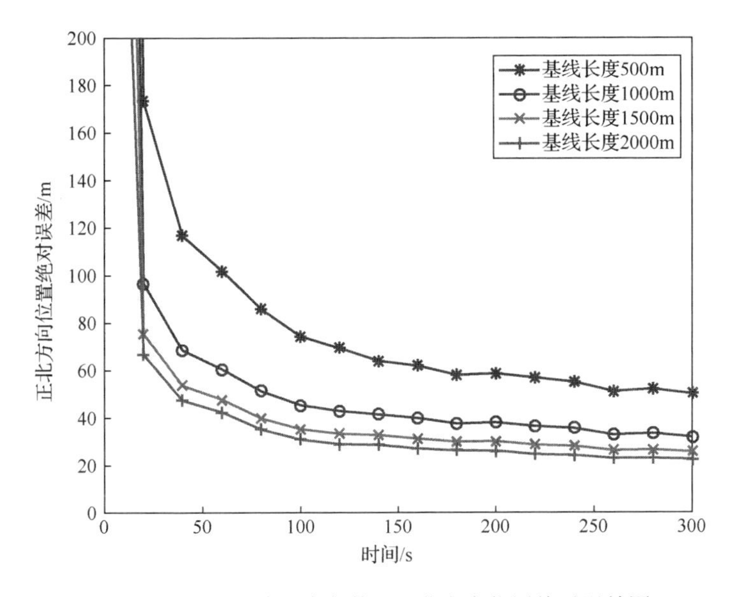

图 8-20　不同基线长度条件下正北方向位置绝对误差图

参 考 文 献

[1] Dogancay K. Bias compensation for the bearings-only pseudolinear target track estimator[J]. IEEE Transactions on Signal Processing, 2006, 54(1): 59-68.

[2] Ristic B, Arulampalam M S. Tracking a manoeuvring target using angle-only measurements: algorithms and performance[J]. Signal Processing, 2003, 83(6): 1223-1238.

[3] Chan Y T, Rudnicki S W. Bearings-only and doppler-bearing tracking using instrumental variables[J]. IEEE Transactions on Aerospace and Electronic Systems, 1992, 28(4): 1076-1083.

[4] Gavish M, Weiss A J. Performance analysis of bearing-only target location algorithm[J]. IEEE Transactions on Aerospace & Electronic Systems, 1992, 28(3): 817-828.

[5] Cadre J P L, Jaetffret C. On the convergence of iterative methods for bearings-only tracking[J]. IEEE Transactions on Aerospace & Electronic Systems, 2002, 35(3): 801-818.

索　　引

S

W

X

Y

Z